原子探针显微学
Atom Probe Microscopy

Baptiste Gault   Michael P. Moody   著
Julie M. Cairney   Simon P. Ringer

刘金来　何立子　金　涛　译

科学出版社

北京

图字:01-2015-0450 号

内 容 简 介

本书包括原子探针的理论基础、实用方法和在材料科学中的应用三方面内容。讲述原子探针技术的发展历程和工作原理、图像解释等基本理论，以及原子探针样品制备的各种方法如抛光法、沉积法、高分子样品的制备方法。讲述原子探针层析术的实验方案和数据的重构技术、原子探针层析分析物质组成和结构的原理和技术。介绍原子探针在研究材料学基本问题中的应用。附录中介绍样品制备的抛光条件、元素识别的技术细节等内容。

本书可供材料专业高年级本科生、研究生及科研人员阅读参考。

Translation from English language edition：Atom Probe Microscopy by Baptiste Gault，Michael P. Moody，Julie M. Cairney and Simon P. Ringer-Copyright ⓒ Springer Science＋Business Media，LLC 2012.

All Rights Reserved.

图书在版编目(CIP)数据

原子探针显微学/(加)高尔特(Gault, B.)等著；刘金来，何立子，金涛译. —北京：科学出版社，2016.3
书名原文：Atom Probe Microscopy

ISBN 978-7-03-047426-1

Ⅰ.①原… Ⅱ.①高… ②刘… ③何… ④金… Ⅲ.①离子微探针分析 Ⅳ.①TG115.21

中国版本图书馆 CIP 数据核字(2016)第 040254 号

责任编辑：张艳芬 罗 娟 / 责任校对：桂伟利
责任印制：张 倩 / 封面设计：蓝 正

科 学 出 版 社 出版
北京东黄城根北街 16 号
邮政编码：100717
http://www.sciencep.com

新科印刷有限公司 印刷
科学出版社发行 各地新华书店经销
＊
2016 年 3 月第 一 版 开本：720×1000 1/16
2016 年 3 月第一次印刷 印张：21 3/4
字数：410 000
定价：135.00 元
(如有印装质量问题，我社负责调换)

译 者 序

原子探针是一种原子尺度的材料表征技术，与透射电镜具有极强的互补作用。其在国际上已成为一种主流的微观分析技术，如局域电极原子探针、激光脉冲技术等在近年来获得了巨大发展。我国目前只有极少数研究机构购置了相关设备，可以预计不久的将来，原子探针在我国会得到快速发展，因此非常需要一部介绍相关基础知识和最新进展的专著，鉴于此本书应运而生。

本书内容包括原子探针的理论基础、实用方法和在材料科学中的应用三部分。第一部分综述原子探针技术的发展历程；介绍原子探针的原型设备场离子显微镜的工作原理、图像解释等基本理论；重点讲述原子探针层析的最新发展如高压脉冲、激光脉冲和能量补偿等相关技术。第二部分首先讲述原子探针样品制备的各种方法如抛光法、沉积法、高分子样品的制备方法，重点讲述聚焦离子束技术在制备样品中应用；然后详细讲述原子探针层析术的实验方案和原子探针数据的重构技术。实验方案包括离子探测和元素识别的原理及操作参数的选择和设置，重构包括各种重构草案的介绍、重构的校正方法、常见假象的成因及其影响、重构技术的展望及原子探针的空间分辨率。第三部分首先讲述原子探针层析分析物质组成和结构的原理及技术，包括质谱表征、计数统计方法、原子分布规律的描述方法如径向分布函数和短程有序参数、结构分析技术如傅里叶变换和空间分布图等；然后介绍原子探针在研究材料学基本问题如相组成、晶体缺陷、析出反应、长程有序、调幅分解、界面等现象中的应用。此外附录中介绍样品制备的抛光条件、元素识别的技术细节等内容。

本书第1～3章由金涛翻译，第4～6章和附录由何立子翻译，第7～9章由刘金来翻译，全书由刘金来统稿。

在翻译本书的过程中，得到了中国科学院金属研究所高温合金部和东北大学材料电磁过程研究教育部重点实验室的资助及诸多同事的支持和帮助，在此一并表示感谢。

限于译者水平，难免存在不足之处，恳请读者批评指正。

译 者

2015 年 10 月

原 书 序

　　本书的写作目标是给材料专业的科研人员提供一个了解原子探针显微学能力和用途的指南,尤其是原子探针层析方面,同时给初学者提供严格的基础知识和成功进行实验所必需的实用信息。有经验的实践者可以将本书视作最新的资源,其中含有支持和实现其研究的增补知识。本书力求均衡提供主要理论的基本结构、实用的实验指导和有价值的文献资源。

　　在过去的 20 年中,原子探针技术处于原子尺度显微镜的前沿,该技术提供了独有的材料在小体积内原子分辨率的元素分布层析图,但分析体积在持续增大,且其用途正在显著并稳定扩展。在可能或适当的时候,我们也讨论了其他原子分辨水平的显微技术,强调了原子探针显微镜可提供具有技术和科学价值的材料结构和成分的独特洞察。其应用范围从发电厂用钢到半导体纳米电子器件,并逐渐扩展到有机和生物材料。

　　在此书的适当位置我们引导读者关注几种经典的教科书,这些书提供了我们没有顾及的特殊理论和实践的细节。在过去的十年中,微电极系统和宽视场探测器的运用及脉冲激光原子探针方法的复兴,使得原子探针显微镜的性能大为改观。这使得此技术进入显微镜的主流,并被广泛应用于材料科学领域。我们觉得这种情况下需要一本最新的教科书以提供关于大量新进展的知识框架,并重点叙述有关仪器原理、实验方法、层析重构、数据分析和模拟的内容。

Hamilton,ON,Canada　　　　Baptiste Gault

Oxford,Oxon,UK　　　　Michael P. Moody

Sydney,NSW,Australia　　Julie M. Cairney

Sydney,NSW,Australia　　Simon P. Ringer

致　　谢

　　感谢来自世界各地的科学家，以及我的学生、朋友和家人在此书写作过程中提供的支持和帮助。

　　首先，感谢并致意埃奥拉（Eora）民族的加迪戈（Gadigal）人，他们是这块土地的传统主人，本书的大部分内容是在这块土地上撰写的，悉尼大学也是在他们的土地上建起来的。

　　感谢悉尼大学的澳大利亚显微镜和显微分析中心（ACMM）的支持，它为本书写作提供了鼓励和支持。ACMM 是连接澳大利亚境内显微镜实验室庞大网络（澳大利亚显微镜和显微分析研究中心（AMMRF））的一个结点。确实，原子探针是 AMMRF 的旗舰设备，且此网络将一系列令人兴奋的研究创意和挑战带到了我们身边，正是这些激发了本书的写作。我们非常感激 Kyle Ratinac 博士，他对本书的写作提供了宝贵建议和帮助，并承担了书稿的审阅和编辑工作。

　　特别感谢 ACMM 的职员和学生：Andrew Breen，Anna Ceguerra，Saritha Samudrala，Sachin Shrestha，Kelvin Xie，Lan-Lance-Yao，他们慷慨地奉献出时间来帮助我们编写附录中的信息。

　　ACMM 的其他同事（以前的和现在的）均给予了支持，包括提供对本书有贡献的样品、数据和插图，或者提供鼓励和建议，帮助我们最终完成了本书。感谢 Vicente Araullo-Peters，Shyeh Tjing-Cleo-Loi，Peter Felfer，Daniel Haley，Tomoyuki Honma，Alexandre La Fontaine，Ross Marceau，Leigh Stephenson，Wai-Kong Yeoh，Timothy Petersen，David Saxey，Fengzai Tang，Talukder Alam，Peter Liddicoat，Gang Sha，Rongkun Zheng，Chen Zhu。感谢提供了技术投入和支持的 Takanori Sato，Adam Sikorski，Patrick Trimby，Steve Moody，Toshi Arakawa。

　　感激我们的国际同行，他们对本书给予了无私帮助，主要通过在广泛且愉快的讨论和争论中分享极有价值的知识。特别感谢 Frederic de Geuser，Alain Bostel，Williams Lefebvre，Bernard Deconihout，Emmanuelle Marquis，Dominique Mangelinck，Khalid Hoummada，Kazuhiro Hono，Richard Forbes，Alfred Cerezo，Mike Miller，George Smith，Norbert Kruze，Francois Vurpillot。Frederic Danoix，因为他们付出了各种艰苦的努力来搜寻场离子显微图像。此外，感谢 Gerald da Costa 为本书提供了傅里叶变换计算软件。

　　感谢 Cameca 和 Ne Imago 公司的小组，特别是 Brian Geiser，Tom Kelly，David Larson 和 Ed Oltman,他们提供了技术信息和很多有成效的科学讨论。

最后,感谢我的家人和朋友,在撰写本书过程中,他们给予了极大的鼓励和支持。我们将此书献给 Sandy,Errin,Richard,Kristian,Joseph 和 Phillip,并衷心地表示感谢。

关键词列表

关键词	英文全称
(GM-)SRO	(generalised multi-component-) short-range order
3DMF	3D Markov field
3DAP	3D atom probe
APM	atom probe microscopy
APT	atom probe tomography
BIF	best image field
BIV	best image voltage
COM	centre-of-mass
CW	continuous wave
DBSCAN	density-based scanning
DC	direct current
EDS	energy dispersive X-ray spectroscopy
EELS	electron energy loss spectrometry
eFIM	digital-FIM
FDM	field desorption microscopy
FEEM	field electron emission microscopy
FEM	finite-element method
FFT	fast Fourier transform
FIB	focused ion-beam
FIM	field ion microscopy
FW1%M	full-width at 1%-maximum
FW9/10M	full-width at nine tenths maximum
FWHM	full-width at half-maximum
FWTM	full-width at tenth-maximum
hcp,bcc,fcc,dc	Hexagonal close-packed,body-centred cubic, face-centred cubic,diamond cubic
HV	high voltage
IAP	imaging atom probe

ICF	image compression factor
ICME	integrated computational materials engineering
LE	local-electrode
LEAP	local-electrode atom probe
MCP	microchannel plate
MSDS	material safety data sheets
	nearest neighbour, first NN, kth NN
NN, 1NN, kNN	NSOM or SNOM near-field scanning optical
	microscopy or scanning near-field optical microscopy
PoSAP	position sensitive atom probe
ppb	part per billion
ppm	part per million
PSF	point-spread function
RDF	radial distribution function
ROI	region-of-interest
SDM	spatial distribution map
SEM	scanning electron microscope
SEM-FIB	scanning electron microscope-focused ion-beam
SIMS	secondary-ion mass spectrometry
SNIP	sensitive nonlinear iterative peak
SPM	scanning probe microscopy
SRIM	stopping range of ions in matter
STEM	scanning transmission electron microscope
TAP	tomographic atom probe
TEM	transmission electron microscope
tof-SIMS	time-of-flight SIMS

符 号 表

$\langle \rho^2 \rangle$	表面位移平方均值
α	样品锥度角
α_p	表面原子极化
α_T	热扩散率
c	光速
χ_e^2	意义测试的χ^2实验值
c_p	比热
D	屏幕或探测器上结构特征的间距
δ	深度分辨率
$d(\mathrm{p},\mathrm{p}^{kNN})$	溶质原子 p 与其 kNN 的间距
$d(\mathrm{p},\mathrm{q})$	两个溶质原子 p 和 q 的间距
$\delta(r-r_i)$	狄拉克 δ 函数
$d(\xi,\psi)$	霍夫变换计算中的原子位置柱状图
δ_0	电离区的尺寸
D_0	表面扩散率
D_a	分析深度
d_{diff}	热扩散距离
d_{erode}	腐蚀算法的最小腐蚀距离
d_{kNN}	某原子与其第 k 阶 NN 的间距
d_{link}	核心连接算法中一个团簇内核心原子和连接原子的间距
d_{max}	同一团簇内两溶质原子间距的最大值
d_p	静电场的最大穿透距离
δ_s	皮深
ΔT_{rise}	激光照明诱发的最大温升
$\mathrm{d}z$	深度增量
e	基本电荷
$e(n)$	实验测量的体元数目
ε_0	真空介电常数

E_C	动能
ε_D	探测效率
E_F	费米能级
ε_N	垂直于样品轴向的吸收系数
E_P	势能
ε_P	平行于样品轴向的吸收系数
F	电场
$f(M),g(M),h(M)$	分别为物函数、点扩展函数和像函数
$f(r),F(R),I(R)$	分别为结构函数、傅里叶变换和强度
$f_b(n)$	预期的块数目,每个块中含有 n 个给定元素的原子
$f_{CT}(n_{ij})$	预期的相依表
Φ_e	功函数
F_{evap}	某物种的蒸发场
Φ_{evap}	场蒸发速率
F_i	电磁波的内禀电场
$f_{LBM}(n)$	LBM 模型的频率分布
$f_{Pa}(n)$	正弦模型的频率分布
$f_{Sq}(n)$	方波模型的频率分布
$g_{AB}(r)$	A-B 对关联函数在距 A 原子 r 处的值
η	检测效率
$\hbar$	普朗克常量
I	光强度
I_0	第一电离能
I_n	第 n 电离能
κ	热导率
k_B	玻尔兹曼常量
k_f	电场因子
L	飞行路径
λ	横向分辨率
Λ	升华能
L_1,L_2,L_3	$L_1>L_2>L_3$ 团簇的最佳拟合椭球的特征长度
λ_e	电子平均自由程
L_{erode}	在执行腐蚀算法之前用于包含基体原子的球的半径
L_{flight}	飞行距离

l_g	团簇的回转半径
$L_x/L_y/L_w$	延迟线的物理长度
l_x, l_y, l_z	分别为块在 x, y, z 方向的长度
m	原子质量
M	质荷比
μ	Pearson 系数
μ_e	磁导率
M_{proj}	放大倍数
n	给定块中含有的给定物种的数目
N	块数目
n_{Ai}	第 i 个块中 A 原子的数目
N_{at}	样品表面的成像原子的数目
n_b	占据某个块的原子数目
n_d	检测到的原子数目
N_{diff}	表面扩散相关的跳跃次数
N_{double}	导致双事件的样品蒸发原子的数目
n_e	电子密度
n_{evap}	场蒸发原子的数目
N_I	同位素的数目
n_i	第 i 个块中的原子数目
N_{min}	团簇中原子数目的最小值
N_R	范围的数目
$n_{RDF}(r)$	每个原子周围距离 r 处壳层内的平均原子数目
N_{spec}, N_C	样品中团簇内的原子数和检测到的原子数
P_a	成分起伏的两峰间的幅度
$P_b(n)$	根据二项式分布得出的某块中含有某给定元素 n 个原子的概率
P_{evap}	场蒸发概率
$P_k(r, \rho)$	原子密度为 ρ 时在 r 处发现第 k 阶 NN 的概率分布
$P_k(r, \rho, \alpha)$	原子密度为 ρ 且相对权重为 α 时在 r 处发现第 k 阶 NN 的概率分布
$Q(F)$	电场中场蒸发的能垒
Q_0	无电场时场蒸发的能垒
θ_{crys}	两套晶面间的夹角

Q_{diff}	表面扩散的能垒
θ_{obs}	两套晶面间的观察角
R	曲率半径
ρ	材料原子密度
ρ_{average}	平均原子密度
$\text{RDF}(r)$	距中心原子 r 处的 RDF 值
ρ_{filter}	用于密度过滤的 $\rho_{k\text{NN}}$ 门限值
r_{filter}	用于密度过滤的 $d_{k\text{NN}}$ 门限值
ρ_i	第 i 个块中的原子密度
$\rho_{k\text{NN}}$	从第 k 阶 NN 分布导出的原子密度
r_{sphere}	根据回转半径导出的球形团簇的半径
σ	高斯函数的标准差
S_{a}	分析面积
σ_{e}	电导率
σ_{heat}	高斯形加热区的尺寸
σ_{v}	电场引起的表面正应力
σ_{q}	表面电荷密度
σ_{spot}	激光斑直径
T	绝对温度
t_0	飞行时间测量的时间平移
τ_0	表面扩散实验的观察时间
T_{apex}	样品顶点的温度
t_{d}	离子脱离表面的时刻
t_{flight}	飞行时间
τ_{P}	激光脉冲持续期
$T\text{p}_x / T\text{p}_y / T\text{p}_w$	沿着延迟线的总体传播时间
$T_{x_{1-2}} / T_{y_{1-2}} / T_{z_{1-2}}$	在延迟线末端的传播时间
V	高电压
υ	离子速度
V_{evap}	场蒸发体积
V_i	第 i 个块的体积
$v_{\text{p}}(i)$	SNIP 方法的质谱直方图
Ω	原子体积
ω	波脉冲

$w_R(z)$	描述分析过程中样品半径变化的函数
$w_V(z)$	描述分析过程中分析体积增加的函数
ξ	图像压缩因子
x,y,z	层析术重构中的原子坐标
$X_{A/Bi}$	第 i 个块中与 B 原子相关的 A 原子浓度
X_{Ai}	第 i 个块中的 A 原子浓度
x_c	电离的临界距离
$x_{COM}, y_{COM}, z_{COM}$	层析术重构中团簇的质心坐标
X_D, Y_D	探测器坐标
$x_i, x_{max}, \Delta x$	分别为成分谱线上第 i 个方柱的位置、谱线的整体长度和取样方柱的宽度
ζ, ψ	分别为计算霍夫变换时绕 z 轴和 y 轴的旋转角度
z_{tip}	真实表面深度
Δr	RDF 计算时的壳层厚度
Δz	用于计算 SDM 的原子间的 z 坐标补偿
$\Delta z'(\phi,\theta)$	用于计算 SDM 的绕 x 轴和 y 轴旋转后的原子间的补偿 z 坐标
v_0	表面原子的振动频率
ϕ, θ	分别为数据集绕 x 轴和 y 轴旋转时的角度

非国际标准单位和常数列表

描述	符号	数值
埃	Å	10^{-10} m
原子质量单位	amu	1.660×10^{-27} kg
玻尔兹曼常量	k_B	1.380×10^{-23} m$^2 \cdot$ kg $\cdot$ s$^{-2} \cdot$ K^{-1}
道尔顿	Da	1amu $\cdot$ C^{-1}
真空介电常数	ε_0	8.854×10^{-12} F $\cdot$ m^{-1}
基本电荷	e	1.602×10^{-19} C
普朗克常量	$\hbar$	6.626×10^{-34} m$^2 \cdot$ kg $\cdot$ s^{-1}
托里拆利	Torr	1Torr$=$133.322Pa

目　　录

第1章 概 述

原子探针显微学(APM)这个术语包含源自场离子化、场发射和场蒸发的多种成像和微观分析技术。此外,APM还提供了具有原子尺度分辨率的材料三维分析图谱,具有给出物质的化学成分和原子结构的独特功能。虽然APM技术曾被认为局限于高场物理和表面科学,但它们的发展使其成为具有强大功能的显微镜,现在已成为一种完善的原子尺度材料表征方法。目前,APM已被看做一种主流显微技术,世界范围内学术和工业实验室装备APM的数量急剧增加就是明证。

这种技术提供的材料原子分辨率层析图像在视觉上非常壮观,给出了无与伦比的观察材料行为的方法。此外,多种形式的APM数据含有关于成分和结构的丰富信息,这些信息是定量分析所必需的。定量分析在材料科学和工程领域具有特殊的重要性,在这里APM已经贡献良多,而且我们认为这种技术在材料的计量、设计、质检和研究方面的应用具有更大的潜力。

APM将材料科学与工程、纳米科学和纳米技术这些领域连接起来,因为这些领域的一个核心主题就是研究材料的微观结构、性能和使役性之间的关系。这种关系往往是极其复杂的,因为不同现象和过程的发生横跨不同尺度,涵盖从原子、纳米、介观直至宏观。探查这些关系的显微术的一般方法以可研究的成分敏感度和特征的典型尺寸为区分标示于图1.1中。由图可见,很明显,没有一种显微技术可以在全部成分范围和空间尺度上表征材料。同时还可以看出,APM对挑战在极端化学敏感性和物理尺度的材料表征方面做出了极大贡献。这对当前研究趋势转向纳米结构材料以及对更小尺度的微观组织的调控需求增加来说非常有意义。图1.1强调了这一事实,"相关性显微学"方法具有很高的价值,而且不难发现,将APM和透射电子显微镜(TEM)结合研究材料微细结构具有巨大的发展潜力。

那么什么是真正的APM呢?其数据看起来又是什么样呢?为了回答这些问题,这里采用与TEM技术类比的方法,TEM是一种相当完善的显微术,并且在科学和工程的很多领域中做出了巨大贡献[1,2]。一些主要的TEM技术示于图1.2(a)中,其中包含各种方法,有成像、化学分析(EDS, EELS)以及揭示原子结构和晶体学细节的电子衍射技术。TEM技术具有给显微学家提供捕获和合成多种化学和结构数据的能力,因而这种技术产生了广泛的影响。图1.2(b)是APM中包含的各种技术的类比。其中,含有一系列可获得的成像和成分显微分析技术(这将在后文讨论)以及近年发展起来的用于揭示原子结构和晶体学细节的新的数据分析技术。与描述快速成长的扫描探针显微镜相关的显微镜家族的术语类似,用来描述

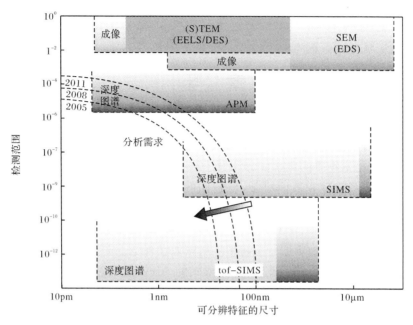

图 1.1　某些常见的显微镜和显微分析技术的典型
检测范围(即元素敏感性)和空间分辨率

(S)TEM 代表(扫描)透射电子显微镜;EELS/DES 代表电子能量损失谱,EDS 代表 X 射线能量散射谱;
SEM 代表扫描电子显微镜;tof-SIMS 代表飞行时间二次离子质谱仪。用虚线标出的区域
对应于特定情况下的(S)TEM 和 SEM 像或(S)TEM 和 SEM 的深度图谱

原子探针的术语近年来已取得进展[3]。

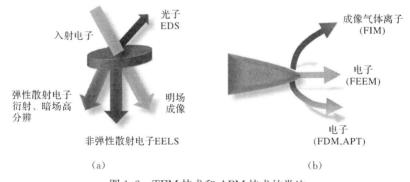

图 1.2　TEM 技术和 APM 技术的类比

(a)透射电镜技术及其从属技术示意图;(b)原子探针显微镜技术及其从属技术的示意图

先发明的场发射电子显微镜(FEEM)与 APM 有直接的关系[4],但它在材料表征和材料科学方面的应用极为有限,在本书中不进行讨论。在后续的章节中,将就场离子显微镜(FIM)[5]、场解吸显微镜(FDM)[6]、原子探针层析术(APT)[7-9]

等进行详细讨论,尤其是关于材料科学和工程范畴内它们数据的分析和解释的有关细节。

　　图 1.3 显示了 APT 的几种原型应用,内容包括:①固溶体中的原子建构细节;②第二相沉淀内及第二相和母相间的化学成分梯度;③界面化学;④晶体取向差(或者织构图)。这些应用表明,这种技术具有观察广泛范围内材料现象的能力。与 TEM 一样,APM 给显微学家提供了在单一平台上记录这些不同形式数据的机会,而且这两种技术都对样品有苛刻的要求。APM 样品的制备方法由于另一种蓬勃发展的技术——聚焦离子束显微镜而得到革命性进展。所以,我们介绍的 APM 样品制备以基于 FIB 技术的方法为重点,此种方法使对样品中感兴趣的特定区域的 APM 分析得以实现,如纳米电子器件中的单个部件、表面膜层、选取的晶体或相界面。

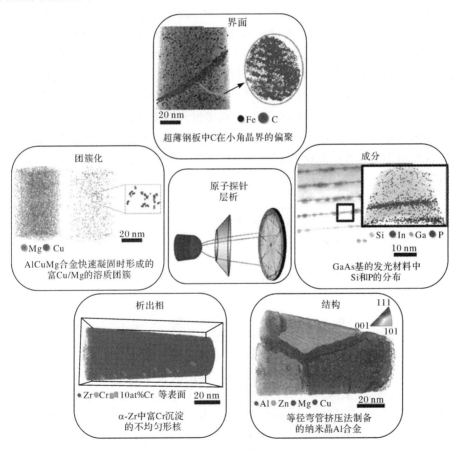

图 1.3　原子探针层析术在材料科学与工程中的典型应用

　　用于描述原子探针显微学技术的术语按习惯依据所用仪器而定。对于场离子显微镜,术语仍保持不变,虽然当前与原子探针层析术有关的技术相比前几代设备已有长足发展[4],如原子探针场离子显微镜(APFIM)[10]、成像原子探针(IAP)[11]、位敏原子探针(PoSAP)[7]和层析或三维原子探针(TAP/3DAP)[8],但是这些设备大部分受到视场角范围的限制,只能给出很小的分析体积,因而只能观察导体中极细微的特征。随着微反电极在扫描原子探针或局域电极原子探针(LEAP)[9]中实现应用,以及大视场设备的出现,目前分析体积在尺寸上已扩展到几百纳米。近年来,一些关于激光脉冲的新方法和新设备已给 APM 技术的可用性带来巨大的改善,使得对非常广泛的材料种类进行常规分析成为可能,种类涵盖金属、半导体、绝缘陶瓷、纳米材料及某些有机和生物材料。

确定材料的制备工艺、性能和三维原子建构之间的关系是材料设计和发展领域中最具挑战性的前沿问题。新兴的材料信息学是一种探明这些复杂关系的革命性方法,有望通过集成材料计算工程(ICME)的应用来加速材料发展和缩短产品发展周期[12,13]。实际上,未来材料信息学对材料工程的冲击被比作生物信息学对分子生物学的冲击。但是什么正在阻止我们将这些方法用于材料科学与工程呢? 或许是缺乏实际数据,被观察组成材料微观结构的实际三维原子建构的困难而阻滞。获取这些数据是使材料信息学、ICME 方法和揭示"材料基因组"成为可能至关紧要的步骤。这种建构涉及原子在多组元固溶体、纳米尺度的第二相、单相和两相界面的分布。这种三维原子建构从根本上定义了材料的微观结构,从而控制其性能和使役性。因此,APM 成为加速新材料发展强有力的工具。本书的后续部分将讨论 APM 技术的实力、局限和应用。

参 考 文 献

[1] Newbury D E,Williams D B. Acta Mater. ,2000,48(1):323-346.

[2] Varela M,Lupini A R,van Benthem K,et al. Ann. Rev. Mater. Res. ,2005,35:539-569.

[3] Meyer E,Beilstein J. Nanotechnol. ,2010,1:155-157.

[4] Muller E W. Physikalische Zeitschrift,1936,37:838-842.

[5] Muller E W. Zeitschrift Fur Physik,1951,131(1):136-142.

[6] Walko R J,Muller E W. Phys. Status. Solidi. A-Appl. Res. ,1972,9(1):K9-K10.

[7] Cerezo A,Godfrey T J,Smith G D W. Rev. Sci. Instrum. ,1988,59:862-866.

[8] Blavette D,Bostel A,Sarrau J M,et al. Nature,1993,363(6428):432-435.

[9] Kelly T F,Gribb T T,Olson J D,et al. Microsc. Microanal. ,2004,10(3):373-383.

[10] Müller EW,Panitz J A,McLane S B. Rev. Sci. Instrum. ,1968,39(1):83-86.

[11] Panitz J A. Rev. Sci. Instrum. ,1973,44:1034.

[12] Olson G B. Science ,2000,288(5468):993-998.

[13] Allison J. JOM,2011,63(4):15-18.

第 2 章 　 场离子显微镜

场离子显微镜(FIM)提供了样品表面原子级分辨率的图像。一种称作成像气体的稀有气体被引入带正电的锐利针尖附近。样品尖端的电场为 10^{10} V·m^{-1} 数量级。气体原子在非常接近尖端表面的位置被电离,随后在强电场的作用下加速离开。这些气体离子撞击荧光屏而成的图像刻画了表面电场的分布,而这分布与尖端的局域表面形貌具有内在关联[1,2]。将样品保持在极低温度下以优化空间分辨率,从而使分辨率足够高以直接提供单个表面原子的图像。

进一步增强尖端表面的电场诱发样品自身的原子通过称作场蒸发的过程电离和解吸。通过 FIM 连续地去除样品表面的原子层使样品次表面的结构可视化。

关于 FIM 进展与在材料及表面科学中应用的全面综述和教科书已经编辑出版[3-8]。本章的目标是给出一个关于物理原理和实践性讲解其如何工作的简要概述。

2.1 　原　　　理

FIM 原理是在带电表面附近的电场诱发惰性气体电离。当一个非常尖锐的金属针承受几千伏的电压时,表面会形成一个很强的电场。该电场是由于在表面出现正电荷而形成的。实际上,高电压一般用来诱发自由电子向内移动很小的距离以屏蔽电场,因此在最表面留下部分带电荷的原子。对于一个非平面的表面,凸出的原子带有更多的电荷,如图 2.1 所示。由于表面电场直接正比于电荷密度,因而这些局部凸出部位周围的电场会更强。在原子尺度光滑的弯曲表面,这些凸起对应于原子梯层的边缘。通过使表面电场强度的分布成像,场离子显微镜提供一个表面自身的原子分辨率的图像。FIM 的基础方面将在后续的部分详述。

2.1.1　场致电离理论

场致电离是指场诱发从原子中去除电子。图 2.2 所示为存在或不存在电场时金属表面附近一个气体原子的势能能级。电场使气体原子极化,使势能曲线变形。当承受一个非常强的电场时,气体原子外壳层的电子可以隧穿能垒进入金属表面的空能级。电离的概率取决于电子隧穿过程能垒的相对可穿透性。被广泛接受的用于描述能垒的理论模型是由 Gomer 发展的[9],并假设能垒为等腰三角形。因此,能垒的宽度正比于电场的强度,电离的概率依赖于电场的强度。场致

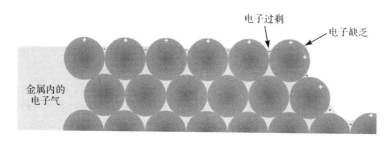

图 2.1　带正电金属表面的示意图

电离在最接近表面的位置发生,因为此处的电场是最强的。

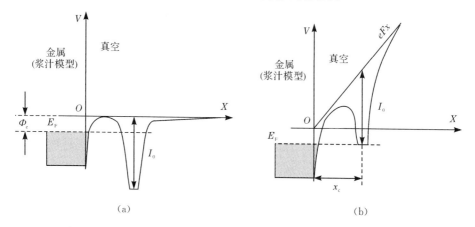

图 2.2　针尖附近的气体原子中电子的势能随着到表面距离的变化曲线
(a)无电场;(b)受外加电场 F 的作用。一次电离能为 I_0,x_c 是电离的
临界距离,E_F 是费米能,Φ_e 是表面的功函数

　　然而,来自气体原子的电子能量必须等于或高于金属中最低的可占据位置的导电能级,其接近费米能级。如果不满足该条件,金属中就没有供隧穿电子占据的空能级[1,6,7,9-14]。因此,只有当气体原子离表面小于某个临界距离时该过程才能发生。作为一级近似,临界距离可用下式表示:

$$x_c = \frac{I_0 - \Phi_e}{eF}$$

其中,I_0 为一次电离能;Φ_e 为表面功函数;F 为电场强度。对于氦原子($I_0 = 24.59\text{eV}$)在纯钨表面附近 $50\text{V} \cdot \text{nm}^{-1}$ 电场中电离的情况,其功函数约为 4.5eV,对应的临界距离约为 0.4nm[11]。因此,如 Muller 和 Bahadur 所述电离主要发生在距表面一个 x_c 且厚度小于 $0.1x_c$ 的薄层内[15]。

2.1.2　"看见"原子:场离子显微镜

FIM 是场致电离理论一个直接而精妙的应用。在 FIM 中,一种成像气体被引入真空室中,在其内放置了一个具有很高正电势的尖锐针尖。气体原子或分子被强电场极化,随后被静电力吸引向针尖表面[12,13]。针尖附近电场的增强吸引了高浓度的成像气体原子(图 2.3)。气体原子撞击在针尖上并在其表面上反复弹跳,在每个相互作用中失去了部分动能[16]。这些能量以某种过程传递到样品晶格中,该过程可看成气体原子在电离之前的热调适。最佳情况就是气体原子的能量降低到和针尖表面热能同样低的水平。当气体原子的动能不断降低时,其速度相应地减小,会增加气体原子停留在电离区的时间,电离区处于针尖表面的临界距离内。因此,成像气体原子将会围绕针尖表面进行系列跳跃,每次跳跃减小的能量要多于前一次,直到最后发生电离[13]。这些新的带正电的气体离子处于针尖正电势产生的较高的电场中。最终,它们沿着基本垂直于样品表面切平面的轨迹因斥力离开针尖表面。气体离子通过显微镜真空室加速离开针尖并最终撞击在带有探测系统的屏幕上,这提供了样品表面极度放大的投影——场离子显微图像。

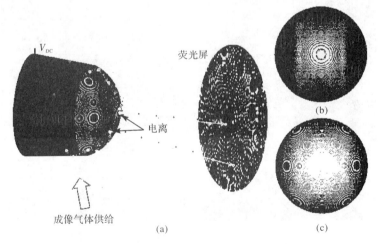

图 2.3　场离子显微镜的示意图(非比例图)

(a)只有针尖表面最外层的原子(浅灰色)可成像,如纯 W 场离子显微图像所示(右侧);

(b) bcc 晶格的等价球堆积模型;(c)类似的观察,最突出的原子用浅灰色标出

这个过程如图 2.3 所示。图 2.3(a)显示了一个面心立方(fcc)晶体的针尖侧视图,该图像通过气体原子受电场极化力作用在针尖表面弹跳而生成。气体原子逐渐驻留在晶体的台阶和梯层位置,最后发生电离和场蒸发而离开表面。随后它们

加速飞向屏幕并在此处形成图像。图 2.3(b)、(c)描述了 FIM 图像的物理起源。由几组同心圆环构成的清晰花样显现于图(b)中,它是图(a)一个简单的俯视图。在图(c)中,以浅灰色显示的最突出的原子是那些最远离球冠中心的原子。引人注目的是,图(c)与图(a)具有相似之处,很明显达到了原子级的分辨率,且图像与晶体的立体投影图相似。晶体的对称性得到保留,例如,在 FIM 图像中可以观察到垂直于针尖轴向的{110}面的二次对称性。图 2.4 提供了 FIM 图像的示例。

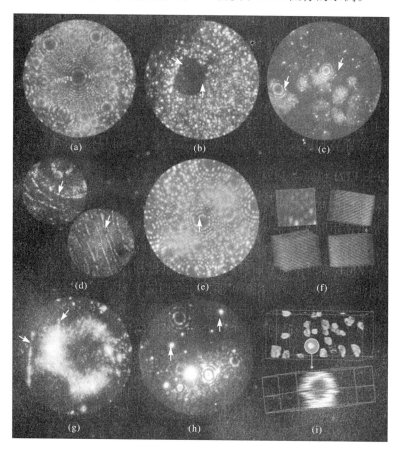

图 2.4　多种材料的典型场离子显微图像

(a)沿{110}取向观察的纯 W 图像;(b)$Cu_{81}Fe_9Ni_{10}$合金中析出相的暗衬度像,析出相与基体共格,这可通过穿过析出相的原子梯层的连续性看出(箭头所示);(c)非晶 $Al_{92}Sm_8$合金中的纯 Al 纳米晶(箭头所示),基体是非晶,因而不显示典型的极结构;(d)从上面或边缘观察到氮化的 Fe3%Cr 合金中 FeCrN 片层(箭头所示);(e)纯 Fe 中的位错(箭头所示);(f)三维 FIM 观察到的纯 Fe 样品的重构晶格;(g)Al-Cu-Li-(Mg)-(Ag)合金中从侧面观察的亮衬度 T1 片层(箭头所示);(h)Al-Zr-Sc 合金中富(Sc,Zr)的弥散相;(i)与(h)中相同粒子的三维 FIM 观察。由图容易看出,析出相具有核-壳结构(显微图像(a)～(f)和(h)～(i),蒙 Frederic Danoix、Francois Vurpillot 和 Williams Lefebvre 三位博士的概允)

1. 电场的产生

场致电离理论需要一个高的正电压以便在样品表面诱发强电场。可通过采用针尖形状的试样实现,其尖端的曲率半径小于 100nm。尖端的形状一般为带有半球冠的切尖圆锥,但经常遇到轻微偏离理想球形的情况。圆锥顶角的 1/2 称作尖端的柄角或锥角。半球的半径被认为是尖端的曲率半径。受到高电压 V 时,在具有曲率半径 R 的针状试样顶点产生的电场 F,可以用基于带电圆球的理想表达式进行估算。考虑到实际的尖端并非严格的球形,需要稍微修正,因此电场由下式给出:

$$F = \frac{V}{k_f R}$$

其中,k_f 称作电场折减系数,或者简称为电场因子,是用于说明针尖形状和静电环境的常数[9]。基于尖端附近产生的离子的能量分布的实验研究,Sakurai 和 Muller[17,18]表明钨尖端的电场因子的取值范围为 3~8。更小的锥角将会增大电场在尖端顶点的强度,导致 k_f 减小[19]。

Larson 等在 FIM 中观察到 k_f 随锥角几乎呈线性变化[19],与 Gipson 等的计算吻合较好[20-22]。文献表明,电场因子受样品整体形状和尖端曲率半径影响[20,21,23,24],而且与尖端形状无关的其他参数也会影响电场因子的数值。例如,样品下面存在平面基体的,其位置过于靠近顶点时,会导致电场急剧下降;相反地,如果反电极靠近针尖端顶点会增强电场:实验中观察到当改变反电极和样品的距离时,可使 k_f 降低到一半以下[20-22,25]。

样品不仅受到高电场的作用而且要冷却至低温,这样就会改善空间分辨率。首先,在低温下,表面原子的热扰动降低。而且,样品原子在表面的扩散是一个热激活过程,低温虽然不能完全将其避免,但至少可以降至最低,这可以增大对图像的置信度,即观察到的表面原子在它们原来的位置上而没有在电场作用下重新分布。低温的另一个重要目的是为成像气体原子提供热调适。降低成像气体原子的热能 $k_B T$,可以降低它们蒸发瞬间的横向速度,因而可以增大其空间分辨率,这将在后面讨论[7,26,27]。

2. 离子的投影:图像的形成

一旦电离,成像气体原子将受到尖端周围极强电场的作用。电场加速它们离开尖端表面。由于电场近似垂直于表面,离子沿电力线飞行,其行为好像它们从表面投影出来。相关文献中已提出了几个描述离子的投影模型[28-32]。应用最广泛的是点投影模型,其精确度甚至超过了正常需求[29,30,33]。在距尖端 L 处放置一个投影屏,一般为几厘米,离子冲击形成的图像的放大倍数 M_{proj} 可表示为[34]

$$M_{\mathrm{proj}} = \frac{L}{\xi R}$$

其中,R 为尖端的曲率半径;ξ 为图像压缩因子(image compression factor,ICF)常数,与考虑组合效应的电场因子类似,ICF 也同时包含了电力线对与形状相关的样品主轴的偏折及其静电环境。ICF 可以看成投影图像上两个晶向间的晶体角理论值 θ_{crys} 与观察角 θ_{obs} 的比值,如图 2.5 所定义:

$$\xi \approx \frac{\theta_{\mathrm{crys}}}{\theta_{\mathrm{obs}}}$$

ICF(ξ)通常取值在 1(径向投影)和 2(空间投影)之间。许多研究表明,ξ 通常取接近这两幅图中间的某个值[28,33]。对于典型值 $L = 90\mathrm{mm}$,$\xi = 1.5$ 和 $R = 50\mathrm{nm}$,放大倍数可高达 10^6,可实现单个原子位置的分辨率。

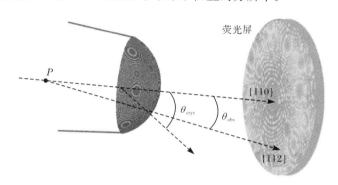

图 2.5　表面原子的点投影示意图

当撞击到荧光屏上时,每个离子产生一个光点,如图 2.3 所示。整体图像由整个试样表面上电离的原子产生光点的最大值构成。重要的是,虽然场离子图像可以看成静态的,其形成实际上是一个动态过程,图像中每个亮区形成的原因是在凸出的原子上方电离区内产生连续的成像气体离子流。图像中较亮的点直接对应着具有较高离子流的区域。

2.1.3　FIM 的空间分辨率

尽管了解一种技术的内在极限是至关重要的,显微学中分辨率的概念仍没有明确定义,仍有需要解释的空间。显微镜对某给定特征成像时能力有限,这可理解成分辨率有限。显微镜自身引起的变形(像差)通常采用扩展函数的形式描述显微镜对单个点的响应。点扩展函数用于推导分辨率极限,后者一般从完善的准则中推导出来,如经典的瑞利判据提供了所谓的两点分辨率的数值,它描述了显微镜对两个相同强度的单独的点成像时的能力。这种方法被广泛用于评估显微镜的分辨能力。

FIM 中分辨率的定义通常与屏幕上像点的最小尺寸有关,它对应于点扩展函数。基于 Chen 和 Seidman[26] 及 de Castilho 和 Kingham[27] 的探索性工作,Tsong[7] 提出了一种基于三个主要因素来描述 FIM 分辨率极限的模型。

(1) 电离区的尺寸:由于每个像点是由连续的离子流不断地撞击到探测器上形成的,因此它的尺寸对应于尖端表面成像原子正上方电离区的横向尺寸。

(2) 横向速度:离子在电离瞬间的横向速度引起的轨迹像差可增大像点的尺寸。

(3) 位置不确定性:气体原子被约束在一个很小的体积内,因而必须考虑原子的量子本质。海森伯测不准原理对成像气体原子的横向速度分量进行扩展,引入了其位置的不确定性。

1. 电离区

成像原子上方电离区的横向扩展很难量化。在最好情况下,它与成像原子为同一量级。然而,它极其依赖原子上方电场的强度和分布。如果电场相对较弱,临界距离 x_c 将会很大,因而电离区的电场分布可能不反映样品表面原子尺度的结构。相反地,如果电场太强,电离区将会过于靠近表面,在某个表面原子上方电离区的横向范围将会与其相邻原子的电离区发生重叠,这种效应会使图像模糊。因此,最佳成像电场(best image field,BIF)的定义是,电离区的体积最小,从而产生最高分辨率的电场。

2. 横向速度

气体原子弹跳穿越靠近表面的电离区时形成了离子。因此,它们的速度具有平行于尖端表面的分量,其大小依赖于它们的动能。离子动能与尖端温度有关,如果认为气体是理想的则可以估计出来。在场致电离后,成像气体离子从尖端附近投射向屏幕。如果单个原子上方产生的离子在它们的横向或切向速度表现出统计性分布,它们将不会严格遵循同一个轨迹。这种轨迹像差导致离子在屏幕上的撞击位置发生扩展。因此,电离区单个点的图像不再是一个点而是一个光斑。轨迹像差的幅度也与尖端自身的投影性质有关(如曲率半径、图像压缩因子等)。

3. 海森伯测不准性

人们必须考虑对成像气体的约束导致的切向速度扩展。海森伯测不准原理表明原子的位置和能量不能同时精确测定。由于热运动,He 原子在 20K 的德布罗意波波长约为 0.2nm,大于原子电离区的尺寸,因此原子的量子本性不能忽略。但这种效应在 FIM 中要比在场发射电子显微镜像中弱得多,其原因是离子比电子重得多而波长小很多。横向速度也会造成某个特定原子位置上发出的离子轨迹宽化。

4. 分辨率

前面已经推导出了一个描述仪器分辨率的方程,其中包含与这三个限制因素相关的项,可以用下式描述:

$$\delta = \left[\delta_0^2 + 16\left(\frac{\xi^2 k_B T R}{k_f e F} \right) + 4\left(\frac{\xi^2 \hbar^2 R}{2 m k_f e F} \right)^{1/2} \right]^{1/2}$$

其中,δ_0 为电离区的尺寸;ξ 为图像压缩因子;k_B 为玻尔兹曼常量;T 为成像气体原子电离前瞬间的温度;R 为尖端半径;k_f 为电场因子;e 为基本电荷;F 为尖端顶点的电场;$\hbar$ 为普朗克常量;m 为成像气体原子的质量。

总之,上式描述的分辨率受到电离区尺寸(第一项),在电离瞬间的横向速度(第二项)、海森伯测不准性(第三项)限制。温度对第三项有很大的影响,因此应保持在尽可能低的温度以确保最佳的分辨率。更强的电场和更小的尖端半径也能改善分辨率。通过运用已提出的定义,在 20K 下,成像气体为 He 时,FIM 的最好分辨率可达 0.2nm。

2.2 FIM 的设备和技术

2.2.1 FIM 设备

图 2.6 显示了 FIM 设备的关键部件。设备包含一个超高真空室,需要在基准压力 10^{-8} Pa(约 10^{-10} Torr)以下工作。可采用高压涡轮分子泵实现,其前级泵是旋叶泵。必须保持低的样品温度以达到高分辨率。早期的显微镜设计简单,采用液氮、液氢、液氦来冷却样品[35]。从 20 世纪 80 年代开始,闭环氦冷却站得到广泛应用,可实现 20K 以下的低温。样品上连接一个高压直流电源用来产生需要的电场。尖端实现定位和热稳定后,在非常低的压力下(其范围在 $10^{-4} \sim 10^{-3}$ Pa($10^{-6} \sim 10^{-5}$ Torr)),成像气体被引入真空室内。最常用的气体是 He 和 Ne,但在某些情况下也会使用 H_2。有时也会使用多种气体来同时成像几种物相[13,36]。

FIM 的屏幕由偏压微通道基板(micro-channel plates,MCP)堆垛而成,MCP 用作图像增强器,直接放置在荧光屏的前面。一个 MCP 包含直径为几十微米的细小玻璃管的阵列,其上覆盖着导电薄层[37]。这些玻璃管的方向与基板法向成 5°~15°角。一般将 MCP 的一面置于偏压 -1kV 以产生高的表面电荷密度。相对面接地,这样就在两个面之间产生一个电场。当一个粒子,如离子、电子或者光子撞击某根玻璃管的内壁时,多个二次电子就从表面上发射出来。在电场作用下,它们向背面运动。每当这些二次电子中某个撞击管壁时,另一簇二次电子又发射出来,对应于每个撞击管壁的离子最后产生了由几千个电子组成的级联。这些电子最终被 MCP 和荧光屏间的电场汇集到荧光屏上,由于这些电子的冲击在荧光屏上产生了一个光点。

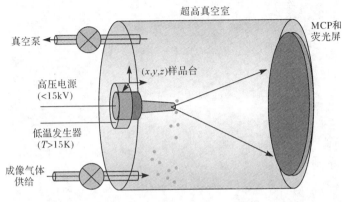

图 2.6　场离子显微镜的实验设置

　　MCP 的探测效率可以定义为它成功探测到单个离子撞击表面的概率。该探测效率理论上受 MCP 的开放面积限制,即微通道入口的表面积所占探测器总表面积的比例,为 $50\%\sim60\%$。然而,对于 FIM,大量的成像气体离子对形成图像中的单个光点有贡献。其实,在到达 MCP 的离子中,高达 50% 的离子检测不到,仍然有数千个离子被检测到并且对每个光点的形成做出贡献。因此,由 MCP 产生的探测效率限制在 FIM 中并不是一个重要的问题。其他设计问题也能影响 MCP 的效率。例如,通常仍能观察到由微通道和表面间夹角产生的低效率带。一个离子恰好沿着 MCP 微通道的方向飞行时,将会直接到达通道的底部而不会撞击管壁,所以不会激发产生电子级联。早期的 FIM 设计中并未装配 MCP。作为替代,通过将荧光屏发出的光接收在成像板上把图像记录下来(这一过程长达几分钟)或者使用外部图像放大器。

2.2.2　电子 FIM 和数字 FIM

　　这些方法涉及利用延时线探测器对成像气体离子进行探测,如在当代原子探针层析术中采用的那些方法。这些探测器能够收集和处理非常多的原子,因而 FIM 实验能以约 $10^{6}\,\mathrm{s}^{-1}$ 的数据采集率以数字方式进行记录。相应的 FIM 图像能够通过计算一个虚拟荧光屏将探测到的每个单事件的响应模拟出来[38]。

　　图像模拟时可以调节多种设置来提高图像质量或揭示特殊的特征,如对比度、亮度、γ 值、积分时间及模拟荧光屏响应时的衰减速率。虽然图像质量通常有些偏低,但在传统 FIM 中也具有足够对比度以观察几乎每个表面原子,如图 2.7 所示。使用同样的探测器能够容易地实现反复的 APT 和 FIM 实验。由于这两种技术能够揭示样品的不同信息,将两者结合是非常有益的。

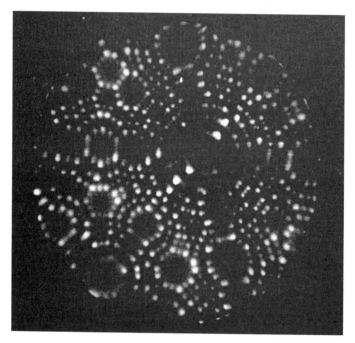

图 2.7　纯 W 样品在 20K,3.5kV,氦气条件下所成的 eFIM 像

2.2.3　层析 FIM 技术

正如将要在第 3 章中描述的,样品在 FIM 中经常被场蒸发,这提供了一种研究样品不同深度组织状况的途径。如果样品以恒定速率场蒸发,那么以规则的时间间隔拍摄的系列图像在深度上也保持距离恒定。运用这一原理,3D-FIM[39]或者计算场离子层析[40]仅仅涉及堆积一系列高分辨率 CCD 相机记录的场离子图像。最后生成一幅层析图像,如图 2.4(f)、(i)所示。成像气体原子的单个冲击位置被存储后,在电子 FIM 中即可实现对成像体积相似的层析重构。这样的尝试未见报道。对于计入尖端曲率体积校正的初步尝试,尚未开展系统而谨慎的研究[39,41],因此在层析体积内会出现假象。

在层析 FIM 数据中,观察样品横切片或者子体积来揭示晶体结构细节是可能的(图 2.4(f))。在数据集里,每个原子被描绘成一个拉长的椭球体。虽然没有实际工作来评估这项技术的性能,但可以假设椭球体的长度约等于 FIM 的横向分辨率(约 0.3nm[39]),而它的厚度约等于深度方向的分辨率。后者取决于一个原子停留在可成像位置上的平均时间,进而取决于蒸发速率(约 0.05nm[39])。最后,利用元素衬度使不同特征成像,可确定它们的取向、数密度和(或)平均形状。

2.3　FIM 图像的解释

当成像效率接近 100% 时，FIM 使晶体缺陷的可视化成为可能，如空位、位错（图 2.4）或者晶界。此外，不同元素或物相因其衬度差而被观察到。在 FIM 分析中，通常使样品逐渐场蒸发以揭示其内部结构，因此细致分析同一样品中记录的系列图像可提供样品体积内各种特征的三维信息。已有关于 FIM 及其在材料科学中应用的详细综述或教科书[4,6,7]，因此本节首先描述场离子图像解释的基础，随后集中讲述与原子探针层析得到的结果直接相关的 FIM 应用。

2.3.1　纯材料图像的解释

图 2.8(a)给出[001]取向正对着探测器的纯 Al 样品 FIM 图像的例子。这幅场离子显微图像可与图 2.8(b)中小球排列在圆球形顶盖的情况形成很好的对照。FIM 图像中的亮点对应于模型中的浅灰色原子，它们是位于半球形尖端最外壳层的原子，因而是表面上最突出的原子[42,43]。在晶体材料中，图像通常显示为同心圆。每个同心圆系列对应于一个突出于表面的主要晶面族，这称作一个极。每个原子的衬度与每个台坎位置原子（也就是每个晶面边缘的突出原子）附近的实际近邻数相关。可见，FIM 图像包含宽范围的亮度。例如，在图 2.8(a)中形成了很大的亮区，较强场对应的线状带通常称作带线，并且它们将不同的极连接起来。

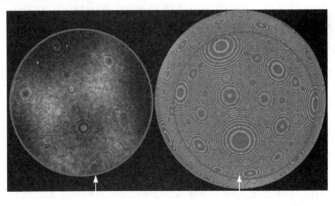

(a)　　　　　　　　　　　　　(b)

图 2.8　实际 FIM 图像与理论模型的对比

(a)纯 Al 在 Cameca LEAP 3000X Si 中外加电压为 12.5kV 时观察到的 He eFIM，样品取向接近[001]方向；(b)球状尖端顶点以 fcc 方式堆积的小球模型

最突出的原子衬度最高，图中的圆圈凸显了实际视场，如箭头所示

事实上,极和带线的图案是晶格在场蒸发时调适到平衡形状的结果,通常一级近似为准半球。这导致产生围绕主要极形成的小平面通过复杂的结合方式构成的表面。这些小平面的位置和尺寸直接依赖于相应的晶体取向,例如,功函数随着晶体取向、电场强度和温度的不同而变化。在这些小平面的边界上形成了带线。最后,使图像与相应的晶体结构的立体投影具有相似性[29,31,33],因而对立方晶体来说,晶向垂直于同指数的晶面,晶向可以直接识别出来。每个特定取向相关的对称性有助于识别各个极。识别这些极的潜在用途将在2.3.3节和第7章讨论。附录F中的立体投影对识别不同的极非常有帮助。

2.3.2　合金图像的解释

对合金来说,在不同的物相和不同元素的原子间通常存在衬度。造成这种衬度差异的原因主要有两个:

第一个原因是,在材料表面不同种类的原子与成像气体具有不同的亲和力,导致不同的电荷转移。因此,在某些原子上方可以发生选择性的电离,导致在这些原子所在的位置产生更亮的光点[6]。

第二个原因与尖端的局域曲率有关。在FIM实验中,尖端逐步地发生场蒸发。每种原子场蒸发所需的电场是不同的。样品尖端受到高电压的作用,能够使某种原子脱离表面,尖端的局域曲率必须演化以达到该元素的蒸发场。例如,如果溶质或沉淀相的蒸发场低于基体,这些原子通常在图像中显得较暗,如图2.4(b)所示,由于局域曲率较小,因而电场较低。相反地,具有较高蒸发场的原子将会显得较亮。图2.4(d)、(g)～(h)的场离子图像表明,其中富Cu或者富(Sc,Zr)的颗粒显得比周围的Al基体要亮。这些局部曲率的变化是成像气体离子轨迹产生像差的原因,也是尖端发生场蒸发的原因(这个问题将在第7章进一步讨论)同样也会影响原子探针层析。

2.3.3　FIM的部分应用

1. 取向

第一代三维原子探针仅能分析样品表面极其有限的区域。在原子探针分析之前通常都采用FIM清洁尖端表面并确定样品的晶体取向或特殊特征的位置,如晶界、沉淀或特定相,随后对其进行原子探针分析。

2. 曲率半径

在原子探针层析中,当可以在层析图像重构中观察到原子平面时,面间距可用来校正重构区的尺寸[44]。然而,首先必须识别相应的晶体取向,这往往不是简单的事,尤其成像表面很有限时。在 FIM 中,一般尖端表面上的很大区域可以成像,并且通常可以观察到几个极。晶体的对称性越显著,则越容易识别这些极。虽然宽角原子探针的出现使得进行这一过程的必要性降低了,但是 FIM 过程仍可获得其他重要信息。

确实,FIM 图像中观察到的同心圆的形式与尖端的局域几何形状有关。利用图像可以测定尖端的曲率半径或锥角。FIM 图像中两个极之间(图 2.9(a))每一个连续的梯层对应于这个极所在方向的晶面间距的增量,如图 2.9(b)所示。因此,可给出两个晶向 $h_1 k_1 l_1$ 和 $h_2 k_2 l_2$ 之间的夹角 θ 和尖端曲率半径 R_0 之间的关系:

$$R_0(1-\cos\theta)\approx n d_{h_1 k_1 l_1}$$

局域和整体曲率半径都可以用这种方法测定[29]。

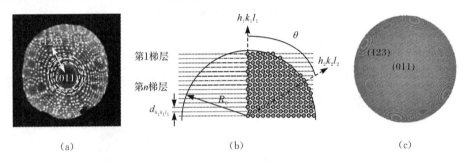

图 2.9　纯 W 的 eFIM 图像与理论模型的对比
(a)纯 W 样品的 eFIM 图像,其中虚线圆凸显了[011]和[123]取向间某些连续的梯层;
(b) 尖端顶点的示意图;(c)和(b)相应的小球模型

3. 锥角

当尖端逐步场蒸发时,曲率半径的演化可由锥角的几何关系确定。如图 2.10 所示,通过估计两个阶段的曲率半径 R_1 和 R_2,结合已知的 hkl 晶向两个原子梯层的间隔层数 n,可求得锥角 α:

$$\sin\alpha=\frac{R_2-R_1}{R_2-R_1+n d_{h_1 k_1 l_1}}$$

其中,d_{hkl} 为 hkl 晶面间的距离。严格来说,此方法能够确定半锥角(简称为锥角)。

4. 图像压缩因子

如前所述,图像的放大倍数由于尖端的形状及静电环境对电力线的调制而受到影响。图像压缩因子可以表达为晶向角与观察角的比值,$\xi\approx\theta_{\text{crys}}/\theta_{\text{obs}}$,其中 θ_{obs} 是投影图像上观察到的两个晶向的夹角,θ_{crys} 是其理论值,如图 2.11 所示。尖端半径相对于飞行路径 L 是可忽略的,于是观察角可写作

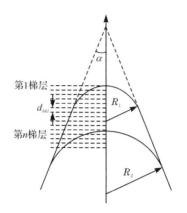

图 2.10　曲率半径随尖端几何的演化

$$\theta_{obs} = \arctan \frac{D}{L}$$

其中，D 为图像上两个极中心间的距离。两个晶向夹角的理论值由晶体结构定义，可用附录 E 中提供的公式容易地计算出来。

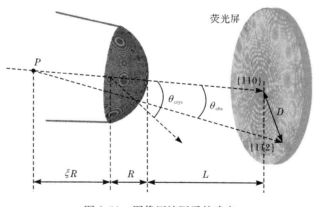

图 2.11　图像压缩因子的确定

5. 表面扩散过程

吸附在表面上的原子会经历称作随机行走的热激活过程[45,46]，在此过程中一个原子沿着样品表面从一个位置跳到另一个位置。完美的 FIM 空间分辨率使其成为研究该过程的独特工具[26]，因此近年来人们开展了广泛的相关研究。

与场蒸发类似，表面扩散是一个热辅助过程，因而可用 Arrhenius 定律来描述：

$$N_{\text{diff}} = \nu_0 \exp\left(-\frac{Q_{\text{diff}}}{k_B T}\right)$$

其中，N_{diff} 为每秒内从一个位置到另一个位置的跳跃次数；ν_0 为表面原子的振动频率。表面扩散激活能 Q_{diff} 可通过测量一个表面原子的位移平方均值 $\langle \rho^2 \rangle$ 来估算，该均值是发射体温度的函数：

$$\frac{\langle \rho^2 \rangle}{2\tau_0} = D_0 \exp\left(-\frac{Q_{\text{jump}}}{k_B T}\right)$$

其中，D_0 为表面扩散率；τ_0 为观测时间。特别地，FIM 已用于测量表面扩散系数，其方法是采用热循环精确控制表面迁移率。或者用于存储对表面原子团簇形成和移动机制的探查，这与通过沉积制备材料的过程紧密相关。这个研究课题已发表了多个详细的综述[7,45,47,48]，而且表面迁移测量已用于探测样品在激光脉冲辐照下达到的温度[49,50]。

表面扩散过程不只限于吸附的元素种类。当有足够的热能可利用时，材料自身的原子也会发生迁移。当存在电场时，表面原子就发生极化。由于极化能（$1/2\alpha_p F^2$）的产生，电场的变化影响表面不同位置的相对稳定性。这种情况下，由表面扩散引起的原子迁移就不能再看成随机过程。相反地，原子将会优先向强电场区域迁移，这个过程通常称作定向行走[51-53]。由于电场会同时促进表面扩散和场蒸发，而且两者都是热激活过程，因此在这两个过程之间存在竞争，有时会制约原子从表面场蒸发的速率[54,55]。

2.3.4　总结

在由原子探针层析产生的层析图像重构中使用的大部分关键参数可用 FIM 校正，如样品的曲率半径、锥角、图像压缩因子和电场因子。FIM 提供了一种特有的途径来估算这些参数。然而需要牢记，严格来说，FIM 所观察到的并不是表面自身的图像，而是位于表面上方几纳米处电离区的图像。这个电离区直接与表面自身有关，但是这种区别很可能在测量和观察中引入偏差。FIM 仍然提供了一种独特的技术来接近这些值，它也提供了在观察表面过程和表面结构时无可比拟的空间分辨率。而且其可提供新的块状样品三维图像的能力，使得 FIM 成为很有价值的材料研究工具。

参 考 文 献

[1] Müller E W. J. Appl. Phys. ,1956,27(5):474-476.

[2] Müller E W. Phys. Rev. ,1956 102(3):618-624.

[3] Bowkett K M,Smith D A. Field-Ion Microscopy. Amsterdam:North-Holland Pub. Co. ,1970.

［4］Miller M K,Cerezo A,Hetherington M G,et al. Atom Probe Field Ion Microscopy. Oxford: Oxford Science Publications-Clarendon Press,1996.

［5］Miller M K,Smith G D W. Atom Probe Microanalysis:Principles and Applications to Materials Problems. Pittsburg,PA:Materials Research Society,1989.

［6］Müller E W,Tsong T T. Field Ion Microscopy,Principles and Applications. NewYork: Elsevier,1969.

［7］Tsong T T. Atom-Probe Field Ion Microscopy:Field Emission,Surfaces and Interfaces at Atomic Resolution. New York:Cambridge University Press,1990.

［8］Wagner R. Field-Ion Microscopy. Berlin Heidelberg:Springer-Verlag,1982.

［9］Gomer R. Field Emission and Field Ionisation. Cambridge:Havard University,1961.

［10］Brandon D G. Philos. Mag. ,1962,7(78):1003-1011.

［11］Brandon D G. Br. J. Appl. Phys. ,1963,14(8):474.

［12］Müller E W. Acta Crystallogr. ,1957,10(12):823.

［13］Müller E W. Science,1965,149(3684):591-601.

［14］Tsong T T. Surf. Sci. ,1978,70:211.

［15］Müller E W,Bahadur K. Phys. Rev. ,1956,102(3):624-631.

［16］Müller E W,Nakamura S,Nishikawa O,et al. J. Appl. Phys. ,1965,36(8):2496-2503.

［17］Sakurai T,Muller E W. Phys. Rev. Lett. ,30(12),1973,532-535.

［18］Sakurai T,Muller E W. J. Appl. Phys. ,1977,48(6):2618-2625.

［19］Larson D J,Russell K F,Miller M K. Microsc. Microanal. ,1999,5:930-931.

［20］Gipson G S. J. Appl. Phys. ,1980,51(7):3884-3889.

［21］Gipson G S,Eaton H C. J. Appl. Phys. ,1980,51(10):5537-5539.

［22］Gipson G S,Yannitell D W,Eaton H C. J. Phys. D:Appl. Phys. ,1979,12(7):987-996.

［23］Gault B,Haley D,de Geuser F,et al. Ultramicroscopy,2011,111(6):448-457.

［24］Gault B,La Fontaine A,Moody M P,et al. Ultramicroscopy,2010,110(9):1215-1222.

［25］Huang M,Cerezo A,Clifton P H,et al. Ultramicroscopy,2001,89(1-3):163-167.

［26］Chen Y C,Seidman D N. Surf. Sci. ,1971,26(1):61-84.

［27］de Castilho C M C,Kingham D R. J. Phys. D:Appl. Phys. ,1987,20(1):116-124.

［28］Brandon D G. J. Sci. Instrum. ,1964,41(6):373-375.

［29］Wilkes T J,Smith G D W,Smith D A. Metallography,1974,7:403-430.

［30］Cerezo A,Warren P J,Smith G D W. Ultramicroscopy,1999,79(1/2/3/4):251-257.

［31］Fortes M A. Surf. Sci. ,1971,28(1):117-131.

［32］Southworth H N,Walls J M. Surf. Sci. ,1978,75(1):129-140.

［33］Newman R W,Sanwald R C,Hren J J. J. Sci. Instrum. ,1967,44:828-830.

［34］Walls J M,Southworth H N. J. Phys. D:Appl. Phys. ,1979,12(5):657-667.

［35］Forbes R G. J. Microsc. Oxford,1972,96(Aug):63-75.

［36］Menand A,Alkassab T,Chambreland S,et al. J. Phys. ,1988,49(C-6):353-358.

［37］Wiza J L. Nucl. Instrum. Methods,1979,162(1/2/3):587-601.

[38] Ulfig R M,Larson D J. Gerstl S S A. (unpublished,2008).

[39] Vurpillot F,Gilbert M,Deconihout B. Surf. Interface Anal. ,2007,39(2/3):273-277.

[40] Wille C,Al-Kassab T,Heinrich A,et al. presented at the IVNC 2006/IFES 2006 (unpublished,2006).

[41] Akre J,Danoix F,Leitner H,et al. Ultramicroscopy,2009,109:518-523.

[42] Moore A J W. J. Phys,Chem. Solids,1962,23(Jul):907-912.

[43] Moore A J W,Ranganathan S. Philos. Mag. ,1967,16(142):723-737.

[44] Hyde J M,Cerezo A,Setna R P,et al. Appl. Surf. Sci. ,1994,76/77:382-391.

[45] Ehrlich G,Stolt K. Annu. Rev. Phys. Chem. ,1980,31:603-637.

[46] Antczak G,Ehrlich G. Surf. Sci. Rep. ,2007,62(2):39-61.

[47] Tsong T T. Prog. Surf. Sci. ,2000,67:235-248.

[48] Kellogg G L,Tsong T T,Cowan P. Surf. Sci. ,1978,70(1):485-519.

[49] Kellogg G L. J. Appl. Phys. ,1981,52:5320-5328.

[50] Vurpillot F,Houard J,Vella A,et al. J. Phys. D:Appl. Phys. ,2009,42(12):125502.

[51] Tsong T T,Kellogg G. Phys. Rev. B,1975,12(4):1343-1353.

[52] Wang S C,Tsong T T. Phys. Rev. B,1982,26(12):6470-6475.

[53] Neugebauer J,Scheffler M. Surf. Sci. ,1993,287/288:572-576.

[54] Wada M. Surf. Sci. ,1984,145:451-465.

[55] Sanchez C G,Lozovoi A Y,Alavi A. Mol. Phys. ,2004,102(9/10):1045-1055.

第3章　从场解吸显微镜到原子探针层析

3.1　原　　理

如第1章所述,原子探针层析(APT)利用场蒸发原理连续地去除针状样品顶点上的原子。场蒸发涉及这些表面原子的电离,而后在电场力的作用下沿着特定的投射轨迹向探测器加速飞去。蒸发事件紧随表面原子电离之后,电离由两个因素的综合作用诱发,这两个因素包括一个恒定的静电场和传输到样品表面原子上的高电压或者激光脉冲。利用这个过程的第一种技术是场解吸显微镜(field desorption microscopy,FDM),该技术随后演变为现代原子探针。在详细描述FDM和APT及特定的脉冲技术之前,首先对场蒸发理论做一般性总结。

3.1.1　场蒸发理论

1. 引言

场蒸发是指在场诱发下从其自身晶格中剥离原子的过程。它涉及在非常强的电场作用下原子从表面电离和解吸的过程。电场导致表面原子的极化。当电场足够强时,如果原子的电子被吸收进表面,那么这个原子就被从表面上拖拽出来,因此诱发了原子的电离。产生的离子在周围电场作用下加速离开表面。

即使支撑这一过程的确切机理尚未完全清楚,但已经通过简单的热力学知识进行了解释。场蒸发主要是因为施加电场时能垒降低并在热激活的作用下致使离子逃逸出表面[1]。这种从原子态到离子态的转变示于图3.1中,显示了有或者无电场时原子和离子的势能与表面距离 x 的函数关系。在 Müller 建立的模型中[1],在逃离表面前,原子在一个临界距离处完全电离,这个模型就是众所周知的镜像驼峰模型。Gomer[2] 随后提出了另一个模型,认为当原子逃离时,电荷逐渐从原子中排空。在这两种情况下,当热扰动能量允许原子越过将其束缚在表面上的能垒时即发生场蒸发。当能垒被电场变得足够薄时,离子隧穿能垒也是可能的。

Müller 模型假设:新产生的离子既被电场拖拽离开表面也被自身的镜像电荷的引力吸引回表面。当离子离开表面时,电场降低了离子的势能[3]。为实现电离并离开表面,粒子必须越过所谓的 Schottky 驼峰,这个依赖电场的能垒 $Q(F)$ 代表了场蒸发的激活能。然而,当 Schottky 驼峰累加在原子的势能曲线上时,激活能

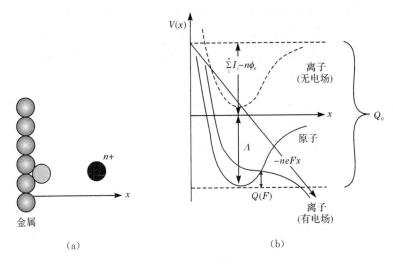

图 3.1　场蒸发示意图与势能曲线

(a)场蒸发过程,吸附的原子为灰色而离子为黑色;(b)有电场和无电场时原子和离子的势能图

V 是势能,Λ 是升华能,n 是离子价数,I_i 是第 i 级电离能,ϕ_e 是发射离子的表面功函数,

Q_0 和 $Q(F)$ 分别是无电场和有电场时的能垒

就是原子态势能曲线的最小值与原子态及离子态势能曲线交点的差值。这种机制由 Gomer 提出[4-6],构成了电荷排空的基础,也是最被广泛接受的描述场蒸发的理论。

镜像驼峰模型在概念上很简单,可进行充分的解析处理。驼峰的存在完全是假设的,理论上它只能出现在离表面约 0.1nm 处,此处离子核间存在的极强的排斥力远大于任何其他的力。而且这些早期的场蒸发理论假设一个表面原子直接转变为 n 价离子[1,2]。Haydock 和 Kingham 后来发现实际上离子以一价或二价状态离开表面,随后还能电离一次或者多次[7,8]。这个过程称作后电离[9]。

离开表面的机制和粒子离开表面的确切本质仍然是讨论的话题,两种模型均未在实验上得到确切证实。实际上,很难区分这两种机制。在如此强的电场下,表面原子被极化,原子和离子的二分法可能不再适用。前述的两个模型均不能代表实际情况,尚未实现基于量子力学对场蒸发的综合性处理。采用从头算和密度泛函理论已经获得了初步结果[10-17],但它们的适用性受到质疑[18]。不能排除存在其他机制可涵盖整个场蒸发过程。Vurpillot 等[19]的研究表明,静电压力可能在原子离开表面的过程中起主导作用。

2. 能垒

两个用于描述场蒸发过程的模型中,电荷排空机制比镜像驼峰模型更具有物理真实性。然而,出于介绍的目的,镜像驼峰模型可写成一个更简单的公式。因此,用 Müller 模型描述场蒸发过程。场蒸发仍值得做进一步的理论研究。

Müller 模型认为蒸发的原子与吸附在金属表面上的原子具有相同的能量。最初,通过将表面束缚原子转变为 n 价自由离子所必需的电离能总和 $\left(\sum I_i\right)$ 减去 n 倍功函数对应的能量 $(n\phi_e)$,可以从原子曲线上移得到离子曲线,其中 $n\phi_e$ 为电子传输到材料内部时可以从表面获得的能量。当无电场施加在样品尖端时,从表面剥离吸附原子并使其电离 n 次所需的能量 Q_0,可以根据 Born-Haber 循环来估算:

$$Q_0 = \Lambda + \sum_1^n I_i - n\phi_e$$

其中,Λ 为升华能;I_i 为第 i 次电离能;ϕ_e 为表面发射离子的功函数(图 3.1(b))。可在附录 D 中查到大部分元素的这些能量值。

当施加电场时,离子的能量状态受到如下影响:对于较低电场,离子能量随电场强度的降低正比例下降。因此当电场强度增大时,离子态的能量等于或低于原子态。考虑到此因素,在模型中,当逃逸粒子为一个 n 价离子时,能垒的高度就是 Schottky 鞍形面或驼峰的高度,对应于电荷镜像势能和电场势能的叠加。所以,能垒的高度 $Q(F)$ 可以写成

$$Q(F) = Q_0 - \sqrt{\frac{n^3 e^3}{4\pi\varepsilon_0}} F$$

其中,ε_0 为真空的介电常数。描述表面原子极化的二阶项 $-(1/2)\alpha_p F^2$ 可以加到公式中,其中 α_p 代表原子的表面极化率,数量级为 $1\mathrm{MeV \cdot V^{-2} \cdot nm^2}$[20,21]。这个校正项的来源仍然不明确[22];因其不起主要作用,通常可以忽略。

3. 蒸发率

通常认为场蒸发是一个热辅助过程,其概率 P_{evap} 可用麦克斯韦-玻尔兹曼方程描述:

$$P_{evap} \propto \exp\left[-\frac{Q(F)}{k_B T}\right]$$

其中,$Q(F)$ 为与电场有关的能垒高度;k_B 为玻尔兹曼常量;T 为热力学温度。热扰动导致原子在表面上振动。垂直于表面的振动分量的频率记作 ν_0。在每一次向着自由表面的振动中,原子都在挑战将其约束在表面上的能垒。结合振动和蒸发概率,每秒蒸发的原子数称作蒸发率或者 Φ_{evap},于是可以将其写成 Arrhenius 定律的形式:

$$\Phi_{evap} = \nu_0 \exp\left[-\frac{Q(F)}{k_B T}\right]$$

几位学者提出,上式在高温和低温时存在偏差[23-26]。在低温时,离子隧穿变得显著,导致与温度无关机制的产生。在此情况下,原子不是跨越能垒而是穿过能垒而电离。这种假说最早由 Menand 和 Kingham[3] 通过实验证实[27,28]。由于只有在低温下(40K 以下)和对于轻质离子才有效,因此这一过程往往被忽略[25]。

假设蒸发仅仅是一个热辅助过程,Kellogg 运用 Arrhenius 作图法对振动频率进行了估算。测定的 $\ln\Phi$ 为 $1/T$ 的函数,ν_0 处于 $10^{11} \sim 10^{13}$ Hz,与电场强度有关[24]。Kellogg 还测定了能垒的高度,发现其值总是低于 1eV。

Tsong 测定了几种过渡族金属的蒸发率随电场强度的变化情况[29],如图 3.2 所示,值得注意的是电场强度明显影响场蒸发。确实,约 5% 的电场变化可使蒸发率改变 2~5 个数量级。

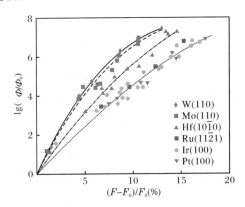

图 3.2　几种过渡族金属的蒸发率与电场的函数关系[29]

4. 零能垒蒸发场

能垒降为零的电场强度值通常称作蒸发场,用 F_{evap} 表示,对于一个原子可能的不同价态来说,该场可用下式计算:

$$F_{evap} = \frac{4\pi\varepsilon_0}{n^3 e^3} \left(\Lambda + \sum_n I_n - n\phi_2 \right)^2$$

根据该表达式计算的蒸发场会因原子价态不同而发生显著变化。如 W,价态从 +1 价到 +4 价的离子,其蒸发场分别为 $102V \cdot nm^{-1}$、$57V \cdot nm^{-1}$、$52V \cdot nm^{-1}$ 和 $62V \cdot nm^{-1}$。大部分元素和不同价态的零能垒蒸发场的数值可在附录 B 中查到。Brandon[30] 建立了一个描述蒸发场的准则,蒸发场可定义为根据上式得到的最低值,且相应的价态是蒸发离子的主导价态。虽然很难用场蒸发模型解释观测到的价态分布,但蒸发场的预测值和实验值十分吻合[31]。对于大部分金属来说,蒸发场在 $10\sim60V \cdot nm^{-1}$ 范围内。

尽管有内在的局限,但这个模型仍可用于纯金属。然而,从来没有明确定义多组元系统的蒸发场。将吸附原子束缚在表面的势能强烈依赖于其局域近邻的化学成分。最初解释 FIM 衬度的模拟方法,已经用来估算金属间体系的表面能[32,33]。结果表明,其受晶体取向影响,围绕某个给定晶体极不同原子位置的变化量可达 10%,不同的极间变化量可达 25%。近年来,用从头算模拟来研究纯 Al 的场蒸发[17]。这些初步的研究应继续深入下去,以更好地估计不同纯金属或合金内依赖于局域近邻不同元素的蒸发场。

5. 场温校正

因为场蒸发是一个热辅助过程,所以能垒和温度的无限组合方式可以导致十分相同的蒸发率。作为一级近似,对于接近蒸发场的电场值,能垒的高度可以认为随电场线性变化:

$$Q(F) = Q_0 \left(1 - \sqrt{\frac{F}{F_{\text{evap}}}} \right) \approx Q_0 \left(1 - \frac{F}{F_{\text{evap}}} \right)$$

这个简化的表达式可与蒸发率 $\Phi_{\text{evap}} = \nu_0 \exp(-Q(F)/k_B T)$ 相联立,因此,样品在给定蒸发率下发生场蒸发所需的电场可由一个温度的函数确定:

$$\frac{F}{F_{\text{evap}}} \approx 1 + \ln\left(\frac{\Phi_{\text{evap}}}{\nu_0}\right) \frac{k_B T}{Q_0}$$

这个简单的表达式与不同作者的实验观察吻合很好[23-25,34,35],如图 3.3 表明的那样,在恒定的蒸发率下,蒸发纯 W 样品所需的相对电场强度为温度的函数。电场的实际值可以称作有效蒸发场。Wada 测定了许多纯金属的校正曲线,尤其那些表现出不同行为和斜率的元素[25]。对合金来说,需要转换为每种组元的有效蒸发场的特定变化,这可能是导致基准温度下成分测定中存在差异的原因(见 6.3.2 节)。

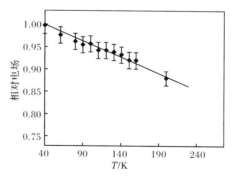

图 3.3　为实现恒定检测率时的电场-温度校正曲线

6. 气体辅助的场蒸发

当气体原子被吸附到针尖表面时,它们可能极化并向尖端顶点迁移。它们也可与表面原子结合,改变自身的能量状态而使其更容易蒸发[36]。估算的金属氢化物蒸发场的数值比相应的纯金属原子的蒸发场低 $10\%\sim20\%$[37]。因此,在原子探针实验中经常观察到这些种类的分子。真空室中存在的残留气体能够形成氢化物和氦化物[38]。此外,成像气体通常辅助 FIM 中发生蒸发,这意味着 FIM 中尖端顶点场蒸发所需的电场通常低于原子探针层析。需要着重指出的是,利用尖端附近非常强的电场,使这些种类的分子能够发生场分解,即在飞向探测器的过程中破碎成更小的组元离子。该现象发生时,原始分子离子的两种碎片都能检测到,有时它们的能量因分解过程而显著降低[39,40]。

7. 后电离

不同场蒸发模型的主要缺点之一是它们不能预测实验观察到蒸发离子的价态。Haydock 和 Kingham[7]基于如下想法提出了一个模型,离子以一价态离开表面并在尖端附近的某处再次电离。确实,与场致电离类似(2.1.1 节),当离子飞离表面时,极强的电场倾向于多次再电离离子(图 3.4)。

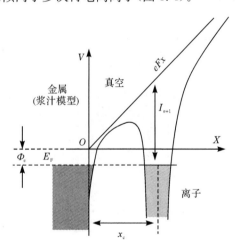

图 3.4　位于尖端附近的离子受到电场作用时的势能图

I_{n+1}是第 $n+1$ 次电离能,x_c 是电离的临界距离,E_F是费米能,Φ_e是表面功函数

就场电离而言,后电离发生在离开表面的某个临界距离上。第 $n+1$ 次电离的临界距离是

$$x_c = \frac{I_{n+1} - \Phi_e}{F}$$

其中，I_{n+1}为第 $n+1$ 次电离能；Φ_e 为表面功函数；F 为电场。于是，后电离的概率也依赖于电场。此外，对于给定的电场，电子隧穿能垒的概率依赖于离子通过电离区所用的时间。这意味着第 $n+1$ 次电离的概率取决于离子的速度，进而取决于其质量。所以，Menand 等[27]的研究表明，对于每种原子，在不同的同位素间各价态观察到的频率会出现变化。实际情况往往非常复杂，但 Haydock 和 Kingham 的预测结果与实验观察到的 Rh 离子价态变化极为吻合[7,41]。

　　Kellogg 也报道了 W 离子平均价态的演化，表明实验数据只能用场蒸发离子的多阶段后电离模型进行拟合，而不能使用电荷跳跃模型和单次后电离模型[8]。随后，运用这个模型计算出了每种价态的相对频率，并且绘制了很多周期表中的元素与电场的函数[9]。这些曲线就是熟知的 Kingham 曲线，可在附录 H 中查到。

　　对合金来说，具有更高蒸发场沉淀相的存在会导致尖端局域曲率的变化，进而引起局域电场的变化。在图 3.5 中，绘制了 6000 系列 Al 合金中 Mg^{2+} 的分布。由图可看到几个针状的 β'' 沉淀，这些沉淀含有 Mg 和 Si，且比 Al 基体具有更高的蒸发场，探测到的原子价态主要为 +1 价。尖端局域曲率的变化及引起的电场增强可通过 Al^{2+} 的分布清晰地显示出来，其发生与高蒸发场沉淀的位置密切相关（图 3.5）。基于以上考虑，使用 Kingham 计算的曲线尝试估算了某些原子物种（简称物种）在基体和沉淀时的蒸发场的差别[42-44]，该差别也可用于改善数据集的重构，详见第 5 章。

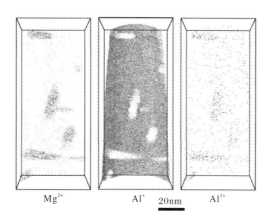

图 3.5　5nm 厚的 Al-Mg-Si 合金切片的层析重构图像

在 Mg^{2+} 和 Al^{2+} 的分布图中很容易看到针状的 β'' 沉淀，该沉淀在 Al^+
的分布图中显现为低密度区域

8. 静电压力和相关应力

　　与原子探针显微学中试样断裂的详细机制有关的问题存在许多争议，广为人知的是,脆性材料中成功进行原子探针分析的概率大大低于塑性材料。研究者指出,与静电压力有关的应力在试样失效中起重要作用[45,46]。带电表面微元周围所有电荷施加在其上的力,即静电压力 $P_{electrostatic}$,可由下式计算得出:

$$P_{electrostatic} = \frac{\sigma_q^2}{2\varepsilon_0} = \varepsilon_0 \frac{F^2}{2}$$

其中,σ_q 为表面电荷密度;F 为电场;ε_0 为真空的介电常数。对于 Al 样品,在蒸发场附近的静电压力为 1.6GPa,该压力为纯 Al 弹性极限的数量级,Rendulic 和 Müller 认为这是导致 W 样品在 FIM 成像中发生弹性变形的原因[47]。在 Ir[48-50] 和 TiAl[51] 样品中已观察到由强烈的应力导致的孪晶,在某些材料中也观察到了应力诱发的相变[52]。除静电应力外,高压脉冲的应用会在原子探针样品上引起循环应力,这可能导致原子探针实验中样品失效率高。

在 Eaton 及其合作者早期工作的基础上[53,54],一些研究致力于应用不同的场发射体方法论研究材料工程中机械应力的效应,如有限元法模拟[46,55,56]。在近几年的研究中,电场 F 诱发的表面法向应力 σ_n 已通过文献[57]中的公式采用有限元法计算出来(已转换成 MKS 单位制)。假设表面极其光滑且在温度和真空保持恒定的前提下,对不同形状的样品进行模拟,图 3.6 给出了应力分布与到样品顶点距离的函数。对于圆台上端带有一个球冠的情形(非常精确地复制了实验测量的样品几何),应力作为某些尖端特征的函数存在急剧的斜率变化,在特定的锥角和尖端半径下尤其如此。

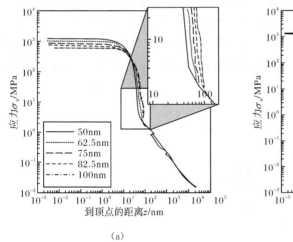 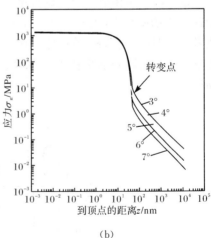

(a)　　　　　　　　　　　　　　　　　(b)

图 3.6　尖端半径和锥角对应力的影响

(a)不同尖端半径的应力分布;(b)不同角度对半径 50nm 尖端诱发应力的影响[56]。复印自 Ultramicroscopy 111(6),Moy C K S,Ranzi G,Petersen T C,Ringer S P,Macroscopic electrical field distribution and field-induced surface stress of needle-shaped field emitters,397-444. copyright (2011),已获得 Elsevier 许可

3.1.2 逐个分析原子:原子探针层析

1. 静电场的产生

如同2.1.2节对场离子显微镜讨论的那样,原子探针层析也需要一个非常尖锐的针状样品,并处于很高的正电压 V 之下。下述公式也适用于估算表面电场:

$$F = \frac{V}{k_f R}$$

其中,F 仍然是尖端顶点处感生的电场,其曲率半径为 R;k_f 为2.1.2节介绍的电场因子,是与尖端形状及静电环境有关的常数。有关 k_f 的更多细节可参见7.1.1节。

注意到电场对金属材料的穿透深度非常小($<10^{-10}$ m),被有效地屏蔽于远小于单个原子尺寸的距离之外。所以,只有在样品最表面的原子受到场蒸发过程的影响,该过程几乎是逐个原子、逐个原子层地进行。对于非金属材料,电场穿透得更深,复杂离子的蒸发与此有关,因为多层原子受到电场的影响[58]。因此,如果一群原子比单个原子更稳定,那么这群原子可能整体从表面上场蒸发,这样将会降低原子探针的深度分辨率[59]。

2. 脉冲场蒸发

这里以样品在给定的基础温度下承受直流电场为例进行阐述。考虑图3.7中提供的场温校正,很显然有两种不同的机制控制蒸发:在恒定温度下增大电场或者升高温度而电场保持恒定。在不同配置的原子探针中实施这两种时间控制的场蒸发。它们分别称作 HV 脉冲、激光脉冲和热脉冲模式,后续章节将详细描述。

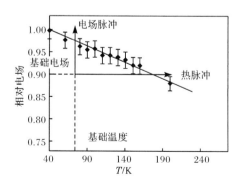

图 3.7 脉冲模式的示意图(基于图 3.3)

3. 蒸发率和检测率

无论何种脉冲模式,澄清蒸发率和检测率定义的区别都很重要。蒸发率定义为每秒钟蒸发的原子数目。相对地,原子探针层析中有用的信息是检测率,即单个脉冲中检测到的平均原子数。检测率未必与蒸发率简单地呈正比关系。蒸发率 Φ_{evap} 与能垒的高度、温度和原子垂直于表面的振动频率直接相关:

$$\Phi_{evap}(t) = \nu_0 \exp\left(-\frac{Q(F)}{k_B T}\right)$$

在脉冲蒸发情况下,该表达式与时间有关,因而假设频率不随电场和温度变化,表达式变为

$$\Phi_{evap}(t) = \nu_0 \exp\left(-\frac{Q(F(t))}{k_B T(t)}\right)$$

所以,检测率对应于蒸发率在脉冲持续期的积分,同时也必须考虑一些其他因素。实际上,并非所有撞击在探测器上的蒸发原子都能被检测到,因而必须考虑检测效率 ε_D。此外,只有相对很小的尖端最表面的原子才能被蒸发,因此能被场蒸发的潜在原子数目是有限的。如果 N_{at} 是覆盖在样品表面上可被蒸发的原子数目,且假设蒸发概率对所有这些原子是相等的(这具有很强的假说性),那么检测率 Φ_D 可以写作

$$\Phi_D = \int_{-\infty}^{+\infty} \Phi_{evap}(t)\,dt \cdot \varepsilon_D \cdot N_{at}$$

对比不同脉冲蒸发模式间的蒸发率或者检测率时应十分注意,对于直流电场诱发的蒸发率也是如此。对于直流蒸发来说,发生蒸发的时间是无限的;而脉冲蒸发中蒸发仅发生在脉冲期内,持续时间短于几纳秒。其结果是,要达到给定的蒸发率,直流蒸发的能垒不需要降低到相同的程度,而脉冲模式下的电场强度则必须更高。

4. 脉冲分数

在高压脉冲模式中,脉冲分数定义为高压脉冲的振幅与直流电压的比值。由于样品的半径在原子探针实验中不断变化,因此需要不断增大电压来产生蒸发离子的电场。为了保持脉冲分数的恒定,高压脉冲的振幅必须与直流电压正比例地连续增大。脉冲分数是实验中一个重要的可调参数。必须优化该参数以避免最低蒸发场的元素种类优先蒸发,将在第 6 章进行相关讨论。

在激光脉冲模式下,相关文献中出现许多与脉冲分数有关的定义或名称,包括电场降低,有效脉冲分数和等价脉冲分数,均不能让人满意。确实,它们通常基于比较诱发场蒸发所需的电压[60,61],或者在给定检测率下通过高压脉冲模式[62]或直流蒸发[63,64]场蒸发尖端样品。然而,各模式的蒸发持续期彼此不同,尤其激光

脉冲模式的持续期依赖于所用样品。由于给定检测率下所需的电场是不同的,所以在高压脉冲和激光脉冲两种模式间进行直接对比是非常困难的。

多数情况下,整个实验过程中激光脉冲的能量保持恒定,这意味着脉冲分数在变化,因为样品形状在逐渐改变,而高压脉冲模式下的脉冲分数是恒定的。此外,没有制定激光脉冲照明参数的惯例,有报道称数值可调的能量(J)、功率(W)、强度(W·m^{-2})、流量(J·m^{-2})均曾单独用于限定实验条件。激光脉冲的能量并不是需要考虑的最相关的值,因为该值极大地依赖于其他参数,如波长或者光的极化方向。

学术界已逐渐达成共识,即精确定义确切实验条件的最佳方式是采用一个不依赖于显微镜及具体设置的值。单个元素的不同价态的比值提供了一种评估实验条件可重复和可信赖的途径。确实,这是基于场蒸发过程自身的基础,且可在实验间和设备间进行传递[64,65]。由于普遍认可的机制是在激光脉冲原子探针中由热脉冲触发场蒸发[61,66],因此尝试推导出一个发生场蒸发的温度值是合理的。如同 Kellogg 介绍的那样[23],可用价态比估计此温度值。如果高压脉冲模式下价态比的校正是试样基础温度的函数,并假设高压脉冲和激光脉冲下的场蒸发持续期是相似的,那么就能粗略估计样品的温度[67]。

5. 飞行时间

脉冲场蒸发可精确控制离子离开尖端表面瞬间的时刻。离子的飞行时间 t_{flight} 定义为脉冲触发场蒸发和探测系统测量到相应冲击的时间间隔。离子的飞行时间与其动能直接相关,可用于测量与其运动相关的几个参数。

确实,静电场加速离子时,它可获得的势能为 $E_p = neV$,其中 V 是总电压,ne 是离子的电荷。假设离子离开表面时无初速度,其动能为 $E_c = (1/2)mv^2$。由于其在飞向探测器的最初几个半径的距离内就几乎达到了终速度,因此其速度 v 由 $v = L/t_{flight}$ 给出,其中 t_{flight} 是飞行时间,L 是样品和探测器间的飞行长度。令上述能量相等,可写出下式:

$$\frac{m}{n} = M \approx 2eV \left(\frac{t_{flight}}{L} \right)^2$$

其中,$m/n = M$ 是离子的质荷比,可由实验直接测量 V、t_{flight} 和 L 后确定。测量离子的质荷比使识别其元素本质成为可能。飞行时间也可用于研究更基础的强电场效应,如研究电场分解的分子能量分布[38,59]。

6. APT 中的表面扩散效应

2.3.3 节中讨论了表面扩散现象。原子探针中的电场条件与 FIM 中的电场状况有所不同,长期以来研究者假设原子探针实验中不发生表面迁移,尽管在

FIM 中观察到了该现象。近年来的研究表明,在特殊情况下某些溶质原子在场蒸发前倾向于表面迁移[68-71],如基体中高蒸发场的溶质原子,样品将表现出很强的小平面化趋势。这些效应在激光脉冲原子探针层析中出现时会加重,由瞬间加热样品表面而诱发场蒸发,会增加表面扩散的概率[71]。即使这样的表面扩散仅在极少情况下才变得显著,也不应该忽略,而且能解释原子探针数据中观察的某些意外情况。表面扩散可以通过选择适当的实验参数来避免或者限制,在激光脉冲原子探针中通常选择低的样品温度和低的激光功率,在开始研究一种新材料时需精确确定这些参数。

3.2　APT 的设备和技术

3.2.1　实验设置

1. 一般特征

原子探针的配置绝大部分与 FIM 类似,如图 3.8 所示。包含一个超高真空室,其基础压力低于 $10^{-8}\,\mathrm{Pa}(\sim 10^{-10}\,\mathrm{Torr})$。样品固定在一个可三维移动的样品台上,使其定位在反电极前。在某些配置中,采用测角仪样品台以便倾斜和旋转,这就使样品相对于探测器定向时具有更大的自由度。样品台及样品的温度降低到约 20K,再通过热阻进一步调整温度。

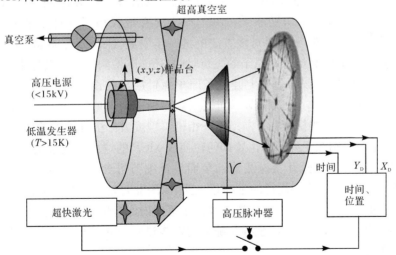

图 3.8　原子探针层析的实验设置

升压时间为纳秒的电压脉冲传导到反电极(counter-electrode),导致表面原子场蒸发后飞向位敏探测器(position sensitive detector)

一个高压直流电源连接到样品上以产生所需的电场。一个反电极放置在样品前面与高压脉冲器相连。有些设计可微调反电极与样品的相对位置,这对带有直径为 $10\sim60\mu m$ 光阑的微电极来说极为重要[72]。微电极可使用较低的高电压,利于更高电场集中效应的实现,通过电场因子的减小体现出来。当与三轴平动样品台联合使用时,微电极也可实现处理固定在同一基板上的多个样品中的单个样品[73,74]。脉冲器发送负的高压脉冲,其持续时间为几纳秒,而上升和衰减时间为 $0.5\sim5$ns。对于激光辅助的原子探针,脉冲激光束经过样品室中一个窗口后聚焦在尖端的顶点上,或者采用真空室内的光学器件将光束聚焦到离样品更近的距离以减小激光光斑的尺寸。采用气体或固体激光器,产生的脉冲持续时间从几十纳秒低至 100fs($1fs=10^{-15}$s)。

2. 粒子检测

探测器收集场蒸发产生的离子,提供了每个离子撞击在探测器上的时间和位置信息。探测器由安装成百叶窗构型的一系列 MCP 组成,以保证离子电子转换和信号放大。初期典型的原子探针设计中并没有位敏探测器。第一台原子探针是由 Müller 和合作者设计的[75],由场离子显微镜改造而成,称作原子探针场离子显微镜(APFIM)。它包含一个简单的检测离子的电子倍增管,放置在 FIM 屏幕上一个小孔的后面,仅能检测通过这个探测孔的离子。这样特定的原子可以通过 FIM 分离开来,并通过探测孔定位。分析室可以脱气,随后采用高压脉冲场蒸发这种原子使其通过屏幕上的小孔到达探测器。因此,可以利用离子的飞行时间和在表面上的已知位置来识别原子。由于 Panitz 在成像原子探针上的先驱性工作[76]及 Kellogg[77]在 1987 年对该方法的进一步发展,Cerezo 等完成了第一个位敏探测器,不仅能够测量每个原子的飞行时间,还能够检测和记录其撞击位置[78]。人们在这个关键性突破的基础上开展了原子探针层析的设计乃至分析体积三维重构[79,80]的研究工作。可以根据不同探测器原理来命名原子探针层析中采用的探测器类型,如延时线探测器[81,82]、CCD 相机[83-87]或者阳极列的电荷质心[88]。这些方式的主要差别在于离子的位置如何转换成 MCP 的输出以及采用的空间坐标系的本质。特定原子探针及探测器的全面设计细节可参见 Miller[89,90]及 Miller 和 Kelly[91]的综述。值得注意的是,因为这些探测器是基于 MCP 技术的,所以实际上探测效率在很宽的撞击离子质量和能量范围内保持恒定,主要受限于 $50\%\sim60\%$ 的开放面积。最终,空间坐标系随后用来构建原子分辨水平的分析体积的层析重构,如图 3.9 所示。

3. 延时线探测器

最新一代的商用原子探针装备了基于延时线的位敏探测器[92]。这些延时线

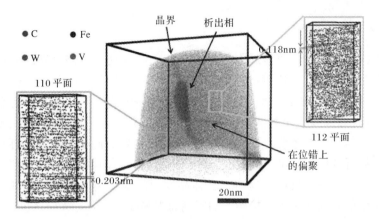

图 3.9　采用原子探针层析分析一种中国低活化马氏体钢的层析重构的示例

仅显示了 V、Ta 和 W 原子,由于位错的衬示可在晶界上看到一个沉淀以及一个富 V 区域。显示了
晶界两侧的 Fe 原子面。此 CLAM 样品(0912 炉次)由中国科学院等离子物理研究所 FDS 小组提供

探测器的操作过程如图 3.10 所示,由离子撞击在 MCP 堆垛上产生的电子级联被聚焦到两根或三根极化导线上。这些导线可用丝状或条状导体,并放置于 MCP 后面[81,82,93]。电子云在导体附近通过时产生两种电信号,并沿着导体向着导线的两端传播。这些检测信号可用撞击点的横向坐标 X_D 和 Y_D 简单地推导出:

$$X_D = L_x \frac{T_{x_2} - T_{x_1}}{2T_{p_x}}$$

其中,L_x 是导线的物理长度;T_{x_1} 和 T_{x_2} 是到达导线两端的时间;T_{p_x} 是沿导线的总传播时间。Y_D 坐标采用等价的表达式估算。因此,每个离子撞击点的 X_D 和 Y_D 坐标都可确定。探测器上撞击位置的测量精度可达 0.2mm,直接与探测系统内的时间测量精度有关,经过不断改进,时间精度已准确至几十皮秒以内。

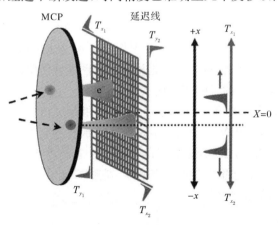

图 3.10　延时线探测器的示意图

4. 多次撞击分辨率

这类探测器的一个明显局限性在于对几乎同时到达的多事件的分辨能力有限。当几个离子同时到达时,信号沿导线传播的总时间施加了一个约束,有助于分离对应于每个离子的信号。这与所谓的离子塞积有关,会限制原子探针的分辨能力。然而,如果到达探测器的多个离子在空间上非常靠近,那么对应于单个撞击位置的电信号可能重叠,系统将它们解读为单事件。同样的问题也存在于在时间上非常接近的两次撞击。此效应导致产生死区和死时间,会引起某些信号的损失。这种损失的程度难以量化,首先,样品发射的确切离子数目是未知的;其次,这些离子中的一部分由于受检测率的限制而损失掉。

通过对系统施加进一步的约束,控制由死区和死时间效应引起的离子撞击位置信息的损失是可能的。例如,可以利用来自 MCP 和第三导线的信号。可以尝试对信号进行附加处理,例如,信号解卷积处理,以便细化信号处理、减小系统死时间[81]。即使这些处理能显著改善离子检测的精度,且恢复率也非常出色,也可能仍达不到 100%。

3.2.2 场解吸显微镜

离子一旦在表面上形成,周围的电场就会使其加速。预测离子仅沿着静电场中的电力线运动,因此,它们的运动轨迹相同,且不随质量、电荷及外加电压的改变而变化[94,95]。作为一级近似,用于描述场离子微观图像的方法,如点投影法,可以直接用于场蒸发产生的离子(2.1.2 节)。离子撞击原子探针层析中的位敏探测器时,随后撞击点的位置被处理,以建立分析体积的层析重构。图 3.9 显示了在 LEAP 3000X Si 型设备中分析马氏体钢的情形。这部分内容将在第 7 章详细论述。

在位敏探测器和原子探针层析之前,研究者已开始研究由累积连续的离子在探测器上的撞击位置所产生的图像。当图像由电场诱发的样品原子的解吸所形成时,称作多层场解吸图像,或更简单地称为解吸图像或解吸图[96]。图 3.11 显示了类似于 FIM 中观察到的极的多样性。

在利用自解吸法得到第一张图像后,Walko 和 Müller[98]在 1972 年将该技术转向了场解吸显微镜(FDM)。或者,不是解吸构成材料自身的原子,另外的具有更高表面活性的物种,如 Li,能沉积在表面上[99]。这些成像原子将在表面向电场更高的位置迁移,在这里发生解吸和电离,它们撞击在探测器上形成的图像提供了表面形貌学的信息[100,101]。

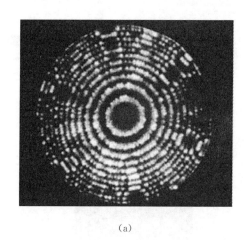
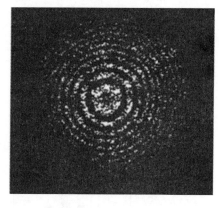

(a)   (b)

图 3.11   FIM 图像和场解吸图像的对比

(a)Ir 样品在 78K 时的 He 离子 FIM 图像;(b) Ir 样品表面单层原子的一部分在脉冲场蒸发中形成的场解吸图像[97]。复印自 Surf. Sci. 61,Waugh A R,Boyes E D,Southon M J,Investigations of field evaporation with a field-desorption microscope,109-142,Copyright (1976),已获得 Elsevier 许可

    FDM 的概念由 Panitz 进一步发展为所谓的 10cm 原子探针[76]以及后来的成像原子探针(IAP)[102],而且也能实现对蒸发离子的化学识别。此种类型的显微镜已用来研究场蒸发过程、偏析、表面过程甚至有机材料[97,103-107]。

    与 FIM 不同的是,表面原子在 FDM 中直接从样品表面上电离和解吸。从未对离子在最初几纳米的飞行特征进行充分研究,可能发生多种效应,而且样品表面离子的轨迹可能与 FIM 中在表面上方电离区产生的离子略有不同。因此,FIM 和 FDM 中的投影参数可能存在轻微差异。如图 3.11 所强调的那样,Ir 样品上离子连续撞击的场解吸图像中显示的梯层比相应的 FIM 图像中显示得稍小。此外,FDM 的衬度与 FIM 是相反的。大曲率区在 FIM 中显得非常亮,因为其在屏幕上的撞击密度更高(图 3.12(a))。相反地,在 FDM 中,曲率较大区域电场的增加倾向于排斥离子(即轨迹像差)。这样在 FDM 图像中产生一个显得较暗的低密度区(图 3.12(b))[108]。

    利用原子探针层析的数据有可能重绘场解吸图像或者计算并画出二维直方图,称作解吸图。因轨迹像差它们凸显了极和带线等低密度区的位置(图 3.13)。

    如 3.1.1 节中的后电离理论所建议的,作为一级近似,可认为给定物种的价态比仅取决于尖端附近的电场强度。因此,价态比可用于揭示电场的局域不均匀性。例如,图 3.14 显示了在纯 W 分析中 W^{3+} 和 W^{4+} 的分布。W^{4+} 的不均匀分布特征清晰可见,且高度富集在极和带线附近,凸显了针尖小平面化导致的高电场区。

图 3.12　在给定的表面曲率下两种技术因撞击密度不同而引起的衬度变化的解释
(a)FIM；(b)FDM

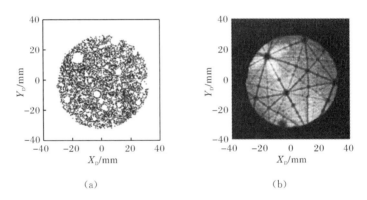

图 3.13　解吸图像和解吸图的对比
(a)显示了纯 Al 中 5000 个原子的解吸图像,图像在宽视场原子探针中 40K 下获得；
(b)相应的分辨率为 0.25mm 的解吸图

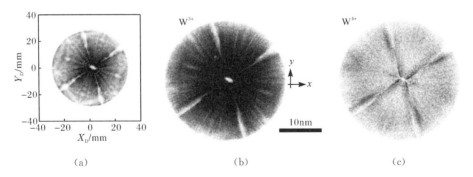

图 3.14　解析图和层析重构图像的对比
(a)纯 W 分析中离子对探测器的连续撞击形成的解吸图。层析重构的 xy 图
显示了 W^{3+} (b)和 W^{4+} (c)的分布

对于不纯的材料,可采用解吸图凸显高或者低电场区。图 3.15 表明,Mg^{2+} 在
表面上分布是不均匀的,可以观察到主要沿着特定的带线分布,富集在图中左下

角和右下角的两个沉淀相附近。由图可以看到,大量的 Mg^{2+} 分布在沉淀相的边缘,这是具有高蒸发场沉淀的标志,图 3.15 所显示的强度变化也证实了沉淀周围存在高密度区。这就导致层析重构中产生假象,具体细节将在第 7 章进一步讨论。

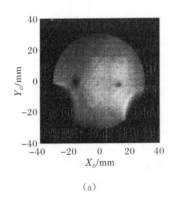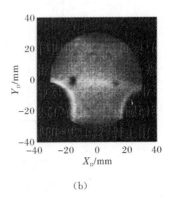

(a)   (b)

图 3.15   AZ31Mg 合金分析中仅计算两种离子时的解吸图

(a)Mg^+;(b)Mg^{2+}(数据得到了澳大利亚维多利亚州迪肯大学的 Nicole Stanford 的慨允)

3.2.3   高压脉冲技术

当采用高压脉冲实现场蒸发时,使用了半高宽为几纳秒的快速 HV 脉冲。时间相关蒸发概率可通过将 HV 脉冲模拟为两个指数函数的乘积计算出来。模拟的 HV 脉冲和相应的蒸发概率函数绘制于图 3.16 中。由图可以看出,几乎所有离子在接近脉冲最大值时发射出来。它们因此受到外加电压的加速,其值为直流电压和脉冲电压之和。

然而,有些问题会影响 HV 脉冲获得的数据。根据蒸发率公式,可能场蒸发的吸附原子试图以与其在表面上振动相关的频率逃逸。其振动周期在 $10^{-13} \sim 10^{-14}s$[24]。由于场蒸发是概率事件,因此并非所有原子几乎都在脉冲期间内同一时刻被场蒸发。这种离子脱离时刻的不确定性不利于精确确定质荷比进而识别元素。依赖于离子产生的时刻,它将在不同阶段被变化的电场加速,因此获得脉冲的全部能量是不必要的。这种效应通常称作能量欠额,因为其依赖于离子的速度,进而依赖其质量,所以是难以确定的。

该过程导致离子能量的宽展在质峰的形状上反映出来。如图 3.17 所示,峰形通常显示出急剧升高的前缘和对应于具有能量欠额离子的长拖尾[109]。来自具有能量欠额离子的信号极大地降低质量分辨能力和仪器的敏感度。距离接近的峰可能会重叠,将会影响成分测定的准确度,或者一个或多个峰甚至完全隐没于另一个峰的拖尾中。

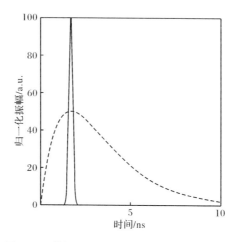

图 3.16　模拟为两个指数函数乘积的高压脉冲
形状曲线（虚线）和相关的蒸发概率（实线）

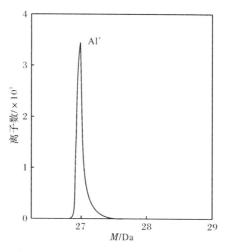

图 3.17　在 40K 分析纯 Al 时 Al$^+$ 的质峰

　　采用 HV 脉冲诱发场蒸发需要样品具有一定的导电性。在材料电阻率为 $10\sim100\Omega\cdot cm$ 及以上时，样品如同一个低通过滤器。这意味着快速变化的 HV 脉冲的形状会产生畸变，将导致电场随时间的变化幅度增加[110,111]。这种畸变会显著降低时间分辨率（测量蒸发时间的精度），进而也影响质量分辨率。人们已经提出了几种方案解决该问题。例如，可以增大 HV 脉冲的持续期以减小这种损害，因为看来更长的脉冲受到过滤器的损害较小[112]。然而，这种方法并未对仪器的性能产生显著改进。

　　虽然样品断裂的确切机制仍需细致研究，但是当利用 HV 脉冲原子探针研究脆性材料时,即使它们的电导率足够高,有时仍然是不可能的。确实,原子探针层析中使用的典型电场产生的等价静电压力可高达几十吉帕,接近许多材料的理论强度。而且 HV 脉冲产生一个附加的循环应力,使得样品更易断裂[113]。使用更短的 HV 脉冲时,如其持续期显著低于材料中缺陷扩展的特征时间,则可减轻这个问题。一种完全的替代方法是采用光脉冲加热以增加表面原子蒸发的概率,将在 3.2.4 节讨论。

3.2.4　激光脉冲技术

20 世纪 70 年代,Tsong 首先在原子探针中使用光源研究光子辅助的场电离或场蒸发的理论问题[114,115]。他与 Kellogg 一起,首次将脉冲激光源应用于原子探针显微镜[34,116]。随后,基于同样的概念也设计出了其他的实验装置[117,118]。自 2006 年以来,亚纳秒[93]、皮秒[63]、飞秒[61,62]激光源已应用在多种原子探针上。从那时起,脉冲激光原子探针中最终导致场蒸发的物理机制就成为原子探针领域一个有争论的课题。

电磁波和尺寸小于照明辐射波长的尖端之间的交互作用无疑会涉及许多物理过程。然而,现在广泛接受的是激光脉冲原子探针中,激光脉冲的能量被样品吸收,诱发其表面的温度升高并触发场蒸发,因此场蒸发是热激活的,不能经受 100fs 以上的脉冲持续期。这些过程的基础方面将在后面详述。

1. 激光物质相互作用的时间标度

在激光脉冲和金属相互作用的前几飞秒内,电子吸收光子;同时晶格可以认为被冻结。因此,电子云和晶格可以看作两个不同的系统,且两者相对是不平衡的。电子云因吸收光而被加热,而晶格的温度保持不变。逐渐地,热的电子云将其能量传递给冷的晶格,其特征时间称作电子-声子耦合时间。这个时间对大多数金属来说在几百飞秒到几皮秒范围内[119-121],与材料和样品的形状有关[122-125]。

对于比耦合时间长的激光脉冲,典型值为 1ps,电子云和晶格在激光脉冲期间发生耦合,导致晶格直接从激光脉冲中获得能量。于是,尖端表面的温度迅速升高。可达到的峰值温度取决于尖端材料、尖端几何和激光脉冲参数:脉冲持续期、波长、能量、聚焦条件及光斑在尖端上的位置。这就是热脉冲模式原子探针的作用机理。

2. 论争的起源

相反地,在激光脉冲短于电子-声子耦合时间的情况下,发生的物理过程可能仅限于材料中的电子。由于电子和晶格可以当做两个相互作用的系统,因此只有电子的光学效应在场蒸发中起作用。构成激光脉冲电磁波的本征电场 F_i 具有能

量 E_P 和持续期 τ_P，聚焦为直径 σ_{spot} 的光斑，其强度可用坡印亭矢量来估算：

$$I = \frac{\varepsilon_0 c}{2} |F_i|^2 = \frac{4E_P}{\pi \sigma_{spot}^2 \tau_P}$$

其中，ε_0 为真空中的介电常数；c 为真空中的光速。在超快激光脉冲聚焦于尖端顶点的情况下，电场可达几伏每纳米，接近电离或蒸发场。Miller 等[126]认为该电场是脉冲激光诱发场蒸发的可能影响因素。

此外，已明确尖端顶点的光场由于避雷针效应和光等离子激元的潜在激发而加强的事实。为了解金属纳米粒子的光学响应[127]并对近场扫描光学显微镜（NSOM 或者 SNOM）和扫描探针显微镜（SPM）进行大体了解[128,129]，科研人员已对这些效应进行了广泛研究。等离激元的激发和避雷针效应都显示出对入射光的极化方向具有很强的依赖性，因而倾向于将增强的电场限制在曲率最高的区域，即尖端顶点。已在脉冲激光原子探针实验中观测到了这种依赖性，即在激光照明下测量 FIM 样品尖端诱发蒸发所需的电场是光的极化角函数，如图 3.18 所示[60-62,130,131]。

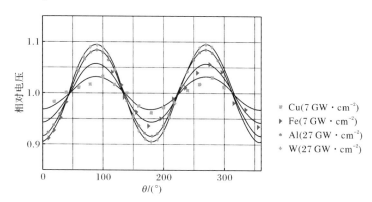

图 3.18　在恒定蒸发率下，场蒸发一个尖端所需电场为光相对于纯金属尖端轴的极化角函数的变化规律

尽管有人提出增强的光场有可能足够强到触发场蒸发[60]，但由于增强光场的周期相对于样品表面上原子的振动过短，所以该可能性最终被排除。随着非线性光学效应的增强，Vella 等提出了其他模型，基于光学纠正的概念，认为在激光脉冲期间表面上产生的 DC 极化也能触发场蒸发[131]。然而，相关文献已经表明离子发射发生的周期明显大于光脉冲的持续期[66,132]，这就有力地证明只能由电子弛豫产生热脉冲并将获得的能量传递到晶格触发场蒸发。

此外，Robins 等[133]认为：可用样品吸收的各向异性来解释诱发场蒸发所需的电场随着激光极化的改变而变化，将在接下来的内容中讨论。因此，即使几十飞秒的激光脉冲，热诱发的蒸发也是主导过程。

3. 吸收的各向异性

场增强将电场集中于尖端顶点上,由于电子与晶格耦合而将热量聚焦于顶点上。换句话说,在尖端顶点附近,电子的平均自由程是各向异性的,垂直方向上因自由表面散射而损失更多能量,所以电子沿着尖端轴向比垂直轴向运动得更远,而沿着垂直轴向运动近得多。这意味着当激励电磁场沿着尖端轴向极化时,电子云可获得更多的能量,从而导致光吸收的各向异性。Robins 等对此进行了预测,并计算了圆柱吸收的变化(图 3.19)。他们也尝试计算了尖端模拟为系列圆柱堆垛的情况,表明该效应可影响针状尖端的加热[133]。其他一些模拟和计算也验证了这种效应[134-136]。蒸发所需的电场为极化的函数(图 3.18),Cerezo 等[61]将这一现象归因于吸收的各向异性。近来,Houard 等无可置疑地证明了这种效应是导致蒸发场依赖于激光极化的原因。他们通过对比大范围波长的实验测量和吸收过程的综合模拟结果发现,多种材料中获得的实验数据与模拟一致,从而证明了这一结论[132,137]。

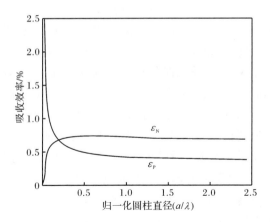

图 3.19　极化光沿尖端轴(ε_P)或垂直于尖端轴(ε_N)时,计算的 W 圆柱的吸收效率与
归一化半径 a/λ 的函数关系(采用文献[133]中的数据绘图)

4. 热脉冲

脉冲激光原子探针的概念将用来研究由光吸收引起的样品温度暂态升高。随后表面原子热扰动的增加激发了场蒸发。由于热量从样品顶点扩散开来,表面受到冷却,所以样品表面温度的连续升高和降低可以看作"温度脉冲",这种机制通常称作热脉冲[34]。值得注意的是,场蒸发的发生温度高于样品保持的基础温度,常称作有效蒸发温度,与 3.1.1 节中介绍的有效蒸发场的概念相一致。

尽管光可被所有材料吸收,但是依赖于波长,热脉冲的应用可克服 HV 脉冲对低导电性样品的限制。此外,只有 DC 电压产生的静电场加速离子,因而在飞行时间分布中没有观察到能量欠额。沿尖端锥的热耗散导致表面温度在脉冲之间下降。尖端冷却到基础温度的时间控制着离子蒸发时刻的不确定性,进而控制着仪器质量分辨率的极限。

光被吸收的距离对应于波在材料内的穿透深度,称作"皮深",脉冲周期为 ω 的波在电导率为 σ_e 及介电常数为 μ_e 的材料中的皮深 δ_s 可由下式给出:

$$\delta_s = \sqrt{\frac{2}{\sigma_e \mu_e \omega}}$$

然而,如果该距离小于给定温度下的电子平均自由程,那么皮深的定义必须替换为所谓的反常皮深[138-140],可表示为

$$\delta_s \approx \sqrt[3]{\frac{2\lambda_e}{\sigma_e \mu_e \omega}}$$

其中,λ_e 为电子的平均自由程。类似 Drude 自由电子模型,该表达式可改写为

$$\delta_s \approx \sqrt[3]{\frac{m_e c^2 \nu_e}{2\pi e^2 n_e \omega}}$$

其中,c 为真空中光速;e、ν_e、n_e、m_e 分别为电子的电荷、速度、密度和质量。如果每个传导电子的能量接近费米能,那么电子的速度可认为是费米速度。

考虑室温下的纯铁,$1\mu m$ 波长时的皮深约为 0.2nm。在相同的条件下,反常皮深的值约为 36nm。这意味着电磁波的穿透深度远大于最初的设定值。

Robins 等的计算表明,由于衍射效应,一级近似认为尖端整个顶点表面受到均匀照射[133],即沿尖端长度的温度分布表现出沿尖端轴向的圆柱对称性。因而可以认为加热的表面深度为 δ_s。所以热量在时间 t 内从表层向尖端心部扩散。热量的扩散距离是 $d_{diff} = \sqrt{2\alpha_T t}$,其中 α_T 是热扩散率,定义为 $\alpha_T = \kappa/\rho c_p$,其中 κ 为热导率,ρ 为密度,c_p 为材料比热容。在几皮秒的脉冲中,此距离为 $5\sim10$nm,进一步支持了整个尖端顶点均匀加热的假说。

5. 峰温的测定

即使原子探针样品达到的峰值温度能以实验方法估算出来[23,24],也可采用热扩散模型[141,142]进行理论计算且对简单的几何形状采用解析法推导出来[35,126]。用 5ns 激光脉冲照明 W 样品,峰温估算为 800K,如图 3.20 所示。Grafström 在其综述中提到,已在光子辅助扫描隧道显微镜和近场扫描光学显微镜领域进行了几项类似研究[136]。有趣的是,该工作证实了热量高度集中在尖端顶点附近[136],Robins 等的计算也预期到同样结果[133]。这种限制将在后面详细讨论。Lee 和合作者采用连续波下的电子发射法(或分切的连续波激光)也进行了尖端温度的测量[143-145]。他们的工作凸显了温度对光斑在锥体上的位置及锥度角的强烈依赖

性,也发现热量集中在顶点上。

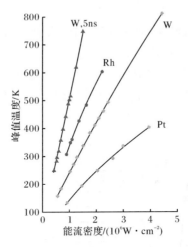

图 3.20　对于不同的纯金属,在 300ps 和 5ns(图中所示)
激光脉冲作用下计算的峰温(根据文献[141]绘制)

也可用其他方法测量或估算峰温。大部分方法见 Kellogg 的综述[23],这些都是基于对比产生给定的蒸发率下所需的电场。首先,绘制出一条关于总的外加电压或者蒸发离子的平均价态作为尖端温度函数的校正曲线。在随后的激光脉冲实验中,测定总外加电压和平均价态。这两个变量之一可用来对比校正曲线以估算样品的温度。这两个校正估算的峰温是一致的,其量级在 60～500K,取决于辐照条件。其他作者用该方法也得到了相似的数值[67,146]。然而,由于校正曲线的斜率直接正比于蒸发率,因此采用该方法时必须极其小心。如文献[67]所讨论的那样,原子探针层析中测量的检测率数值直接依赖于蒸发的持续期。蒸发持续期依赖于尖端从表面导走热量的能力,又取决于样品的几何形状和物性,因而是难以测量和控制的[67]。

热激活的原子在表面的随机行走也被认为是温度的迹象[23,34],Kellogg 在采用波长为 337nm 而持续期为几纳秒的脉冲中观察到了这种现象。发现纯 W 尖端在 FIM 成像时[23,24],当温度增加约 800K 时,随机行走过程开始,对应的 DC 电场等于诱发场蒸发所需门槛电场的 66%(即 34%的电场降低量)。此结果与 Cerezo 等使用 515nm 波长的 500fs 脉冲得到的结果一致[147]。近年来,Vurpillot 等采用 790nm 波长的 120fs 脉冲估算在电场降低量为 45%时的平均峰温为 755K,表现出相对很大的不确定性[148]。

6. 冷却时间的测定

如上所述,相似的实验和计算也能用于估算尖端表面冷却时间[35,126,141,142]。

尖端表面的冷却十分依赖于将顶点最表层获得的热量向心部传输然后沿轴向导走的能力。

热传输率正比于温度梯度,所以如果因采用聚焦更强的光斑而使加热区的尺寸减小时,顶点区域和尖端锥体的温差将更高,因而冷却更快。锥角也起重要作用,因为它控制着沿轴向体积的增加率,如图 3.21 所示。锥角越大,热量带走得越快。质量分辨率随这些参数变化情况的模拟[141,142]和实验观察均证实了激光光斑尺寸和样品锥角的这种作用。

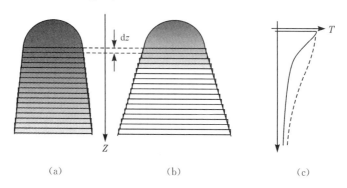

图 3.21　与有限元模型类似的尖端的圆柱堆垛模拟
(a)小锥角;(b)大锥角;(c)尖端温度分布示意图,小锥角(虚线)和大锥角(实线)

预测的冷却时间可达几百纳秒,这也在 Vurpillot 等的实验中观察到了[35]。该研究表明,尖端表面的冷却可用求解傅里叶热传导方程来描述,边界条件为近似针尖形状的半无穷一维线。考虑尖端顶点具有高斯曲线形(即正态分布曲线)并在纳秒尺度上被瞬间加热,此处 σ_{heat} 为高斯曲线的半高宽,他们建立了尖端温度为时间 t 的函数的一级近似,表达式如下:

$$T_{\mathrm{apex}}(t) = T_0 + \frac{\Delta T_{\mathrm{rise}}}{\sqrt{1 + \dfrac{2\alpha_{\mathrm{T}}t}{\sigma_{\mathrm{heat}}^2}}}$$

其中,T_0 为样品的温度;ΔT_{rise} 为激光照射达到峰温时的温度增幅;α_{T} 为热扩散率。值得注意的是,对于给定的峰温,仅有 σ_{heat} 和 α_{T} 可控制冷却时间。此公式用来拟合 $15\mathrm{mJ} \cdot \mathrm{cm}^{-2}$ 的飞秒激光脉冲照射 W 尖端时温度演化的实验测量结果(图 3.22)。

由于采用了持续约 2ns 的高压脉冲来探测激光脉冲对尖端温度的影响,所以该方法不能检测低于纳秒尺度的情形。已采用两个激光脉冲的泵-探针实验研究纳秒以下发生的过程[149]。这些实验表明,尖端表面的温度在第一纳秒内下降非常快,约下降一半。初期的结果不支持光学修正诱发场蒸发的假说,进一步的研究是必要的,该过程已在前面讨论过。

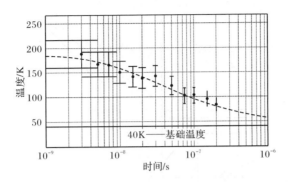

图 3.22　对保持在 40K 激光照明条件下,泵-探针测量的纯 W 尖端温度演化结果
虚线表示使用上述 $T_{apex}(t)$ 方程得到的最佳拟合结果(根据文献[130]数据绘制)

最后,应该注意到,冷却时间是控制激光脉冲原子探针质量分辨率的主要参数。由于不存在蒸发脉冲引入的能量欠额,因此质量分辨率由离子离开尖端表面时刻的不确定性控制。更长的冷却时间提供了更长的可能发射离子的周期,因而在质谱上的拖尾也更长。

7. 光电离过程

Tsong 等提出了可引发光子辅助的气体原子场电离或表面原子场蒸发三种不同的途径,并在图 3.23 中由标注 1、2、3 的箭头表示出来。在第一个过程中(实线箭头 1),来自表面吸附原子的电子可直接隧穿进入空的电子状态。在第二种路线中(虚线箭头 2),来自吸附原子的电子通过一个或多个光子的共振吸收而激发,因此它可以隧穿进入导带的空能级。第三种假设(虚线箭头 3)涉及材料内电子对光子的吸收,并在价带中产生空穴,从而提供了吸附原子中的电子直接隧穿进入价带的机会。材料中大量的电子加强了第一种和第三种过程。在低温下,半导体或绝缘体导带中的电子数量可忽略不计,所以,涉及价带电子的第三种途径是最可能发生的过程。无论哪种途径,光子诱导的场蒸发涉及离子在表面上的产生及其被周围电场的加速。

这些途径的每一种都产生特有的离子能量分布。通过标准场蒸发产生的离子表现出的能量峰具有很高的前缘和长拖尾。相反地,光子辅助场蒸发的离子预期显示出准对称的形状,或者至少具有缓慢上升的前缘。前缘对应的原子具有比仅由电压蒸发的原子更高的速度。虽然并未确切识别此效应的根源,但可能是由于表面对单个或多个光子的吸收为离子提供了一些初始动能[150]。

Tsong[59]利用纳秒激光脉冲而 Gilbert 等[110]利用低能量亚皮秒激光脉冲在相对低的电场下观察到了 Si 的光子辅助场蒸发。与之相伴随的是,Drachsel 等将此原理用于发展光子诱导的场电离质谱[117,151],该技术能用来研究在场发射体附

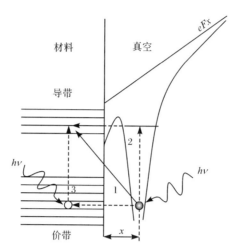

图 3.23　导致光子辅助的表面场蒸发的三种可能路径的能量的示意图
（根据 Tsong[59] 的工作绘制）

近通过光子辅助的场电离的气体原子或者尖端场蒸发的原子。

对于金属表面的脉冲激光场蒸发，并未观察到直接光子辅助场蒸发的证据。金属材料显示出具有非常高可动性和浓度的电子，所以光子辅助电离表面原子生成的离子极有可能在脱离表面之前被再次电中和[150]。

8. 总结

当使用持续期超过 100fs 且波长在可见范围内的激光脉冲时，热脉冲可看做是在脉冲激光原子探针中最活跃的过程[66,132]。表面非线性光学效应或者光子辅助过程也可能发生，但它们的影响显得很有限。激光脉冲和原子探针样品间的相互作用非常复杂，可能此过程的所有方面仍需揭示。详细研究辐照波长变化的效应或者采用更短的脉冲也能够进一步加深对这些现象的理解，并开辟改进仪器性能的新途径。

脉冲激光原子探针的性能将在第 6 章进一步讨论。然而，应该注意到，尽管在几百皮秒内温增可达几百开尔文的量级，光波仍可穿入材料，仪器的空间分辨率在标准操作条件下不会受到严重影响[147]。采用激光脉冲可实现质量分辨率的巨大改进（图 3.24），但更重要的是，激光脉冲的运用拓宽了原子探针的应用领域，从单纯的金属材料扩展到半导体[152]、一般的功能材料[152,153]甚至绝缘体[154-156]。

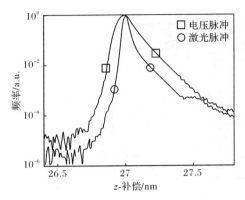

峰形参数 \ 脉冲	高压脉冲	激光脉冲
质量分辨率 FWHM	255	700
质量分辨率 FWTM	116	311
质量分辨率 FW100M	63	128
质量分辨率 FW1000M	41	65

图 3.24　电压相当时在高压脉冲和激光脉冲两种模式下获得的同一样品的 Al^+ 质谱
从右侧表中可见质量分辨率大约改善了 3 倍

3.2.5　能量补偿技术

　　已经采用高压脉冲(3.2.3 节)发展了校正能量欠额的技术。所依据的概念是：低能量的离子进入静电场时首先偏折，因而比高能量离子具有更短的飞行路径[157-159]。更长的飞行路径增大了离子向探测器飞行的时间。于是，具有相同质荷比但不同能量的离子到达探测器的飞行时间有可能是相近的。这通常称作能量补偿。实际上，虽然广为接受，但这个术语是不恰当的；能量并未补偿，而是器件在时间上聚焦了离子，因而有时使用时间聚焦这个术语。

　　Poschenrieder[158] 提出，真空室内的静电器用来偏折离子。由于它们的轨迹曲率半径正比于其初始能量，所以能量更高的离子具有更长的飞行时间[160,161]。一种与时间聚焦稍微不同的方法中，研究者设计了可以将离子轨迹偏折到几乎完全返回程度的器件，称作反射器[159]，已用于多种飞行时间分析器，包括一维和三维原子探针[162,163]。反射器可以看作静电反光镜，由一系列静电场逐渐增强的平面组成。高能量的离子被反射前将飞行更远的距离进入反射器，这样就增加了飞行时间，如图 3.25 所示。近年来，已经设计和使用了宽接收角的反射器，能够显著增加能量补偿仪器的视场[164-166]。离子的时间聚焦减小了质峰的拖尾尺寸，大幅改进了质量分辨率，从而改进了仪器的信噪比(图 3.26)。

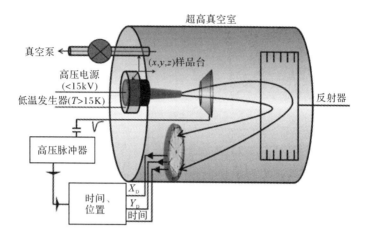

图 3.25　反射器中离子的偏折

低能离子的返回早于高能离子

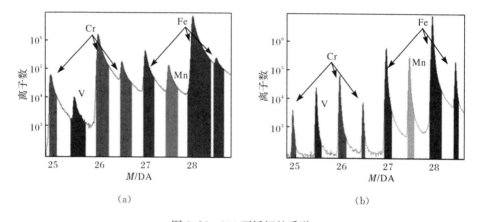

图 3.26　304 不锈钢的质谱

(a)直线飞行路径 LEAP 3000X Si 原子探针;(b)配备反射器的高压脉冲模式 LEAP 3000
高分辨原子探针。识别出了主要的峰。可见后者的拖尾明显变得更窄

参 考 文 献

[1] Müller E W. Phys. Rev. ,1956,102(3):618-624.

[2] Gomer R. J. Chem. Phys. ,1959,31:341.

[3] Gomer R,Swanson L W. J. Chem. Phys. ,1963,38:1613.

[4] Biswas R K,Forbes R G. J. Phys. D:Appl. Phys. ,1982,15(7):1323-1338.

[5] Forbes R G. J. Phys. D:Appl. Phys. ,1982,15(11):L149-L152.

[6] Chibane K,Forbes R G. Surf. Sci. ,1982,122(2):191-215.

[7] Haydock R,Kingham D R. Phys. Rev. Lett. ,1980,44:1520-1523.

[8] Kellogg G L. Phys. Rev. B,1981,24:1848.

[9] Kingham D R. Surf. Sci. ,1982,116:273-301.

[10] Hirose K,Tsukada M. Phys. Rev. Lett. 1994,73(1):150.

[11] Kreuzer H J,Wang L C,Lang N D. Phys. Rev. B,1992,45(20):12050-12055.

[12] Lang N D. Solid State Commun. ,1992,84(1-2):155-158.

[13] Lang N D. Phys. Rev. B,1992,45(23):13599.

[14] Lang N D. Phys. Rev. B,1994,49(3):2067.

[15] Suchorski Y,Ernst N,Schmidt W A,et al. Progr. Surf. Sci. ,1996,53(2-4):135-153.

[16] Suchorski Y,Schmidt W A,Ernst N,et al. Progr. Surf. Sci. ,1995,48(1-4):121-134.

[17] Sanchez C G,Lozovoi A Y,Alavi A. Mol. Phys. ,2004,102(9/10):1045-1055.

[18] Tsong T T,Chang C S. Jpn. J. Appl. Phy. ,1995,34(6B):3309-3318.

[19] Vurpillot F. Private communication,September 2011.

[20] Tsong T T. J. Chem. Phys. 1971,54(10):4205.

[21] Tsong T T,Walko R J. Phys. Status Solidi a-Appl. Res. ,1972,12(1):111-117.

[22] Forbes R G. Appl. Surf. Sci. ,1994,87/88:1-11.

[23] Kellogg G L. J. Appl. Phys. ,1981,52:5320-5328.

[24] Kellogg G L. Phys. Rev. B,1984,29(8):4304.

[25] Wada M. Surf. Sci. ,1984,145:451-465.

[26] Menand A,Blavette D. J. Phys. ,1986,47(C-7):17-20.

[27] Menand A,Kingham D R. J. Phys. D:Appl. Phys. ,1984,17:203-208.

[28] Menand A,Kingham D R. J. Phys. C:Solid State Phys. ,1985,18:4539-4547.

[29] Tsong T T. J. Phys. F-Met. Phys. ,1978,8(7):1349-1352.

[30] Brandon D G. Surf. Sci. ,1965,3(1):1-18.

[31] Tsong T T. Surf. Sci. ,1978,70:211.

[32] Ge X J,Chen N X,Zhang W Q,et al. J. Appl. Phys. ,1999,85(7):3488-3493.

[33] Ge X J,Chen N X,Zhang W Q,et al. Phys. Rev. B,1998,57(22):14203-14208.

[34] Kellogg G L,Tsong T T. J. Appl. Phys. ,1980,51(2):1184-1193.

[35] Vurpillot F,Gault B,Vella A,et al. Appl. Phys. Lett. ,2006,88(9):094105.

[36] Müller E W,Nakamura S,Nishikawa O,et al. J. Appl. Phys. ,1965,36(8):2496-2503.

[37] Stepien Z M,Tsong T T. Surf. Sci. ,1998,409:57-68.

[38] Tsong T T,Kinkus T J. Phys. Rev. B,1984,29(2):529.

[39] Tsong T T,Liou Y. Phys. Rev. Lett. ,1985,55:2180-2183.

[40] Stepien Z M. Appl. Surf. Sci. ,2002,187:130-136.

[41] Haydock R,Kingham D R. Surf. Sci. ,1981,104:L194-L198.

[42] Lefebvre W,Danoix F,Da Costa G,et al. Surf. Interface Anal. ,2007,39:206-212.

[43] Forbord B,Lefebvre W,Danoix F,et al. Scr. Mater. ,2004,51:333-337.

[44] Hasting H K,Lefebvre W,Mariora C,et al. Surf. Interface Anal. ,2007,39:189-194.

[45] Birdseye P J,Smith D A. Surf. Sci. 1970,23(1):198-210.

[46] Mikhailovskij I M, Wanderka N, Storizhko V E, et al. Ultramicroscopy, 2009, 109 (5): 480-485.

[47] Rendulic K D,Müller E W. J. Appl. Phys. ,1967,38(5):2070-2072.

[48] Fortes M A,Ralph B. Philos. Mag. ,1968,18(154):787-805.

[49] Rendulic K D,Müller E W. J. Appl. Phys. ,1966,37(7):2593-2596.

[50] Fortes M A,Ralph B. J. Less-Common Metals,1970,22(2):201-208.

[51] Larson D J,Miller M K. Mater. Sci. Eng. A-Struct. Mater. Propert. Microstruct. Process. , 1998,250:72-76.

[52] Miller M K,Russell K F. Surf. Sci. ,1991,246:299-303.

[53] Eaton H C. J. Vacuum Sci. Technol. ,1981,19(4):1033-1036.

[54] Eaton H C,Bayuzick R J. Surf. Sci. ,1978,70(1):408-426.

[55] Mayama N,Yamashita C,Kaito T,et al. Surf. Interface Anal. ,2008,40:1610-1613.

[56] Moy C K S,Ranzi G,Petersen T C,et al. Ultramicroscopy,2011,111(6):397-404.

[57] Gomer R. Field Emission and Field Ionization. Amer. Inst. Phys. ,Cambridge,MA,Harvard University Press 1961,reprint. New York:1993.

[58] Tsong T T. Surf. Sci. ,1979,85(1):1-18.

[59] Tsong T T. Phys. Rev. B,1984,30(9):4946-4961.

[60] Gault B,Vurpillot F,Bostel A,et al. Appl. Phys. Lett. ,2005,86:094101.

[61] Cerezo A,Smith G D W,Clifton P H. Appl. Phys. Lett. ,2006,88(15):154103.

[62] Gault B,Vurpillot F,Vella A,et al. Rev. Sci. Instrum. ,2006,77:043705.

[63] Bunton J H,Olson J D,Lenz D R,et al. Microsc. Microanal. ,2007,13:418-427.

[64] Gault B,La Fontaine A,Moody M P,et al. Ultramicroscopy,2010,110(9):1215-1222.

[65] Shariq A. , Mutas S. , Wedderhoff K, C. Klein, et al. Ultramicroscopy, 2009, 109 (5): 472-479.

[66] Vurpillot F,Houard J,Vella A,et al. J. Phys. D:Appl. Phys. ,2009,42(12):125502.

[67] Marquis E A,Gault B. J. Appl. Phys. ,2008,104(8):084914.

[68] Yamaguchi Y,Takahashi J,Kawakami K. Ultramicroscopy,2009,109(5):541-544.

[69] Yao L,Gault B,Cairney J M,et al. Philos. Mag. Lett. ,2010,90(2):121-129.

[70] Kobayashi Y,Takahashi J,Kawakami K. Ultramicroscopy,2011,111(6):600-603.

[71] Gault B,Danoix F,Hoummada K,et al. Ultramicroscopy,2012,113:182-191

[72] Schlesiger R,Oberdorfer C,Wurz R,et al. Rev. Sci. Instrum. ,2010,81(4):043703.

[73] Nishikawa O,Ohtani Y,Maeda K,et al. Mater. Charact. ,2000,44:29-57.

[74] Kelly T F,Camus P P,Larson D J,et al. Ultramicroscopy 1996,62(1/2):29-42.

[75] Müller E W,Panitz J A,McLane S B. Rev. Sci. Instrum. ,1968,39(1):83-86.

[76] Panitz J A. Rev. Sci. Instrum. ,1973,44:1034.

[77] Kellogg G L. Rev. Sci. Instrum. ,1987,58:38-42.

[78] Cerezo A,Godfrey T J,Smith G D W. Rev. Sci. Instrum. ,1988,59:862-866.

[79] Blavette D,Bostel A,Sarrau J M,Nature,1993,363:432-435.

[80] Blavette D,Deconihout B,Bostel A,et al. Rev. Sci. Instrum. ,1993,64(10):2911-2919.

[81] Da Costa G,Vurpillot F,Bostel A,et al. Rev. Sci. Instrum. 2005,76(1):013304.

[82] Jagutzki O,Cerezo A,Czasch A,et al. IEEE Trans. Nucl. Sci. 2002,49(5):2477-2483.

[83] Cerezo A,Hyde J M,Sijbrandij S J,et al. Appl. Surf. Sci. ,1996,94-5:457-463.

[84] Deconihout B,Renaud L,da Costa G,et al. Ultramicroscopy,1998,73:253-260.

[85] Miller M K. Atom Probe Tomography:Analysis at the Atomic Level. New York:Kluwer Academic/Plenum Press,2000.

[86] Miller M K. Surf. Sci. ,1991,246:428-433.

[87] Miller M K. Surf. Sci. ,1992,266:494-500.

[88] Blavette D,Deconihout B,Bostel A,et al. Rev. Sci. Instrum. ,1993,64(10):2911-2919.

[89] Miller M K. J. Microsc. ,1996,186(1):1-16.

[90] Miller M K. Mater. Charact. ,2000,44:11-27.

[91] Kelly T F,Miller M K. Rev. Sci. Instrum. ,2007,78:031101.

[92] Keller H,Klingelhfer G,Kankeleit E. Nucl. Instrum. Methods Phys. Res. A,1987,258:221.

[93] Stender P,Oberdorfer C,Artmeier M,et al. Ultramicroscopy,2007,107(9):726-733.

[94] Smith R,Walls J M. J. Phys. D:Appl. Phys. ,1978,11:409-419.

[95] de Castilho C M C. J. Phys. D:Appl. Phys. ,1999,32:2261-2265.

[96] Krishnaswamy S V,Martinka M,Müller E W. Surf. Sci. ,1977,64:23-42.

[97] Waugh A R,Boyes E D,Southon M J. Surf. Sci. ,1976,61:109-142.

[98] Walko R J,Müller E W. Phys. Status Solidi. A-Appl. Res. ,1972,9(1):K9-K10.

[99] Müller E. W. Zeitschrift Phys. ,1949,126(7/8/9):642-665.

[100] Gavrilyu V M,Medvedev V K. Sov. Phys. Techn. Phys. -USSR,1967,11(9):1282.

[101] Medvedev V K,Naumovet A G,Smereka T P. Surf. Sci. ,1973,34(2):368-384.

[102] Panitz J A. Progr. Surf. Sci. ,1978,8(6):219-262.

[103] Panitz J A,Ghiglia D C. J. Microsc. -Oxford,1982,127(Sep):259-264.

[104] Waugh A R,Southon M J. Surf. Sci. ,1977,68:79-85.

[105] Waugh A R,Boyes E D,Southon M J. Nature1975,253:342-343.

[106] Waugh A R,Southon M J. Surf. Sci. ,1979,89:718-724.

[107] Panitz J A. Ultramicroscopy,1982,7(3):241-248.

[108] Miller M K,Hetherington M G. Surf. Sci. ,1991,246:442-449.

[109] Krishnaswamy S V,Müller EW. Rev. Sci. Instrum. ,1974,45(9):1049-1052.

[110] Gilbert M,Vurpillot F,Vella A,et al. Ultramicroscopy,2007,107(9):767-772.

[111] Melmed A J,Sakurai T,Kuk Y,et al. Surf. Sci. ,1981,103(2/3):L139-L142.

[112] Melmed A J,Martinka M,Grivin SM,et al. Appl. Phys. Lett. ,1981,39(5):416.

[113] Wilkes T J,Titchmar J M,Smith G DW,et al. J. Phys. D:Appl. Phys. ,1972,5(12):2226-2230.

[114] Viswanathan B,Drachsel W,Block J H,et al. J. Chem. Phys. ,1979,70:2582.

[115] Tsong T T,Block J H,Nagasaka M,et al. J. Chem. Phys. ,1976,65(6):2469-2470.

[116] Kellogg G L,Tsong T T. Ultramicroscopy,1980,5(2):259-260.

[117] Drachsel W, Nishigaki S, Block J H. Int. J. Mass Spectrom. Ion Phys. , 1980, 32 (4): 333-343.

[118] Tsong T T,McLane S B,Kinkus T. Rev. Sci. Instrum. ,1982,53(9):1442-1448.

[119] Fujimoto J G,Liu J M,Ippen E P,et al. Phys. Rev. Lett. ,1984,53:1837.

[120] Brorson S D,Kazeroonian A,Moodera J S,et al. Phys. Rev. Lett. ,1990,64:2172.

[121] Groeneveld R H M,Sprik R,Lagendijk A. Phys. Rev. B,1995,51:11443-11445.

[122] Voisin C,Christofilos D,Fatti N D,et al. Phys. Rev. Lett. 2000,85(10):2200-2203.

[123] Voisin C,Christofilos D,Loukakos P A,Phys. Rev. B,2004,69:195416.

[124] Varnavski O P,Goodson III T,Mohamed M B,et al. Phys. Rev. B,2005,72:235405.

[125] Link S,Burda C,Mohamed M B,et al. Phys. Rev. B,2000,61(9):6086-6090.

[126] Miller M K, Cerezo A, Hetherington M G, et al. Atom Probe Field Ion Microscopy. Oxford:Oxford Science Publications-Clarendon Press,1996.

[127] Crozier K B,Sundaramurthy A,Kino G S,et al. J. Appl. Phys. ,2003,94:4632.

[128] Martin O J F,Girard C. Appl. Phys. Lett. ,1997,70:705.

[129] Novotny L,Bian R X,Xie S. Phys. Rev. Lett. ,1997,79(4):645-648.

[130] Gault B,Vella A,Vurpillot F,et al. Ultramicroscopy,2007,107(9):713-719.

[131] Vella A,Vurpillot F,Gault B,et al. Phys. Rev. B,2006,73(16):165416.

[132] Houard J,Vella A,Vurpillot F,Phys. Rev. B,2010,81(12):125411.

[133] Robins E S,Lee M J G,Langlois P,J. Phys. ,1986,64:111.

[134] Geshev P I,Demming F,Jersch J,et al. Appl. Phys. B-Lasers Opt. ,2000,70(1):91-97.

[135] Geshev P I,Klein S,Dickmann K. Appl. Phys. B-Lasers Opt. ,2003,76(3):313-317.

[136] Downes A,Salter D,Elfick A. Opt. Exp. ,2006,14:5216.

[137] Houard J,Vella A,Vurpillot F,et al. Appl. Phys. Lett. 2009,94(12):121905.

[138] Reuter G E H,Sondheimer E H. Proc. Roy. Soc. Lond. Ser. A-Math. Phys. Sci. , 1948, 195(1042):336-364.

[139] Pippard A B. Proc. Roy. Soc. Lond. Ser. A-Math. Phys. Sci. ,1954,224(1157):273-282.

[140] Chambers R G. Proc. Roy. Soc. Lond. Ser. A-Math. Phys. Sci. ,1952,215(1123):481-497.

[141] Liu H F,Tsong T T. Rev. Sci. Instrum. ,1984,55(4):1779.

[142] Liu H F,Liu H M,Tsong T T. J. Appl. Phys. ,1986,59(4):1334.

[143] Lee M J G,Reifenberger R,Robins E S,J. Appl. Phys. ,1980,51:4996-5006.

[144] Hadley K W,Donders P J,Lee M J G. J. Appl. Phys. ,1985,57:2617-2655.

[145] Lee M J G,Robins E S. J. Appl. Phys. ,1989,65:1699.

[146] Cerezo A,Petford-Long A K,Larson D J,et al. J. Mater. Sci. 2006,41(23):7843-7852.

[147] Cerezo A,Clifton P H,Gomberg A,et al. Ultramicroscopy,2007,107(9):720-725.

[148] Vurpillot F,Gilbert M,Vella A,et al. in IFES workshop,Gothenburg,2007.

[149] Vurpillot F, Houard J, Vella A, et al. Phys. Rev. B, 2011, 84(3): 033405.

[150] Tsong T T. Atom-Probe Field Ion Microscopy: Field Emission, Surfaces and Interfaces at Atomic Resolution. Oxford: Cambridge University Press, 1990.

[151] Drachsel W, Nishigaki S, Ernst N, Int. J. Mass Spectrom. Ion Process. , 1983, 46(Jan): 297-300.

[152] Kelly T F, Larson D J, Thompson K, et al. Annu. Rev. Mater. Res. , 2007, 37: 681-727.

[153] Cerezo A, Clifton P H, Galtrey M J, et al. Mater. Today, 2007, 10(12): 36-42.

[154] Larson D J, Alvis R L, Lawrence D F, et al. Microsc. Microanal. , 2008, 14(suppl 2): 1254-1255.

[155] Marquis E A, Yahya N, Larson D J, et al. Mater. Today, 2010, 13(10): 34-36.

[156] Hono K, Ohkubo T, Chen Y M, et al. Ultramicroscopy, 2011, 111(6): 576-583.

[157] Poschenrieder W P. Int. J. Mass Spectrom. Ion Phys. , 1971, 6: 413-426.

[158] Poschenrieder W P. Int. J. Mass Spectrom. Ion Phys. , 1972, 9: 357-373.

[159] Mamyrin B A, Karataev V I, Shmikk D V, et al. Zhurnal Eksperimentalnoi I Teoreticheskoi Fiziki, 1973, 64(1): 82-89.

[160] Müller E W, Krishnaswamy S V. Rev. Sci. Instrum. , 1974, 45(9): 1053-1059.

[161] Deconihout B, Menand A, Bouet M, et al. Surf. Sci. , 1992, 266(1/2/3): 523-528.

[162] Cerezo A, Godfrey T J, Sijbrandij S J, et al. Rev. Sci. Instrum. , 1998, 69(1): 49.

[163] Bemont E, Bostel A, Bouet M, et al. Ultramicroscopy, 2003, 95(1/2/3/4): 231-238.

[164] Panayi P. Great Britain, GB2426120A, 2006.

[165] Panayi P, Clifton P H, Lloyd G, et al. in Presented at the IVNC 2006/IFES 2006 unpublished, 2006.

[166] Clifton P H, Gribb T T, Gerstl S S A, et al. Microsc. Microanal. , 2008, 14 (suppl 2): 454-455.

第4章 样品制备

4.1 简 介

原子探针要求感兴趣特征位于一个尖锐针形尖端的顶点附近,因此样品制备显得很重要,而且往往是非常具有挑战性的。最新原子探针显微镜装置的开发,如激光脉冲和宽视场探测器,克服了许多对材料种类和微观组织方面的限制。目前,从具有特殊几何形状和/或特定区域的材料中制备试样是十分困难的,尤其是非金属,这些因素限制了原子探针的发展。而与此相关的高度重现性技术的需求日益增加,该技术可以在特定区域中制备大量试样,从而可以更好地量化后续分析,同时提高可靠性。

电化学抛光(也称为电解抛光)一直是使用最广泛的试样制备技术。虽然这种技术仍然是许多材料的最佳制备方法,但众所周知,很难在试样内部的特定部位制样。此外,并不是所有的材料都具有足够的导电性以进行电解抛光。近年来,采用扫描电子显微镜-聚焦离子束(SEM-FIB)可以在大多数材料中制备出合格的试样。事实上,这种技术已使从任何固体材料中制备试样的局部精度达约10nm。在FIB基础上发展了许多不同的方法,其中一些已获得专利[1-3]。在许多情况下,需要进一步研究和探索最佳的FIB条件,这仍然是技术发展的一个活跃领域。

本章首先介绍常用的电解抛光方法,以及科技文献中有关这方面的研究工作[4-10]。本章的重点是阐述以FIB为基础的试样制备方法,该方法适用于那些很难或不能用电解抛光制备的试样。除了以电解抛光和FIB为基础的技术,还介绍其他常用的各种方法以及许多与原子探针显微镜试样制备密切相关的技术。这些内容为研究人员提供所需的信息,便于决定选择使用何种制备技术。同时还将取决于样品的几何形状,是否需要对样品内的特定位置进行分析,任何感兴趣特征的分布,材料进行电解抛光的能力及可用的仪器。

4.1.1 样品取样

了解原子探针显微镜首先要考虑的第一个问题就是如何取样。大部分材料科学的复杂性源于发生的关键现象和过程的多尺度性。因此,需要提出的问题是:感兴趣的特殊显微组织特征出现在一个典型试样中的可能性有多大?解决这个问题的一个有用做法是考虑这个组织特征出现在一张典型电子显微镜照片中直径约 100nm 的圆形区域的可能性,图 4.1 提供了四个例子。图 4.1(a)所示为一个典型的微合金化钢中铁素体,晶粒尺寸约为 5μm,晶粒内含有密度非常高的起强化作用的细小析出相。显示的区域为一个铁素体晶粒,在视场内观察不到晶界。一些细小的析出相呈现为较暗衬度的斑点。大多数原子探针的数据是在试样内随机采集的,很可能不含晶界,但会包含许多析出物,包含成分、形态和分布等方面的特征。图 4.1(b)中示出了一种 Ni 基高温合金中的晶界,P、B 和 C 容易偏析于晶界。由于这种合金的晶粒尺寸很大(50μm),所以晶界处于一个随机定位的原子探针样品中的可能性是极低的。为研究这种合金的晶界,有必要采用特殊定位的样品制备方法。图 4.1(c)显示了一个 60nm 的晶体管的结构。而且,需要采用高精度特征定位方法制备感兴趣的特定区域的样品。图 4.1(d)示出了纳米晶 Al 膜的结构。在这种情况下,从一个随机区制备的样品可能包含许多晶界。对这些类型样品的研究,原子探针明显优于以电子束为基础的技术,因为透射电子显微镜薄膜样品中的晶粒重叠会阻碍对单个晶粒和晶界的详细分析。

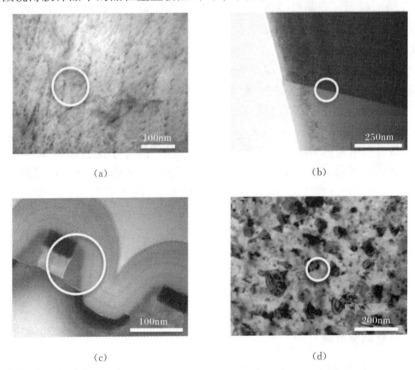

(a)　　　　　　　　　　　　　(b)

(c)　　　　　　　　　　　　　(d)

图 4.1　透射电子显微镜评估原子探针显微镜的取样示例,采样区域为每张
显微照片中直径为 100nm 的圆

(a)一种典型的微合金钢中晶粒尺寸约 5μm 的铁素体,其中含有细小的析出物;(b)一种 Ni 基高温合金中的单个晶界,晶粒尺寸约 50μm;(c)一个晶体管(图片由 Timothy Petersen 拍摄);(d)一种纳米晶 Al 薄膜

4.1.2　试样要求

为了达到所需的场强度,且电场足够均匀,试样必须是针形的,且具有合适的尖端半径。原子探针显微镜样品的主要要求如下。

(1) 试样尖端的曲率半径介于 50～150nm。对目前的显微镜来说,较大半径的样品需要使用高电压。较小的半径将导致视场非常小,起始电压也非常小。半径的大小很重要,因为当电压低于 2kV 时,由于 MCP 入口面的偏差,特别是大多数商业仪器缺乏适当的屏蔽,离子运动轨迹会发生扭曲。由于试样顶点的半径通常小于试样柄部的半径,因此为满足这一要求,整体试样的直径通常小于 200nm。

(2) 光滑的表面是指无凸起、凹槽或裂纹。重构是基于一个半球冠的假设,形状的任何偏离将导致重构数据出现假象(第 7 章)。这种几何不连续性也会引起应力集中,从而极易导致试样在施加的电场下断裂。如果试样在电场下未断裂,那么其表面的小凸起是可以处理的,因为在实验开始时该表面的凸起首先由于蒸发而变平滑。在这种情况下,只有数据的初始部分会受到影响。

(3) 圆形截面。非圆形的截面会导致原子探针重构数据时产生假象,不同于小的表面凸起,它不会在场蒸发中去掉。这样的"刀刃"形试样往往寿命短,并且场蒸发行为不稳定。

(4) 感兴趣特征应在试样顶点约 100nm 以内,以确保包含在所获得的数据集内。如果要获得较多的数据,这个距离可以稍大一些,但必须考虑文件大小。

(5) 样品具有足够的长度以防止来自支撑结构的屏蔽,且尖端洁净,无第二尖端或尖端附近的锐利凸起。这些和其他的尖锐特征,名义上应距顶端约100μm。但是,对配备有微电极(如果突起靠近试样柄或更小)的原子探针的测量,约 50mm似乎是足够的。例如,使用局域电极限制了场增强的区域,因而也就限制了场蒸发的面积。在激光脉冲实验中,这个问题影响不大,除非有大的二次尖端非常接近试样,这时就只能考虑激光照射。

(6) 适当的锥角。这根据采集的数据类型不同而有所不同,将在 4.8 节详细描述。

4.2　抛　光　方　法

4.2.1　电解抛光过程

用于制备针状原子探针显微镜试样最常用的方法是电化学抛光,主要要求材料具有良好的导电性,并且建立一个合适的电化学室,因为电解抛光是将样品表面材料去除的电化学过程。在使用的条件适当时,表面轮廓凸出部分的溶解速度比凹陷部分快,通过在试样表面形成一个黏性层,从而达到渐进平滑。

用可以为样品施加正电荷的直流电源作为电解池的阳极,样品和接地的阴极一起浸泡在电解液中。在某些情况下,使用直流电会在样品上形成一层反应产物。由于电流从阳极到阴极,阳极表面的金属因电化学反应而溶解进入电解液。阴极发生还原反应,通常会产生氢。

图4.2显示了电解池中电流随施加电压变化的典型曲线。该曲线的精确形状取决于被抛光的材料、所用的电解液、温度和电解池的几何形状。电解抛光的最佳条件发生在 $B \sim C$ 的平台段。在较低的电压段($A \sim B$)发生蚀刻,在较高的电压段($C \sim D$)发生点蚀。在一些情况下,电解抛光平台可能仅发生在一个非常小的电压区间。电解抛光时的温度也将影响电流-电压曲线。电解抛光还有其他应用,如工业应用和透射电子显微镜(TEM)样品制备,低温通常用来获得更宽的抛光平台。如下所述,改变温度对于大多数原子探针抛光装置的结构更具挑战性。一般来说,图4.2的曲线作为一种定性指导很有用,而不能作为可以确定抛光制度的精确工具,许多干扰因素如接触不良、溶液污染和电极表面状态等会引起任意的特定抛光过程的电流电压特性发生变化。

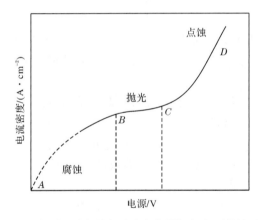

图 4.2 电解时电流与施加在阳极与阴极间电压的关系曲线

1. 制备样品"坯"

电解抛光之前,要制备电解抛光"坯",这是材料电解过程的开始。坯料是"火柴形",而理想的长度应在 15～25mm(实际最小值为 10mm 左右),截面尺寸约为 0.3mm×0.3mm,短边的尺寸有一定灵活性。例如,坯料边缘的长度可达0.8mm 或更大,必须尽可能具有一个接近完美的正方形横截面,否则在抛光结束时,不会产生圆形横截面的试样。在一般情况下,坯件边长越长,研磨出一个适当锥角的时间越长。通常用低速精密锯或钢丝加工坯料。图4.3为一种用精密锯切割坯料的方法,切割后用钳子小心地将坯料取出。应当十分注意,该加工工序不会引入对微结构产生影响的热或变形。可以使用双目光学显微镜检查坯料,因为它们经常需要手工研磨,以达到完美的正方形截面。另外,坯料可以是圆形的横截面(如电线或晶须),这样的坯料可以通过切割金属线以获取适当的长度。

(a)　　　　　　　　　　　(b)　　　　　　　　　　(c)

图 4.3　电解抛光"坯"的切取
(a)和(b)切割过程;(c)安装前的"坯"

2. 电解抛光

通常采用多步电解方法来进行电解抛光。第一步为粗抛,将坯料进行抛光直到坯料的外周被锐化,并形成"颈缩"。第二步为精抛,用来锐化顶部以达最终尺寸。

不同的材料对应不同的电解液,而且粗抛和精抛阶段常常使用不同的溶液或浓度。附录 B 给出了各种材料常用的电解液和建议的抛光条件,在文献中也可找到一些抛光方法[4-7]。这里提供的方法只能起指导作用,在许多情况下,需要试验不同的电解液和条件以找到最佳的抛光参数,特别是研究一种新型或不同的材料时,耐心和技巧都是必需的。

有几种不同的常用实验装置。一般来说,粗抛光采用双层方法,试样被反复浸入一层电解液中,该电解液位于惰性液体的上面,如 Galden™ 全氟聚醚(PFPE)(图 4.4(a))。样品向上和向下运动可以控制颈缩区的锥角,并减轻在电解质与空气界面发生的择优腐蚀。坯料断为两段或者中心区域的直径显著降低时,可以停止粗抛。监控电流,当样品断为两段时,通过将施加电压减小为零,能够使抛光过程自动停止。在精抛阶段,将样品浸入只含有电解质、不含惰性层的烧杯中(图 4.4(b))。此时,将样品抛光直到分为两半(如果这步尚未完成),并去掉针尖处损坏的材料。在精抛阶段将坯料分为两半的优点在于可以获得两个可用的样品。

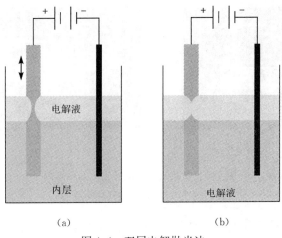

图 4.4　双层电解抛光法

　　许多实验室已不再使用双层电解法,而粗抛阶段仅简单地在含有电解液的烧杯中进行,当试样端部的直径足够小时这个阶段就结束。最终抛光在悬挂着金属丝环的电解液中进行(这通常被称为"微循环抛光"或"微抛光")。样品多次放入金属环中导致电解质持续下降,把它抛光到足够锋利以用于原子探针分析。微循环抛光最初开发用来重新抛光那些由于在原子探针分析中使用而变得太钝或断裂的样品。图 4.5 显示了微循环抛光中粗抛和精抛光阶段所用的装置。

　　多数实验室使用的电解抛光系统基本包括一个电源、烧杯、一些铂丝(或其他惰性金属)和一个双目光学显微镜。可以使用商业针抛光系统[11],这些系统可以精确监测抛光条件,再现性好,降低了电解抛光的"变数"[4]。

　　抛光某些材料时,需要熔盐(加热到约 500℃),如贵金属 Pt。电解槽应放置在一个合适的容器中,控制在所需的温度内。据报道,当该盐加热到接近其熔点时,获得的结果最好[7]。试样被反复浸渍以获得适当尖锐度的样品。

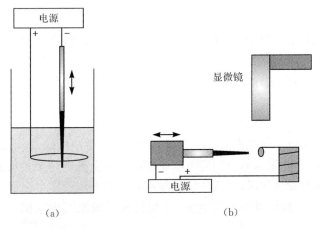

　　　　　　(a)　　　　　　　　　　　　　　　(b)

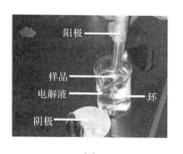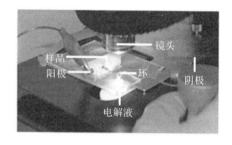

(c)　　　　　　　　　　　　　　(d)

图 4.5　典型微抛光试样装置的示意图
(a)和(c)粗抛；(b)和(d)精抛

　　如果必须在较低的温度下使用，那么就要求装置可以循环和冷却电解液，或通过使用液氮直接冷却盛电解液的容器。然而，在精抛光情况下，很难控制金属环中电解液的温度，这就需要频繁更换电解液以保持较低温度。图 4.6 为用光学显微镜拍摄的电抛光样品尖端的图像。

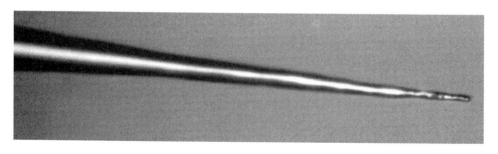

图 4.6　电解抛光样品尖端的光学显微镜照片(×20)

4.2.2　化学抛光

　　化学抛光原本是制备导电性较差材料样品的首选方法[12-16]。虽然现在经常用离子束方法制备一些材料的样品，但对某些材料来说，化学抛光仍然是一个简单的替代方法。坯料采用相同的电解方法制备，并插入盛有所需电解液的烧杯中，并加热到所需温度，然后将尖端反复浸入，直至产生一个适当锥形的端部。

4.2.3　安全

　　电解抛光和化学抛光需要使用危险的溶液，如腐蚀性的、有毒的或具有潜在爆炸性的溶液，因此采取适当的避免职业损伤的安全措施是至关重要的。在此介绍了一些基本的安全建议，但这些信息并不能代替操作程序中全面的风险评估和安全标准，且安全操作准则与实验室、组织机构和国家的规定相一致。在使用危险化学品之前,个人觉得有必要学习对应的安全训练课程。

在开始实验前,研究人员应该考虑实验的完整周期,即获取和运输化学品并在实验过程中处理它们,最终将它们储存在安全环保的环境中。在大型机构中,通常可以将这些化学品回收。

对于任何要使用的化学品,应该有一个数据表概述该特定试剂的风险。材料安全数据表(MSDS),也称为产品安全数据表(PSDSs)或危害健康物质控制表(COSHH),包含与特定物质相关特性和危险性的信息。化学品供应商应提供这方面的信息,目前已有许多这方面的在线数据库。

在处理抛光用化学品时,应穿戴适当的防护服,至少包括安全眼镜、实验室外套、长衣裤、手套和鞋套,有时使用某些化学品需要进行更多的保护(如围裙、面罩或口罩)。依据被处理化学品的不同,选用不同类型的手套。例如丙酮,有时也用于清洗,可以渗透丁腈手套;抛光用酸可以渗透乳胶手套。手套制造商通常提供正确选择手套的手册。

化学品的所有处理应当在特定的通风柜中进行。这对高氯酸来说尤其重要,它是一种常用的化学物质,需要配备一个具有水洗系统的特定通风柜,以防止形成可能的爆炸性晶体。在每次使用后,应清洗通风柜,而管道应定期检查,并用特定的产品彻底清洁。在实验前,所需的所有设备和材料应准备好,且所有设备和玻璃器皿应检查清洁度。要清楚地意识到,在使用危险化学品时,其附近放的大多数电源可以作为点火源(火花),增加了火灾发生的风险。

准备抛光液时应十分谨慎。总是需要将酸添加到溶剂中,而不是将溶剂添加到酸中,并使它们缓慢地混合,监测温度,以确保溶液不会变热。

许多实验室没有给出存储电解抛光液的建议。如果要存储电解液,有必要标出电解液的成分和配制日期。电解液不宜存储过长时间,最多几个月,而成分可能随时间发生变化,如溶剂挥发。溶液应盛放在适当的容器内运输,并存储在一个专用的防爆耐腐蚀柜中。

当然,所使用的溶液不同,安全程序和标准作业程序也会有很大不同。一些特别危险的化学品,有时会用于电解抛光。其中主要是氢氟酸(HF),这是一种危险的毒物,即使量很少,也会造成伤害,最初接触皮肤时导致无痛烧伤,甚至最终死亡。高氯酸($HClO_4$)和硝酸(HNO_3)也特别危险,这些酸与某些溶剂(丁氧基乙醇、甲醇等)混合极具爆炸性。还有许多可用于抛光某些样品的其他危险化学物质。这些例子只是为了强调,当准备对试样进行电解抛光时,需要采用周密的安全措施。

4.2.4 优势和局限性

电解抛光具有不需要使用昂贵设备、快速简便的优点。切割和打磨毛坯通常需要 1~2h,电解抛光本身需要不到 1h。可以通过同时切割、研磨、抛光多个样品来提高效率。例如,样品在原子探针实验过程中变钝、断裂或失效,电解抛光也可以用来重新抛光已分析的样品。对于断裂样品,应小心去除样品中因断裂而破坏的区域[17]。

当然,这种技术仅限于具有足够的导电性可进行电解抛光的样品。一些样品(尤其是钛及其合金)需要在低温下进行抛光,否则会产生薄的氧化物层并钝化表面。虽然商业或用户设计的装置可用于冷却溶液,但这种装置并不是所有实验室都具备,而且精抛光阶段仍不适宜在低温下进行。

电解抛光的另一个缺点是制备特定位置的样品有难度。在一些情况下,脉冲电抛光方法已经非常有效地用于制备晶界位于尖端的样品[4,18,19]。从随机选取的区域制备电解抛光试样,并在 TEM 中观察,如果有晶界,那么将样品放回到电解装置中,用一定的脉冲电流逐步去除少量材料。在每个脉冲或每组脉冲结束后,使用 TEM 反复检查试样,直到晶界位于试样顶点附近。

虽然这种方法已成功应用于一些标本,但它有局限性:只能用于所关注的特征恰好位于样品内,且距离顶点不远的样本,使原来的尖端在 TEM 电子可穿透区中很有可能观察到包含的感兴趣特征。除非特征是可观察的且刻意选择的,一般无法选择晶界方向或感兴趣的特征。例如,可能希望感兴趣的特征取向处在一个特定的方向,以利于在深度方向上具有最佳分辨率。

4.3　宽离子束技术

离子束对材料的去除来说是一个可行的选择,即为非导电试样的制备提供一种替代方法。宽离子束系统长期用于原子探针和场离子显微试样的制备,而且有时会结合电解抛光方法(通常在金属基复合材料的情况下[20-22])。

与电解抛光用样品制备一样,坯料通过锯切、研磨后放置在氩离子束研磨装置中,该装置常用于制备 TEM 试样。将试样以小角度放在一个或两个宽离子束下,并围绕离子束旋转,离子束慢慢地去除材料,制造出尖端,文献[4]详细描述了此方法。

另一种从平基底中制备试样的方法是将微米或亚微米大小的颗粒分散到基底上,并从上面研磨整个区域,使锥形凸起可以被单独探测到[23,24]。这种方法有一些局限性:即很难从表面选择特定的尖端,因此研磨区域的深度通常是未知的。平基底的存在也能影响电场分布,某种程度上,使用常用设备很难在此类样品中产生很强的电场强度。

这些离子束研磨技术因为时间长且难控制而不再广泛使用,这种技术往往被FIB 方法取代。慢速磨削确实可以定期使用 TEM 检测进展情况,以保证感兴趣区域在样品尖端附近。与脉冲电解抛光相比,用这种方法制备特定位置的样品并

且通过 TEM 观察尖端的透明区域定位感兴趣的位置具有一定的限制。但是 FIB
试样制备技术不存在这些限制,4.4 节将给出详细说明。

4.4　聚焦离子束技术

在理论上,以 FIB 为基础的方法可制备将任何特征定位在尖端附近的[25-33]针
状试样。实际上,目前全球范围内不同的研究机构正在使用一些基于 FIB 的定点
试样制备技术。不同的方法适合不同的样品,并具有不同的难度和成功率。所选
择的方法取决于试样几何形状(即涂层、带状、粉末、块状试样等),需检测试样面
积(在表面或体积内)、承受失败的风险(可能低,若样品内仅有一个或两个感兴趣
区域)和可用的设备。

选择使用 FIB 制备样品时需采用以下步骤:①要检验的材料不能被电解抛
光;②试样的几何形状不能使用传统制样技术;③从特定位置取样。已使用的各
种制备技术中,最广泛使用的可以归类为"切取"法和"挖取"法。所有这些方法需
要通过采用环形铣刀将针状样品的端部切削成尖端,过程如图 4.7 所示,使用一
系列环形铣刀,通入的电流束和铣刀的内径逐渐变小。步骤③很关键,特别是当一
个特定特征位于尖端时。不同的方法提供了不同的方式将所感兴趣特征定位在尖
端附近且留有足够的间隙,以防止基底或由磨削过程产生的其他特征,如第二个尖
端而造成的屏蔽作用。这些额外的尖端往往在样品的侧面形成,如果在原子探针实
验过程中它们足够尖锐以至在场蒸发下发射离子,那么发射的离子一旦被检测
到,就会干扰从主体试样中获得的数据。以下部分涵盖从这些方法中衍生的不同
方法,包括它们的优点和缺点,也包含制备最佳试样最后研磨阶段的具体细节。

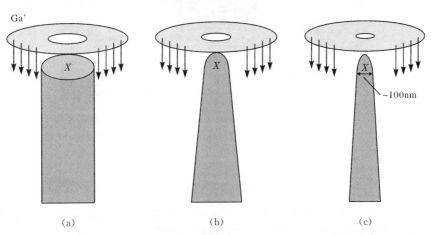

图 4.7　聚焦离子束使用环形铣刀磨削尖端的示意图

X 表示感兴趣特征。铣刀的内径尺寸从图(a)至图(c)逐渐减小,而束流也减小以提高分辨率

4.4.1 切取法

1. 沟壑法

用 FIB 制备原子探针试样最简单的方法就是把感兴趣特征周围区域的材料磨削掉,如图 4.8 所示,留下一个可以用环形铣刀进行锐化的杆。不幸的是,为了使尖端周围留有足够的间隙,磨削如此大面积的材料需要很长时间,长达几天,这取决于材料的磨削速度和所需的间隙。配置了微电极的设备需要较少的间隙,因为微电极本身(低场系数,见 2.1.2 节)可以引起较高的电场集中。可以通过使用一个位图文件(如图 4.8 右上方所示),给出研磨梯度来减少研磨时间。多数现代的 FIB 系统能够创建一种研磨方式,离子束在图像的暗区内花费时间长,在较亮的区域内花费时间短,产生一种变深度的研磨。

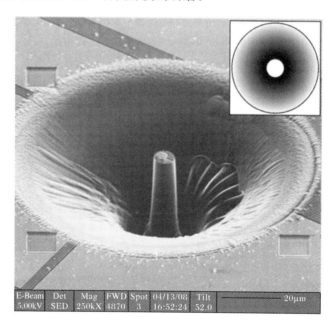

图 4.8　采用"沟壑"法制备样品在最终环形铣之前的二次电子像
右上角的 BMP 图形用来构建一个变深度"沟壑",以减少磨削时间。图像由代尔夫特大学的
Svenn Rogge 和 Paul Alkemade 提供

由于极为耗时,变深度研磨法并没有得到广泛应用。试样的几何形状不适合采用原子探针进行尖端定位分析,这时就必须使用激光辅助原子探针,目前商用原子探针仪器配置不可能将激光引导到试样尖端。

2. 预电解抛光针

第二种相对简单的方法来制备特定位置的试样是使用电解抛光针。此方法已应用于制备含晶界的样品[34]。预电解抛光尖端首先使用离子束在 FIB-SEM 中成像(图 4.9),通过离子通道衬度或取向衬度可以区分出单个晶粒[35],清楚地显示晶界的位置。在选择一个合适的候选晶界之后,使用离子束研磨样品的末端(图 4.9(b)),从上向下观察(俯视图)时,可使晶界明确区分开来。然后用环形铣刀去除感兴趣区域周围的材料,制备一个在尖端的顶点附近含有晶界的样品。

这种方法相对快速,仅限于可电解抛光的那些材料,并且对样品中晶粒尺寸相对较小(低于约 20mm)的试样有效,其中适宜的晶界位于原始的电解样品端部足够近时才可使用这种方法。

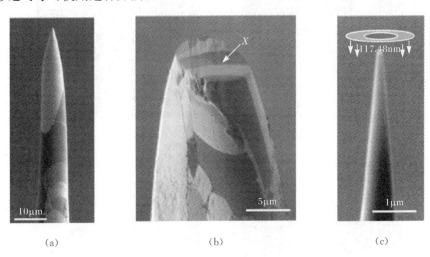

图 4.9 电解抛光尖端后样品的 FIB-SEM 像

(a) 镍基高温合金原子探针样品的离子束成像;(b) 试样末端被磨削掉显示出晶界("X");

(c) 在"X"位置经最终环形铣制备的原子探针试样[34]。摘自 Cairney J M,Saxey D W,

McGrouther D,et al. Site-specific specimen preparation for atom probe tomography of grain boundary.

Phys. B,2007,394(2):267-269,Elsevier 授权

3. 楔形法

楔形法包括先用三脚架抛光系统手动抛光预减薄样品[36]。如果有必要,那么将试样切割成一定尺寸并连接到载体上,常采用为 TEM 设计的分割成 3mm 的网格或开槽载体。然后使用镓离子束"切去"侧面部分留下一个柱,长约 70mm,每侧间隙 70~100mm[36,37],如图 4.10 所示。由这种方法衍生的其他方法包括从上面铣削掉这些断面[37]。尽管后者通常是更费时的方法,但对于磁性试样,这是一

个必要的步骤,因为断面不会从试样上掉落。当柱子加工完成后,采用环形铣磨锐化尖端。

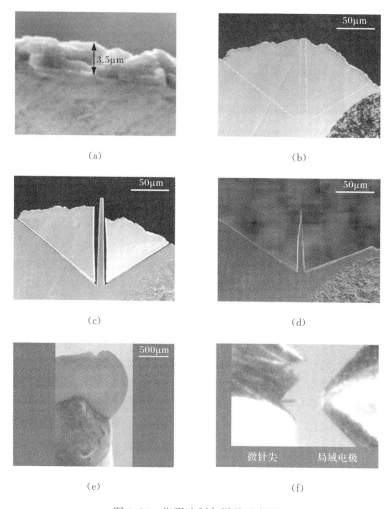

(a)　　　　　　　　　　　　　　(b)

(c)　　　　　　　　　　　　　　(d)

(e)　　　　　　　　　　　　　　(f)

图 4.10　楔形法制备样品示意图

(a)三脚架抛光后的楔形薄端面,标记尺寸为横截面厚度;(b)合适切微针尖的区域,针尖具有锥度,以使其具有较高的强度;(c)使用离子束将三角截面切掉示意图;(d)环形磨削后的微针尖;(e)安装在喷银环氧树脂镶嵌的原子探针样品根部的楔形试样;(f)对准 LEAP 中局域电极的微针尖样品[36]。摘自 Saxey D W,Cairney J M,McGrouther D,Honma T,et al. Atom probe specimen fabrication methods using a dual FIB/SEM. Ultramicroscopy,2007,107(9):756-760,Elsevier 授权

　　许多研究人员已经很成功地使用此方法[30,36,37]。该方法具有的优点是较快(约 2h 预减薄和 1h FIB),并且具有从一个预减薄试样中制备多个样品的优点,而无需快速学习显微操作(在 4.4.2 节描述)。但是,预减薄阶段可能会存在一些困

难。在某些情况下,有些样品是不能预减薄的,如在顶部边缘保留感兴趣特征;或如果试样不能充分预减薄(厚度小于 $30\mu m$),那么这个过程往往是非常耗时的。有时在 FIB 中也难以确定预减薄样品中感兴趣的特征。

4. 预加工柱阵列

预加工柱阵列可为后工序制备样品,甚至可以用作试样。柱阵列可以采用多种方法制备,包括反应性离子蚀刻[28],或者用一个精密切割锯来制备[3]。可以购买到[39]平顶或预削尖的柱阵列(微针尖阵列[38])。这些类型样品的 SEM 图像示于图 4.11。

这些柱体可用作沉积工艺的基底,然后通过 FIB 环形铣削尖端。该方法用于涂层检查特别有效,包括多层薄膜。如果基片的曲率没有问题,那么预削尖的柱可以直接使用而不需要 FIB 铣削。

如果柱体间距足够大,整体阵列足够小,那么可以安放在样品架上,这样就可以在准备的微针尖阵列上直接分析样品。每个样品被单独、连续地进行分析,这只有在安装了微电极的设备上才能实现。如果柱体之间太近而不能进行分析,那么它们可能被去掉,并通过"剔除"过程黏附在载体上,如 4.4.2 节所述。

微针尖阵列还经常用作样品支撑结构,样品通过显微操作系统固定于针尖处。这些方法将在下面的章节中描述。

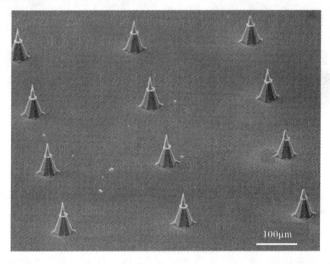

图 4.11　CAMECA 公司提供的商业掺杂硅微针尖阵列的 SEM 图像

4.4.2　挖取法

挖取法通过使用 FIB 直接从试样表面切割出感兴趣特征,然后使用显微操作器将这个区域移出,在锐化尖端前转移到支撑结构上。显微操作器可用于支撑一个非常尖锐的针或用于高水平精确运动的夹紧装置。这些器件可与光学显微镜配置(外置系统),通过静电力可用玻璃针移动小件材料。或者,它们也可配置在FIB-SEM腔内(内置系统),当使用电解抛光的金属针(通常为W)或者夹持器时,使用FIB系统中最常用的铂或钨沉积功能将样品暂时焊接在显微操作器臂上,从而移动样品。

1. 离位挖取法(从块体样品中挖取棒)

该方法是指使用FIB从原始结构中切割约$100\mu m$长的棒,然后采用外置显微操作器将其传输到TEM切片插槽中,最后采用离子束锐化末端[34,36]。传输结束后,棒采用铂或钨离子束沉积焊接到支撑结构上。图4.12(a)示出FIB制备的试棒末端的图像,采用一定角度的FIB交叉切割基座直至切断。图4.12(b)为挖出前整体杆从上往下看的图像。图4.12(c)为在FIB腔内通过使用铂或钨沉积粘在一个分段铜网格上,随后进行环形铣制备一个尖端。当可以使用显微操作器时,这个方法是最合适的。如果在有原位显微操作器的前提下,采用在后面部分介绍的其他挖取方法,可以一个步骤制备几个试样,因此该方法的效率很高。

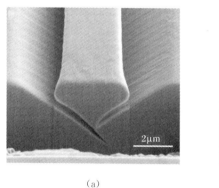

(a)　　　　　　　　　　　(b)　　　　　　　　　　　(c)

图4.12　采用FIB法的试样制备过程

(a)和(b)显示了一个在每个侧面沿$45°$方向、每个端面使用长方形切割而成的柱;(c)从基底中取出后使用Pt沉积固定在试样上的柱[36]。摘自Saxey D W,Cairney J M,McGrouther D,Honma T,et al. Atom probe specimen fabrication methods using a dual FIB/SEM. Ultramicroscopy,2007,107(9):756-760,Elsevier授权

如4.4.1节所描述,采用深反应离子蚀刻(Bosch工艺)[28]或使用切割[3]预加工的柱制备作为涂层沉积的基底物,经过FIB锐化可用作原子探针分析用的针。因此,可将许多柱用于每个沉积,手动将这些柱从基底移除,并采用混有银的导电环氧树脂安装到金属针上,使用显微操作器可以大大提高该过程的控制能力。图4.13显示了一组采用Bosch工艺加工的柱体,在光学显微镜下采用显微操作器将

其安装在已锐化的 Mo 格栅上,然后采用环形磨削制备一个尖端。

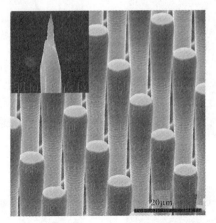

图 4.13　采用反应离子束蚀刻制备的柱(Bosch 法)

左上角的插图为采用环形 FIB 磨削法制备的尖端

2. 原位挖取法

Thompson 等于 2007 年提出了一种挖取法[40],现已广泛应用于原子探针领域。此方法涉及将 FIB 制备的柱转变成为专为此目的而制作的预制硅柱阵列的尖端(如 4.4.1 节中所述)。用高束流(5～11nA)进行初始切割,然后采用低束流(70～3000pA)逐渐将端部削成尖锐的针,然后端部成形(详见 4.4.3 节)。此方法允许在同一区域制备较多样品,最大限度地提高了将此法成功地运用于原子探针的机会。图 4.14 显示了一系列描述该挖取法过程的图像。

在将样品装入 SEM-FIB 之前,使用具有溅射镀镍膜的薄封盖层(50～100nm)来保护样品顶部边缘免受离子束损伤。如果感兴趣区域在样品的绝对表面,那么这个步骤就特别重要。在感兴趣区域,沉积一条尺寸约 2mm 宽、40mm 长、200nm 厚

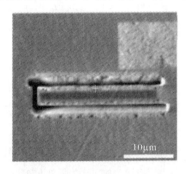

(a)　　　　　　　　　　　　　　　　　(b)

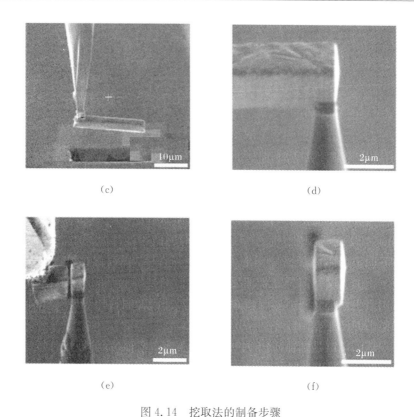

图 4.14 挖取法的制备步骤

(a)两角度切割后,将棒的一段切开;(b)焊接到显微操作器;(c)切出楔形并从样品中取出;(d)楔形块放置在支撑柱的平顶上并焊合;(e)和(f)从最终制备的样品中切出一个楔形块并留在支撑柱的顶端

的铂或钨带(沉积铂用于图 4.14(a)所示的样品)。同样,可以使用电子束(e-beam)在相同区域沉积约 50nm 厚的铂或钨,然后转为离子束的铂沉积,用以防止离子束损伤试样的顶部边缘。Thompson 等[40]建议沉积时采用 2kV 的电子束。

三角棒通常指的是楔形棒样品的制备采用与样品表面法线成 30°角的方向磨削沟槽(图 4.14(a))。有时样品一侧会磨削得比平常沟槽更宽,以尽量减少或防止样品由于再沉积的研磨材料而再黏附。一旦角度切割完成后,在棒的一端把棒从样品中切除,然后将显微操作器置于棒的自由端附近。为了提供一个平坦的表面以保证良好接触,一些研究人员对显微操作器针的末端进行预磨。沉积铂或钨用来将针连接到棒的自由端(图 4.14(b))。然后使用 FIB 把棒从样品的另一侧切下,这样棒就不再与原始样品连接。

然后降低 FIB 样品台小心地把楔形移出(图 4.14(c)),使用显微操作器控制系统把楔形样品传输到支撑结构,将楔形片放置其上。楔形的端部使用铂或钨与支撑结构焊接(图 4.14(d)),使用 FIB 切下小片(图 4.14(e)和(f)),随后使用环形磨削锐化样品端部,如 4.4.3 节所述。该过程可在不同的支撑柱重复进行,允许在一个步骤制备若干个样品。为更好地黏附和成功运转(见下述),在进行环形铣之前,每个切片的两侧必须焊接在支撑柱上。据 Thompson 等报道,根据经验,制备 12 个样品需要约 2h[40]。

1) 支撑柱

可以使用商用的预制微针阵列作为支撑的一个选择,见 4.4.1 节。另一种廉价的替代选择是使用电解 TEM 网格[41,42],优点是可以用 TEM 检查样品且易于在原子探针中定位。

图 4.15 示出了一个电解 TEM 网格的图像,使用 Mo[41]和 Cu 网格[42]作为支撑。Mo 网格往往特别合适,是由于其良好的机械强度便于操作,且它们高达 $46V \cdot nm^{-1[43]}$ 的蒸发场可以最大限度降低由支撑结构的尖锐凸起蒸发而导致的测量假象。将这些网格用剃刀片切成两半,然后在一个典型的电解装备中锐化,采用光学显微镜监测进展(见第 4.2 节)。留在网格顶部的横杆被溶解,因此在每个网格的端部"臂"处形成锋利的尖端,之后试样可以放在此处。随后上述的尖端通过使用 FIB 可以切成直径约 1mm 的楔形,这种形状非常适合与支撑结构间焊合。网格应选择具有正方形横截面的棒,以使获得的针具有圆形横截面。9 个样品可放置在 100 目网格中或 5 个放置在 50 目网格中。比 100 目更细的网格不适于电解抛光[41]。

图 4.15　已经切割和电解抛光的直径为 3mm 的 Mo 格栅

2) 将针尖焊接至支撑结构

样品和支撑柱之间的焊接质量显著影响样品的成功率。图 4.16 显示了具有高成功率 Mo 网格的提取过程与焊接过程的具体细节[41]。棒制备完成后,如图 4.16(a)所示用显微操作器取出,一根棒被焊接到电解 Mo 网格的每个尖端,如图 4.16(b)所示平放在 FIB 中。第一次焊接的目的是把样品固定在支撑结构上,尽管在后面的制备过程中会被去除。棒放置在网格中会有一小部分重叠,以确保在随后的结构焊接中具有好的几何形状。然后将网格直立放置在 FIB 中,为保证与支撑结构牢固连接,在非常低的电子束电流(10～30pA)下,如图 4.16(d)所示,样品与支撑柱的间隙中填充了 Pt 或 W。无孔洞要求较低的电流,电流不够高会导致掺入的前体不能完全分解,从而引起焊接强度下降,因此焊接电流的选择要权衡考虑这两方面。当在最佳束流下沉积时,焊缝不会在原子探针实验过程中断裂。虽然在图 4.16 中所示的是使用 Pt 的例子,但可明显观察到,其他前体如 $W(CO)_6$ 产生的焊缝具有较好的力学性能[44]。一般情况下,致密的焊缝具有最高的强度,可通过最大限度减少空隙和优化离子束扫描"重叠"时栅格点间的距离提高密度来实现。TEM 或磨削实验中使用不同参数沉积的柱体,选择其中具有最

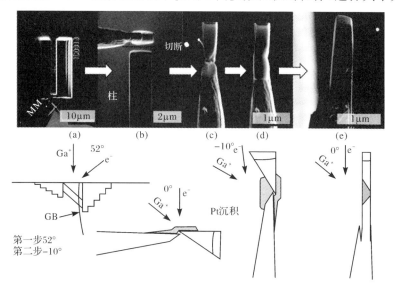

图 4.16　一个含有晶界的样品的抽取过程,电子束入射方向和样品台倾角已在图中标出[41]
(a)采用阶梯方式(灰色)和斜切方式(浅灰色)磨削挖出的棒,显微操作器放置在"MM"区域;(b)暂时焊合在支撑网格上的棒;(c)与主结构焊合前,直立放置在显微镜中的棒;(d)和(e)直接切除多余的材料获得的一个正方形截面。摘自 Felfer P J,Alam T,Ringer S P,Cairney J M. A reproducible method for damage-free site-specific preparation of atom probe tips from interfaces,Microsc. Res. Techn.,doi:10.1002/jemt.21081,2011,Wiley and Sons 授权

高离子磨削电阻的样品,可以通过拍摄沉积图像对其进行校准。作为参考,型号为 FEI Quanta 3D FIB 用于焊接的最佳工艺参数是 $120\%\sim130\%$ 的重叠、扫描间隔 $1\sim2$ms、电压 30kV、束流 10pA [41]。在 FIB-SEM 场发射设备中,电子束沉积的品质好、焊缝致密。如果沉积体积很小,那么电子束 Pt 焊只需要 $3\sim5$min。

3. 特定位置的原位挖取法

该方法可以从一个特定的区域中制备样品。然而在实践中,将一个具有特定纳米级特征的组织直接放在样品顶点约 100nm 的精度范围内,仍然具有挑战性,因为一旦被溅射层或 Pt 或 W 的沉积层覆盖,该特征的确切位置就会被隐藏。

当已知感兴趣特征的位置时(如在离子注入或表面的材料中),这种方法是非常有效的。此外,当需要研究的特征间的原子序数差异很大时,若 FIB 配备一个好的场发射扫描电子显微镜(FESEM),则可以通过电子束成像来识别棒中不同的相或结构。

然而,仍然存在这种可能性,即在制备尖端的最后阶段仍然不能确定所感兴趣特征的精确位置。这种情况包括:感兴趣区域为晶界,具有相似成分的相界,非常薄的膜,低浓度的小的特征如量子点之间。

人们提出了几种已成功应用于此类特定位置样品制备的方法[45,46]。本书提供的方法是由 Felfer 等开发的[41,47],它结合 FIB 和 TEM 来提高感兴趣区域(感兴趣区域)样品的制备精确度。此方法尤其适用于特别选定的晶界,但同样很适用于感兴趣特征平行于样品表面的样品,如注入层和薄膜。

定位感兴趣区域之后,通过使用在 4.4.2 节(图 4.14)所描述的挖取法来制备含有该区域的棒。如果感兴趣区域是晶界,那么晶界的位置可能位于离子束图像的通道对比度内。在电解抛光 Mo 网格臂上制备一系列如图 4.15 所示的相似样品后,样品先在 10kV(电压的选择见 4.4.4 节)、电子束流约 50pA 的条件下进行环形磨削尖端,尽量小心以确保感兴趣区域在最终样品内。接下来,Mo 网格转移到 TEM,拍摄每个样品中所感兴趣特征精确位置的图像,然后将样品转移回 FIB,可以精确地去除确切数量的材料并使感兴趣区域留在样品顶端 100nm 的范围内。如果所使用的 FIB-SEM 系统配备一个扫描 TEM(STEM)检测器,那么可以使用具有旋转功能的样品台或者移除和重新定位样品,通过 STEM 成像来检查感兴趣区域的位置。

这一过程可以通过图 4.17 所示的客户设计的样品夹具来辅助实现,该夹具安装在标准 TEM 仓持夹具中,并可用于 FIB、TEM 和原子探针[41]。还有其他一些类似的商用夹具[42]。

4. 制备特殊几何形状样品

为制备初始几何形状难以做成含有一个尖锐端部的样品,人们开发了以 FIB

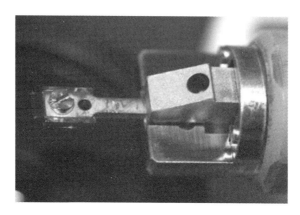

图 4.17　客户设计的易于在 FIB、JEOL TEM 和 Camaca
原子探针中交换样品的夹具[41]

为基础的制备方法。许多研究人员已经在粉末颗粒的分析中取得了相当大的成功,通过采用离子束辅助的 Pt 或 W 的沉积将颗粒焊接到预电解探头上,然后进行环形磨削打造尖端[32,48-55]。在此之前,粉体材料原子探针的研究仅限于少数的研究中,如粉末被压缩或嵌入,然后电解抛光[56]。相继也报道了一些新颖的方法,如 Ohsaki 等采用的方法[57]成功地将珠光体钢粉末制成样品,采用羰基钢加固粉体颗粒后进行电解抛光和 FIB 磨削。也可以采用类似的方法制备条带样品[58],甚至直接从 TEM 薄膜中制备样品[59]。

当颗粒或粉末的尺寸非常小(如纳米颗粒、纳米线或纳米管)时,试样制备将更具挑战性。挖取法仍可用于制备纳米线样品,它的几何形状适于原子探针分析。Diercks 等[60]开发了一种用于制备纳米线样品的挖取法,该方法将纳米线安装到 TEM 网格上,同时允许 TEM 和原子探针来操作这个纳米线样品。这个方法已成功地用于分析氧化锌、锗[60]和六硼化稀土的纳米线[61]。

4.4.3　聚焦离子束制备样品的最后阶段

尖端的最终成形关键在于:①确定最终尖端形状;②当需要特定位置制备时正确定位感兴趣区域;③最大限度地减少离子损伤。如图 4.7 所示,将放置在支撑柱上的切片进行束流和内径逐渐减小的连续环形磨削以获得尖端形状。实际使用的内径和束流取决于样品的几何形状和材质。尤其当将一个特定特征定位在尖端时,最后的步骤很关键。

一旦制备的样品已经具有合适的几何形状,采用 TEM 记录感兴趣区域的位置,就可以使用特定的低压离子束(使用低压以最大限度地降低损伤,如 4.4.4 节所述)定位尖端顶点的感兴趣区域,环形磨削在此阶段是无效的。为使去除的材料数量正确,在电子束磨削过程中应严密监测样品。对一个给定材料来说,制备特定位置的样品,可构建一条校准曲线以确定给定剂量的样品去除长度[41]。图 4.18 示出了该过程以及一个典型的低碳钢校准曲线。

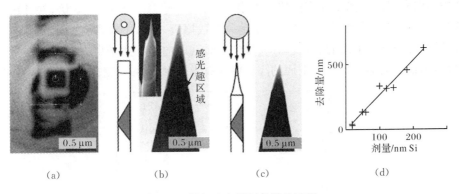

图 4.18　低加速电压制备样品过程

(a)使用 10kV 环形磨削的一个原子探针样品(见图(b)中的插图);(b)和(c)在 TEM 或 STEM 中,使用 5kV Ga 离子在指定位置定位感兴趣区域;(d)校准曲线给出了一种钢中去除样品长度与离子电压间的曲线[41]。摘自 Felfer P J,Alam T,Ringer S P,Cairney J M. A reproducible method for damage-free site-specific preparation of atom probe tips from interfaces. Microsc. Res. Techn. ,doi:10.1002/jemt. 21081,2011,Wiley and Sons 授权

4.4.4　减少离子损伤和造成假象的方法

采用高能 Ga 离子去除材料不可避免地会导致样品损伤。离子束损伤的形式为在样品最顶层掺入杂质、非晶化、混合和溶解相及产生缺陷。幸运的是,有大量离子束相互作用[62],特别是镓损伤方面的文献可以利用。有研究者在利用 FIB 制备 TEM 样品时的损伤方面[63]进行了全面的研究。研究表明,由聚焦 Ga 离子束产生的损伤程度可以合理地使用 Monte Carlo 近似模拟,这种商用软件用来计算离子在物质中的停止范围(SRIM[64])。

可以用原子探针容易地检测到 Ga^+ 在样品外层的明显掺杂,在该区域内的数据常常是无用的。因为通过减小加速电压降低 Ga^+ 能量,可以降低损伤的深度,因此在研磨的最后阶段普遍使用低电压,进行低压清洗研磨以除去高度受损区域[40]。图 4.19 显示了在钢(低 C 微合金化钢)的原子探针数据中发现了 Ga^+,该样品在最后研磨阶段使用了 5kV 或 30kV 的加速电压[40]。这个一维成分谱线是从沿分析方向获得的直径为 10nm 的圆柱数据。该数据与 5kV 和 30kV 加速电压下 Ga^+ 在 Fe 中停止范围的计算值接近,虽然计算出的离子范围与获得的成分大致相近,但存在一个显著区别,即在低浓度下,Ga 实际比预期延伸得更远,这是由于 Ga^+ 是沿着一个主要的结晶方向扩展的。

　　由于有一定的假设条件,因此 Monte Carlo 计算的应用受到限制。但值得注意的是,SRIM 计算的假定目标是非晶的。众所周知,晶体结构的取向对离子注入深度的影响很大。实际上,离子通道的机理是其在观察到的离子束图像中产生了强烈的取向衬度。离子通道渗透可以很显著,使穿透深度增至 2~6 倍,并且在一些情况下可以渗透更深[62]。图 4.20 是一个数据集,显示了在含有两个晶粒的高纯铁丝中的 Ga。上面的晶粒含有大量的 Ga,其取向是在离子束方向上的低指数晶面,为最佳的通道角度。下面的晶粒中含有十分少的 Ga,其取向偏离通道方向。

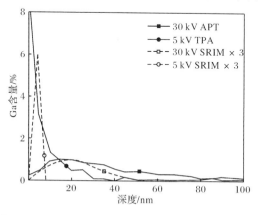

图 4.19　最终研磨阶段采用 30kV 或 5kV 制备的钢样品中掺杂 Ga 的实测图
对比曲线为采用 SRIM 计算的 30kV 和 5kV 的 Ga$^+$ 停止范围的数值

图 4.20　含有两个晶粒的高纯 Fe 线的原子探针数据集
样品制备采用 FIB,初始研磨为 30kV,最终抛光为 5kV,每个黑点为一个 Ga$^+$

　　不管原始晶体取向如何,有些离子总会散射入通道方向。在采用 30kV 束流、5kV 清洗样品的原子探针数据中的深层常常可以观察到小的 Ga$^+$ 峰,超出了 Monte Carlo 模拟预测的穿透深度。这些峰可能只对应少量的 Ga,然而大量的 Ga$^+$ 能导致显著的连锁损伤。在每次散射过程中,单个 Ga$^+$ 可释放几十到几百电子伏特能量,主要造成晶格损伤[62]。在 30kV 研磨的样品中心常常发现 0.1% 的 Ga 可以导致每个原子产生约 0.75 位移(SRIM 模拟铁中的 30kV 镓损伤级联反应)。如果原子的原子级分布是主要的考虑对象,这可能是一个特殊情况,例如,通过数据挖掘算法研究溶质原子团簇或达到更高的成分界面清晰度。

因此,在实际试样制备过程中,建议在最早阶段就使用低千伏研磨,而不是仅在最后的清洁步骤中应用。这个过程几乎可以完全消除 Ga$^+$ 引起的通道效应[41]。图 4.21 显示了一个经过 30kV 环形磨削和 5kV 最终磨削样品的数据集的重构(图 4.21(a))和由 10kV 环形磨削样品获得的数据集(图 4.21(b))。在这两种情况下,标记在样品中心方形区域(远离样品表面)Ga$^+$ 的体积计数以质谱方式显示(图 4.21(c))。在 30kV 研磨、5kV 清洗的样品中,在干扰水平以上可以观察到小的且显著量的 Ga。在 10kV 研磨的样品中,在该区域内干扰水平以上没有探测到 Ga。这两个区域包含大约 50000 个原子。如上所述,在原子级的研究中完全观察不到 Ga 是最佳选择。

另一种离子束损伤问题涉及铝及其合金样品。众所周知,在 Al 中,Ga 与晶界具有亲和性[65]。利用 TEM 可广泛地观察到 Ga 会导致晶界脆化[65-68]。FIB 制备的铝样品的原子探针数据显示在晶界处含有大量的 Ga[69,70]。图 4.22 显示了纳米晶高纯 Al 薄膜中晶界处的 Ga 原子,样品制备采用预制商用硅阵列标准的挖取法。制备前,用一层溅射镍包覆表面以保护尖端边缘,最后在 2kV 下用 FIB 进行清洗。

虽然有关这方面的研究发表很少,但仍有较多的证据表明聚焦离子束可能会导致再结晶或亚稳结构结晶(如纳米晶铜或钙基大块非晶)。当研究高度不稳定结构时,采用原子探针确认材料中没有发生因离子束导致的改变是明智的做法。

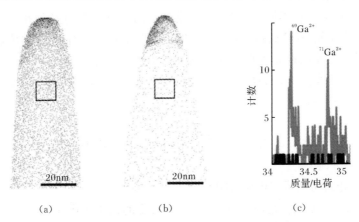

图 4.21 高压脉冲获得的数据集中的 Ga 分布

(a)30kV 环形初研磨及 5kV 最终研磨;(b)10kV 环形研磨;(c)图(a)(灰色)和图(b)(黑色)所示区域中的质谱[41]。摘自 Felfer P J,Alam T,Ringer S P,Cairney J M. A reproducible method for damage-free site-specific preparation of atom probe tips from interfaces. Microsc. Res. Techn. ,doi:10. 1002/jemt. 21081,2011,Wiley and Sons 授权

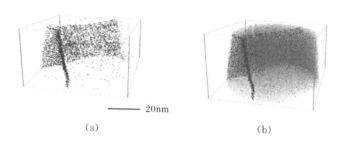

图 4.22　使用 FIB 制备的纳米晶高纯 Al 薄膜原子探针样品中晶界处的 Ga

　　在磨削过程中可能会导致不均匀的末端半径,由于轨迹畸变将造成不准确的重构数据(见 7.4.1 节)。如果含有不同成分相或含有不同取向晶粒的异质试样,会导致磨削速率不同,就有可能存在这种问题。然而,这些假象应该只影响原子探针运行的早期部分,此时发生场蒸发的试样会重新塑形(此后,典型的局部放大效应仍可能由于晶体学原因或存在不同物相在样品中造成问题)。

4.5　制备镀膜和薄膜的沉积方法

　　某些样品制备的另一种简单方法是将材料沉积,用导电针尖的曲面直接检测[71-75]。此方法对于研究涂层特别有用,其中包括多层材料,并且它具有很大优势,即相对快捷简单。缺点主要是沉积在针尖表面上的弯曲界面可能与它们试图模拟的真实材料不同,而它们试图模拟。因为基底本身必须预先制备成尖端,所以通常不可能模拟指定的涂层和基底的界面。在有限的区域可进行分析,即涂层或界面的取向垂直于分析方向以最大限度地提高分辨率。为避免这一限制,许多研究人员将涂层沉积到平顶的柱子上,使用 FIB(如 4.4.1 节描述的方法)锐化样品。

4.6　制备有机材料的方法

　　迄今为止对生物或有机材料的研究十分有限[76-80]。对沉积到金属样品上的 DNA 和 RNA[81] 及富铁蛋白质-铁蛋白[82-84] 成像的初步工作表明,这个领域具有巨大的潜力。但是仍然存在许多挑战,如样品制备、分析和解释从聚合物及生物材料获得数据。

　　由于大多数有机材料的导电性有限,因此截至目前提出的大多数方法涉及:将它们与导电材料结合(如导电聚合物,见下述),将更加导电的涂层包覆在有机材料的尖端,或者将两者结合。

4.6.1　聚合物微针尖

分析有机材料的一种潜在方法是将有机材料嵌入导电材料的基体中,如导电聚合物。导电聚合物似乎是合适的,由于其具有相对良好的电导率和热导率,因此在许多溶剂中具有很高的溶解度,特别是在有机溶剂中。

研究人员采用模具复制技术制备导电聚合物样品,已经取得了一定成果[85]。聚二甲基硅氧烷,一种硅氧烷橡胶,用于制备在硅基底上的原子探针预锐化针尖阵列的模具[38]。该微针尖阵列缓慢浸入模塑材料中,固化 24h,并小心地剥除。2005 年,Kostra 等报道了使用这种方法制备导电聚氨酯分散体(CPUD2)的复制样。将 CPUD2 倒入模具,在 50℃ 离心并固化。然后将样品从模具中缓慢抽出。所得的微针尖具有 2～3mm 的半径,随后通过 FIB 磨削锐化。

从含有感兴趣材料的导电聚合物中制备针尖的其他方法包括浸入法或在电解抛光金属尖端上电喷雾。2007 年,Prosa 等[77]在研究中发现富勒烯(C_{60})嵌入相容聚合物——聚 3-十二烷基噻吩(P3DDT)基体中。使用浸入和电喷雾方法在尖端包覆含 C_{60} 的 P3DDT。这两种方法使样品表面覆盖一层几十纳米厚的有机层,且分析表明,互溶的 P3DDT 主体和 C_{60} 客体产生一个共沉积材料基体,其中 C_{60} 强烈地偏聚于特定区域。浸入制备的样品通常具有较好的品质,具有更均匀的涂层。与电喷雾相比,涂层原子探针层析检测到较小的断片尺寸(如发射较轻的分子离子)。近几年,同一研究人员分析了不同的聚 3-烷硫醇薄膜中分子断片,该薄膜通过改性的溶液浇铸法或电喷雾法沉积在尖锐的铝针尖上[86]。

4.6.2　自组装单分子膜

自组装单分子膜(SAMs)由在基板上自然形成的单一、致密的分子层组成。因此,可以通过简单地添加所需分子的溶液涂布在基板表面并洗掉多余溶液来制备样品,或通过将基材浸入溶液中实现[87]。一个常见的例子就是金表面的单层硫醇[88]。这些材料可作为样品制备平台,通过调整尖端成分将其他大分子和生物材料焊接到电解金属尖端[77,89,90]。

人们已经对癸[78]、十二硫醇[77]和烷硫醇[91]SAMs 进行了研究。其中对癸 SAMs 的研究中,Gault 等首先通过电解抛光制备镍载体的尖端[78]。在制备 SAMs 的过程中,最重要的是尖端没有任何污染。这项研究中,在 Ni 尖端进行一段时间的场蒸发以除去氧化物和其他污染物,并挑选所有相似取向的针尖(沿{100}方向上)。从原子探针取出后,探头立即浸入含癸溶液中足够长的时间,以形成 SAMs[92],并迅速返回真空室中。图 4.23 示出了实验原子探测结果(在其中检测到的断片代表一系列相连的 C 原子,其中链长度是由质荷比推断的)。

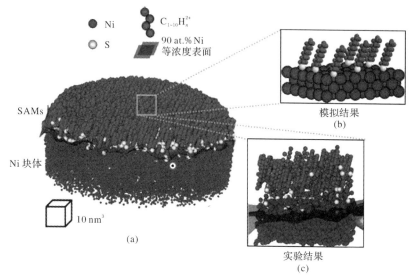

图 4.23　实验原子探针结果

(a)层析重构渲染后的癸 SAMs,球体中 Ni(暗灰色),S(白色),H(黑色),C$_{1\sim3}$H$_n$断片
(数量极少),C$_{4,5}$H$_n$断片(数量极少),C$_{6,7}$H$_n$断片(数量极少),和 C$_{8\sim10}$H$_n$断片(灰色);(b)癸
SAMs/〈001〉Ni 表面的示意图;(c)高分辨原子图解析的单个分子[78]

4.6.3　低温制备

Panitz 等已经开发出一种低温制备技术用以采用原子探针分析固液界面[93-96],这种技术可能应用于检查生物结构。

1991 年首次开发了该方法,用于原子探针成像(IAP)。在低温制备过程中,液体必须以大于 $10^4 s^{-1}$ 的速度冷却形成玻璃体冰,从而避免冰晶形成过程中分化为不同形式的冰之间的影响。液体通过快速凝固而在电解抛光场发射针尖的顶点上形成玻璃化层,其通过在惰性 Ar 气氛下将液体涂层尖端投入液化丙烷中制备而成[93,95]。利用低温传输装置可以将冻结的界面转移到电子探针中进行场解吸。在氯化钾水溶液中用该方法制备的钨和金探头已用于场解吸成像[97]。最近,这种低温制备方法已经进行了调整和改进,通过使用液态乙烷制备的样品,用于原子探针层析,可实现玻璃体液和液固界面的三维重构[94]。

迄今为止,低温制备方法的应用都集中在检测固液边界,这些制备技术可能扩展到检测悬浮于液相中的分子或纳米级结构[80]。目前已可用应用于聚焦离子束系统的冷冻传输装置,且应用于原子探针的低温 FIB 制备方法的开发研制在不远的将来也会实现。

4.7 其 他 方 法

4.7.1 浸入法

该方法已在 4.6 节介绍过,包括将电解抛光尖端浸入含有物质的溶液中检测有机样品,如铁蛋白[98]和自组装单分子膜[99,100]。这些方法最近也用来获得核壳纳米颗粒的层析数据[101],虽然得到的数据也包含由尖端形状不完美导致的假象,但可以确定核壳纳米颗粒的结构。

4.7.2 直接生长法

在某些情况下,也能够直接制备适于分析的样品。例如,Perea 等[102-107]已成功分析使用催化剂阵列以均匀排布外延生长的纳米线样品。纳米线被充分隔开,使用配备了微电极的原子探针可以一次探测一个单丝。Xu 等[108]还分析了直接垂直生长到预制微柱上的单个纳米线。

4.8 与样品几何形状相关的问题

原子探针样品的几何形状影响重构数据的质量,因此选择样品制备的方法时应考虑这些因素。

已在 4.2.1 节中讨论,非圆截面或非半球形尖端可导致投影和重构假象[109]。当电解抛光的间隔不对称时(通过精心制备格栅可以很容易避免这个问题),或材料表现出很强的与晶体学有关的择优腐蚀时,常常出现非圆截面。但对 FIB 制备的试样来说,这通常基本没有影响。

电解样品的另一个常见问题是在不能电解抛光的析出相或其他特征的位置形成凸起。尽管在 FIB 制备样品的过程中,研磨速率的差异也会导致这种问题出现,但如果电子束可以研磨所有存在的相,那么这种现象就很少发生。如果这种特征成为电解样品的严重问题,那么可以在最终研磨阶段使用 FIB 成形电解抛光样品。

研究人员通过详细的实验确定了一些几何因素,如尖端半径和锥角,对原子探针数据质量的影响。已经观察到,这些参数以不同的方式影响质量分辨率,主要取决于分析模式。在高压脉冲模式下,增加尖端半径降低了质量分辨率(见6.5.2 节);在激光脉冲模式下,增加半径实际上提高了分辨率[110,111]。同样,大锥角会由于探测尖端半径的快速增加降低了高压-脉冲模式数据的分辨率,而对于激光脉冲,大锥角会明显提高质量分辨率。在高压脉冲模式下,增大半径/锥角的负面影响会缩短在更高电压/半径下的行进时间,在固定误差下行进时间的测量具有相对大的影响[105，110-112]。在激光脉冲模式下，半径和锥角的影响在于激光脉冲下能量耗散区域增大[112-114]。

如 3.1.1 节中讨论的，采用有限元模拟方法研究与静电压力有关的应力的研究[115]表明，针尖断裂对针尖几何形状是十分敏感的，并重点介绍了解释断裂区原理的一些现象。

现代 SEM-FIB 显微镜的复杂程度在一定程度上使其最终样品形状的控制到达了前所未有的水平，一些研究人员称其为"雕刻针形原子探针样品"[116]。通过控制锥角和样品末端半径，制备的样品能够获得最佳质量的数据，并降低早期断裂的概率。

最后需要注意的是，原子探测数据的空间分辨率随方向不同而变化，因此沿分析方向获得最佳分辨率是很重要的[47,117,118]。这些问题将在第 7 章详细讨论。出于这个原因，为了优化，有意识地将样品中的感兴趣特征沿特定取向（如垂直轴线）定位是十分重要的，如成分分布图横跨界面。在要求最佳精度的情况下，应审慎地分析多个样品中的不同取向的既定特征。

类似地已证明，当界面与分析方向垂直时，局部放大倍数的影响是最小的[117]，可采用本章介绍的特定位置样品制备方法定位界面。

4.9　选择最优样品制备方法指南

样品制备有很多选择，而选择最合适的就会很难。本节的目的是提供一个快速指南，根据试样的性质、可用的仪器和用户的 FIB 操作水平选择最有效的方法。

表 4.1 给出了常用的制备方法、可能影响方法选择的因素和采用一些技术成功制备样品的实例。原位挖取可以说是最通用的方法，其他方法往往难以达到相同效果。

值得注意的是，这个指南仅涵盖了最常用的方法。研究者还应该考虑本章列出的其他备选方法，当然，可以开发创造自己的方法和改进现有技术。

表 4.1　选择样品制备的适合方法指南

影响因素	化学抛光	近净形	机械预抛光	挖取法实例
变量	电解抛光 化学抛光 浸入	预电解抛光间隔，FIB 挖出沉积平顶阵列	楔形法，金刚石或切割锯	挖取棒，粉末或颗粒挖取
每个样品制备时间	10～60min	预制备 10～30min FIB	预制备 1～5h FIB	根据经验小于 1h FIB
成功概率	高	高	高	可能较低

续表

影响因素	化学抛光	近净形	机械预抛光	挖取法实例
感兴趣区域间距	<500nm	<10μm	1～3mm	任何
非金属	没有(有例外)	一些(反应离子蚀刻)	有限(脆性)	是
FIB技能水平	不需要	低～中等	中等	高
样品尺寸	10～20mm	10～20mm	1～3mm	<100μm
示例	特征:具有足够的密度(如析出相),采用浸入法在有机层上沉积纳米颗粒	特征:在金属中具有中等密度(如一般晶界,在过时效材料中的大析出相),薄膜	很难电解抛光的金属(如 Ti 或 Zr),处理的金属表面(如氮化或碳化层)	低密度特征,微电设施,小的孤立样品(如粉末),不适用于其他方法的样品

参 考 文 献

[1] Kelly T F,Bunton J H,Wiener S A. U. S. ;7,884,323,2011.

[2] Kelly T F,Martens R L,Goodman S L,U. S. 6,576,900,2003.

[3] Kuhlman K,Wishard J R. Patent:7,098,454,2004.

[4] Miller M K. Atom Probe Tomography:Analysis at the Atomic Level. New York:Kluwer Academic/Plenum,2000.

[5] Miller M K,Cerezo A,Hetherington M G,et al. Atom Probe Field Ion Microscopy. Oxford: Oxford Science Publications-Clarendon Press,1996.

[6] Miller M K,Smith G D W. Atom Probe Microanalysis:Principles and Applications to Materials Problems. Pittsburg:Materials Research Society,1989.

[7] Tsong T. Atom Probe field Ion Microscopy:Field Ion Emission and Surfaces and Interfaces at Atomic Resolution. Oxford:Cambridge University Press,1990.

[8] Melmed A J. J. Vac. Sci. Technol. B,1990,9(2):601-608.

[9] Ohno Y,Kuroda T,Nakamura S. Surf. Sci. ,1978,75(4):689-702.

[10] Ohno Y,Nakamura S,Adachi T,et al. Surf. Sci. ,1977,69(2):521-532.

[11] Kostrna S L P,Peterman J W,Prosa T J,et al. Microsc. Microanal. ,2006,12(Suppl. 2): 1750-1751.

[12] Melmed A J. Surf. Sci. ,1975,49:645-648.

[13] Melmed A J. J. Phys. ,1988,49(C-6):67-71.

[14] Cerezo A,Grovenor C R M,Smith G D W. J. Microsc. -Oxford,1986,141:155-170.

[15] Kellogg G L. Phys. Rev. B,1983,28:1957.

[16] Tsong T T. Appl. Phys. Lett. ,1984,45(10):1149-1151.

[17] Wilkes T J,Titchmar J M,Smith G D W,et al. J. Phys. D:Appl. Phys. ,1972,5(12): 2226-2230.

[18] Karlsson L, Norde'n H. Journal de Physique C, 1984, 9(12): 391-396.

[19] Norde'n H, Andre'n H O. Surf. Interface Anal. , 1988, 12: 179-184.

[20] Rolander U, Andre'n H O. Mater. Sci. Eng. A, 1988, 105/106: 283-287.

[21] Kvist A, Andren H O, Lundin L. Appl. Surf. Sci. , 1996, 94-5: 356-361.

[22] Frykholm R, Jansson B, Andren H O. Micron, 2002, 33(7/8): 639-646.

[23] Liddle J A, Norman A, Cerezo A, et al. J. Phys. , 1988, 49(C-6): 509-514.

[24] Larson D J, Miller M K, Ulfig R M, et al. Ultramicroscopy, 1998, 73(1-4): 273-278.

[25] Larson D J, Foord D T, Petford-Long A K, et al. Ultramicroscopy, 1998, 75(3): 147-159.

[26] Larson D J, Foord D T, Petford-Long A K, et al. Ultramicroscopy, 1999, 79: 287.

[27] Larson D J, Russell K F, Cerezo A. J. Vac. Sci. Technol. B, 2000, 18(1): 328-333.

[28] Larson D J, Wissman B D, Martens R L, et al. Microsc. Microanal. , 2001, 7(1): 24-31.

[29] Miller M K. Microsc. Microanal. , 2005, 11(Suppl. 2): 808-809.

[30] Miller M K, Russell K F. Ultramicroscopy, 2007, 107: 761.

[31] Miller M K, Russell K F, Thompson G B. Ultramicroscopy, 2005, 102: 287.

[32] Miller M K, Russell K F, Thompson K, et al. Microsc. Microanal. , 2007, 13(6): 428-436.

[33] Lawrence D, Thompson K, Larson D J, et al. Microsc. Microanal. , 2006, 12(Suppl. 2): 1742-1743.

[34] Cairney J M, Saxey D W, McGrouther D, et al. Phys. B, 2007, 394: 267.

[35] Cairney J M, Munroe P R, Hoffman M. Surf. Coat. Technol. , 2005, 198: 165-168.

[36] Saxey D W, Cairney J M, McGrouther D, et al. Ultramicroscopy, 2007, 107: 756.

[37] Colijn H O, Kelly T F, Ulfig R M, et al. Microsc. Microanal. , 2004, 10 (Suppl. 2): 1150-1151.

[38] Thompson K, Larson D J, Ulfig R M. Microsc. Microanal. , 2005, 11(Suppl. 2): 882-883.

[39] Kelly T F, Miller M K. Rev. Sci. Instrum. , 2007, 78: 031101-031120.

[40] Thompson K, Lawrence D, Larson D J, et al. Ultramicroscopy, 2007, 107(2/3): 131-139.

[41] Felfer P J, Alam T, Ringer S P, et al. Microsc. Res. Techn. , 2012, 75: 484-491.

[42] Gorman B P, Diercks D R, Salmon N, et al. Microsc. Today, 2008, 16(4): 42-47.

[43] Tsong T T. Surf. Sci. , 1978, 70(1): 211-233.

[44] Rachbauer R, Massi S, Stergar E, et al. Surf. Coat. Technol. , 2010, 204(11): 1811-1816.

[45] Perez-Willard F, Wolde-Giorgis D, Al-Kassab T, et al. Micron. , 2008, 39(1): 45-52.

[46] Takahashi J, Kawakami K, Yamaguchi Y, et al. Ultramicroscopy, 2007, 107(9): 744-749.

[47] Felfer P, Ringer S P, Cairney J M. Ultramicroscopy, 2011, 111: 435-439.

[48] Choi P P, Al-Kassab T, Kwon Y S, et al. Microsc. Microanal. , 2007, 13(5): 347-353.

[49] Choi P P, Kwon Y S, Kim J S, et al. J. Electron Microsc. , 2007, 56: 43-49.

[50] Larde'R, Bran J, Jean M, et al. Powder Technol. , 2011, 208(2): 260-265.

[51] Miller M K, Russell K F. Microsc. Microanal. , 2006, 12: 1294-1295.

[52] Wille C, Al-Kassab T, Choi P P, et al. Ultramicroscopy, 2009, 109(5): 599-605.

[53] Wille C, Al-Kassab T, Schmidt M, et al. Int. J. Mater. Res. , 2008, 99(5): 541-547.

[54] Bronq M, Radiguet B, Le Breton J M, et al. Acta Mater. , 2010, 58: 1806-1814.

［55］Calvo-Dahlborg M，Chambreland S，Bao C M，et al. Ultramicroscopy，2009，109：672-676.

［56］Wu F，Bellon P，Lau M L，et al. Mater. Sci. Eng. A，2002，327（1）：20-23.

［57］Ohsaki S，Hono K，Hidaka H，et al. J. Electron Microsc. ，2004，53（5）：523-525.

［58］Cazottes S，Fnidiki A，Lemarchand D，et al. J. Appl，Phys. ，2011，109：083502.

［59］Miller M K，Russell K F，Hoelzer D T. Microsc. Microanal. ，2008，14（Suppl. 2）：1022-1023.

［60］Diercks D R，Gorman B P，Cheung C L，et al. Microsc. Microanal. ，2009，15（Suppl. 2）：254-255.

［61］Brewer J R，Jacobberger R M，Diercks D R，et al. Chem. Mater. ，23（10）：2606-2610.

［62］Nastasi M A，Mayer J W，Hirvonen J K. Ion-Solid Interactions：Fundamentals and Applications. Cambridge：Cambridge University Press，1996.

［63］Giannuzzi L A，Stevie F A. Micron. ，1999，30（3）：197-204.

［64］Ziegler J F，Biersack J P，Ziegler M D. SRIM the Stopping and Range of Ions in Matter. James Ziegler：Lulu Press Co. ，2009.

［65］Elbaum E. Trans. Am. Inst. Mining Metall. Eng. ，1959，215（3）：476-478.

［66］Hugo R C，Hoagland R G. Scr. Mater. ，1998，38：523-529.

［67］Hugo R C，Hoagland R G. Scr. Mater. ，1999，41：1341-1346.

［68］Sigle W，Richter G，Ruehle M，et al. Appl. Phy. Lett. 1999，89：121911-121913.

［69］Moody M P，Tang F，Gault B，et al. Ultramicroscopy，2011，111：493-499.

［70］Tang F，Gianola D S，Moody M P，et al. Acta Mater. ，2012，60：1038-1047.

［71］AlKassab T，Macht M P，Naundorf V，et al. Appl. Surf. Sci. ，1996，94-95：306-312.

［72］Cerezo A，Hetherington M G，Petford-Long A K. J. Phys. ，1989，50（C-8（Suppl. ））：349-354.

［73］Keilonat C，Camus E，Wanderka N，et al. Appl. Phys. Lett. ，1994，65：2007-2008.

［74］Veiller L，Danoix F，Teillet J. J. Appl. Phys. ，2000，87：1379-1386.

［75］Kuduz M，Schmitz G，Kirchheim R. Ultramicroscopy，2004，101：197-205.

［76］Prosa T J，Alvis R A，Kelly T F. Microsc. Microanal. ，2008，14（Suppl. 2）：1236-1237.

［77］Prosa T J，Kostrna Keeney S，Kelly T F. Microsc. Microanal. ，2007，13（Suppl. 2）：190-191.

［78］Gault B，Yang W R，Ratinac K R，et al. Langmuir，2010，26（8）：5291-5294.

［79］Greene M，Prosa T，Larson D，et al. Microsc. Microanal. ，2010，16（Suppl. 2）：1860-1861.

［80］Kelly T F，Nishikawa O，Panitz J A，et al. MRS Bull. ，2009，34（10）：744-749.

［81］Graham W R，Hutchins F. Bull. Am. Phys. Soc. ，1973，18（3）：296.

［82］Panitz J A. J. Vacuum Sci. Technol. ，1982，20（3）：895-896.

［83］Panitz J A. Ultramicroscopy，1982，7（3）：241-248.

［84］Panitz J A，Giaever I. Ultramicroscopy，1981，6（1）：3-6.

［85］Kostrna S L P，Mengelt T J，Ali M，et al. Microsc. Microanal. ，2005，11（Suppl. 2）：874-875.

［86］Prosa T J，Keeney S K，Kelly T F. J. Microsc. -Oxford，2010，237（2）：155-167.

［87］Love J C，Estroff L A，Kriebel J K，et al. Chem. Rev. ，2005，105：1103-1169.

［88］Love J C，Estroff L A，Kriebel J K，et al. Chem. Rev. ，2005，105（4）：1103-1169.

[89] Braet L L S F,Larson D J,Kelly T F,et al. Nanotechnologies for the Life Sciences,vol. 3. Weinheim:Wiley-VCH,2006,292.

[90] Braet F,Soon L L,Larson D J,et al. Nanotechnologies for the Life Sciences,vol. 3. Weinheim:Wiley-VCH,2006:292-318.

[91] Zhang Y,Hillier A C. Anal. Chem. ,2010,82(14):6139-6147.

[92] Schwarz D K. Annu. Rev. Phys. Chem. ,2001,52:107-137.

[93] Panitz J A,Stintz A. Surf. Sci. ,1991,246(1/2/3):163-168.

[94] Panitz J A. Microsc. Microanal. ,2008,14(Suppl. 2):122-123.

[95] Stintz A, Panitz J A. J. Vacuum Sci. Technol. A: Vacuum Surf. Films, 1991, 9 (3): 1365-1367.

[96] Panitz J A. J. Microsc. ,1982,1235:3-23.

[97] Stintz A,Panitz J A. J. Appl. Phys. ,1992,72(2),741-745.

[98] Greene M,Prosa T,Panitz J,et al. Microsc. Microanal. ,2009,15(Suppl. 2):582-583.

[99] Gault B,Yang W,Ratinac K R,et al. Langmuir,2010,26(8):5291-5294.

[100] Zhang Y,Hillier A C. Anal. Chem. ,2010,82(14):6139-6147.

[101] Tedsree K,Li T,Jones S,et al. Nat. Nanotechnol. ,2011,6:302-307.

[102] Perea D E,Allen J E,May S J,et al. Nano Lett. ,2006,6(2):181-185.

[103] Perea D E,Hemesath E R,Schwalbach E J,et al. Nat. Nanotechnol. ,2009,4(5):315-319.

[104] Perea D E,Lensch J L,May S J,et al. Appl. Phys. A-Mater. Sci. Process. ,85(3):271-275.

[105] Perea D E, Wijaya E, Lensch-Falk J L, et al. J. Solid State Chem. , 2008, 181 (7): 1642-1649.

[106] Schlitz R A,Perea D E,Lensch-Falk J L,et al. Appl. Phys. Lett. ,2009,95(16):162101,

[107] Zhang S X,Hemesath E R,Perea D E,et al. Nano Lett. ,2009,9(9):3268-3274.

[108] Xu T,Nys J P,Grandidier B,et al. J. Vac. Sci. Technol. B,2008,26(6):1960-1963.

[109] Fortes M A. Surf. Sci. ,1971,28(1):95-116.

[110] Bunton J H,Olson J D,Lenz D R,et al. Microsc. Microanal. ,2007,13(6):418-427.

[111] Tang F,Gault B,Ringer S P,et al. Ultramicroscopy,2010,110(7):836-843.

[112] Cerezo A,Clifton P H,Gomberg A,et al. Ultramicroscopy,2007,107(9):720-725.

[113] Liu H F,Liu H M,Tsong T T. J. Appl. Phys. ,1986,59(4):1334.

[114] Bunton J H,Olson J D,Lenz D R,et al. Microsc. Microanal. ,2007,13:418-427.

[115] Moy C K S,Ranzi G,Petersen T C,et al. Ultramicroscopy,2011,111(6):397-404.

[116] Miller M K. Micros. Microanal. ,2005,11(Suppl. 02):808-809.

[117] Blavette D,Duval P,Letellier L,et al. Acta Mater. ,1996,44(12):4995-5005.

[118] Maruyama N,Smith G D W,Cerezo A. Mater. Sci. Eng. A,2003,353(1/2):126-132.

第 5 章　场离子显微镜

　　本章的重点是场离子显微镜（FIM）的实验操作。荧光屏上或位敏检测器（eFIM）上的图像揭示了表面形貌的细节。虽然看似静止，但场离子显微图像上的每个点（图 5.1）构成了稳定的气体离子流，大约 $10^4 s^{-1}$。许多实验参数会影响最终的显微照片的质量。其中最显著的包括成像气体的种类、气体压力和试样的温度。通过仔细地选择这些参数，优化成像条件，以确保获得高质量的 FIM 图像，从而可以在图像中提取可靠信息。在本章中，逐步详细介绍操作方法，然后讨论实验参数对场离子成像的影响。

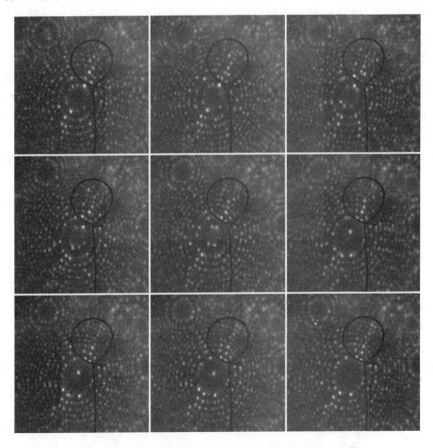

图 5.1　纯 W 样品的[011]极在场蒸发过程中的离子影像

成像条件为 40K、He 气氛，场蒸发条件为聚焦在试样顶点的 100fs 的激光脉冲

5.1　FIM 操作步骤

（1）正如第 2 章介绍的，FIM 需要一个尖锐的针形样品，以产生诱发气体原子或分子电离成像所需的强烈电场。一旦采用第 4 章描述的方法制备好样品，就将样品放入超高真空室中已冷却到低温的样品台上。与原子探针操作相似，FIM 实验的温度通常设定为 20～80K。

（2）一旦样品温度稳定，低压气体就进入腔室。FIM 操作的压力范围为 10^{-6} ～ 5×10^{-5} Torr（1.33×10^{-4} ～ 6.5×10^{-3} Pa）。由于在荧光屏或延时线探测器前面使用微通道板（MCP）作为图像放大器，因此腔室中的压力一般受 MCP 可接受最大压力的限制。MCP 是电偏压的，若存在过量的气体则易导致放电，并会损坏其表面，因此有必要监测暗电流以确保不产生意外的电弧，这就限制了腔室中可达到的最大压力，所以应密切监测气体水平。所使用的气体通常称为成像气体，多数为 He 或 Ne（见下述）。在某些情况下，也可以使用混合气体。理想情况下，稳定的气流在腔体内循环，或者也可以引入气体，随后密封该腔室。

（3）然后试样承受高直流电压，电压是逐渐增加的，直到试样表面的电场强度足以电离气体原子或分子。当生成了足够的流动成像气体离子时，样品表面形貌的图像就形成在屏幕上。成像气体离子可以通过在 MCP 上产生的电流来监测。在图像形成的早期阶段，试样表面的任何污染都被清洗掉了。吸附的污染物、氧化物或凸起的不规则表面由于场蒸发而被除掉，这样就可以引起光线以块状形式在屏幕上闪烁，含有成百上千个原子，它们被解吸、电离和检测。

（4）一旦观察到清洁样品表面的图像，就可以调节样品的位置或取向以获得感兴趣区域的图像。在最大视场或者小视场下，随后选择区域采用原子探针进行分析。在 eFIM 中，需要调整成像参数（对比度、亮度、衰减和整合时间），以获得最佳图像。

（5）随后增加电压以达到最佳成像条件，该对应的电压通常称为最佳图像电压（BIV），随之获得了最佳成像场（BIF），允许最多的原子成像，并获得最大对比度，如图 5.2(a)和(b)所示。

（6）试样通过场蒸发依次除去材料表面层，随后通过进一步的场离子成像研究样品的内部结构。在某些情况下，高电压或激光脉冲还可以用来诱发场蒸发。这个概念如图 5.1 所示，图中显示了脉冲激光照射纯钨样品在场蒸发过程中的一系列场离子显微照片。

5.2　场离子显微镜的操作空间

5.2.1　成像气体

　　成像气体的选择取决于将被成像的材料。表 5.1 列出了常用成像气体的电离场。为了获得最佳的成像,该气体的电离场必须低于样品的蒸发场,否则样品将连续场蒸发,无法形成正确的图像。这是因为成像气体原子在一个稳定的表面附近不会被电离而恶化了成像条件。图 5.2(d)和(e)显示了不能清楚成像的(002)极中心。图 5.2(f)显示了在样品场蒸发过程中,极的中心出现了梯层形貌,只有在成像差的条件下(高噪声,低分辨率)才会出现该现象。

　　由于 He 具有高电离场,因此通常用于具有高蒸发场的难熔金属,而 Ne 常用于其他系统[1]。有时也会使用 H,特别是 Si 表面的成像[2-4]。这些气体的组合也可以用来成像含有不同蒸发场的相的材料。事实上,在高电离场气体下表现为暗衬度的相,可通过低电离场气体立刻使其呈现为明亮的像,从而实现其可视化[5,6]。这种方法近几年应用于 FIM 马氏体钢三维成像中,同时将 Fe 基体和高蒸发场的碳化物成像[7]。

表 5.1　FIM 中常用成像气体的最佳成像场

气体	电离场/$(V \cdot nm^{-1})$
H	22
He	45
Ne	38
Ar	2
Kr	20
Xe	15

　　在试样中原子的蒸发场明显高于成像气体电离场的情况下,可能很难在场蒸发过程中观察到表面。事实上,如果场强度增加,电离的发生将进一步远离样品表面,从而不能精确成像。这种情况常常发生于难熔金属中,如图 5.3 显示的 W。然而,在 W 场蒸发过程中使用高电压或激光脉冲就可以获得清晰的图像,如图 5.1所示。如果样品温度保持很低,高电场成像气体可用于低蒸发场材料成像,并可能获得稳定条件。例如,在 He 气氛下,Al 的最佳成像温度应保持在 20K 左右[8,9]。实际上,场蒸发是一个热激活过程,当电场升高达到成像气体的电离场时,降低温度可能阻碍表面原子迁移。温度在控制稳定性和图像分辨率方面起重要作用,将在 5.2.2 节讨论。

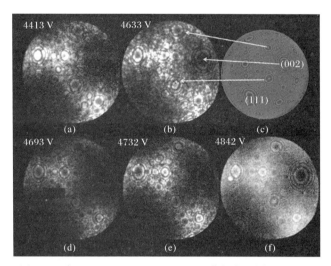

图 5.2　在 Cameca LEAP 3000HR 上获得在不同电压下的
纯 Al 样品的场离子像（成像经过反射器）

（a）和（b）25K、10^{-6}Torr Ne 气氛；

（c）与（b）具有类似取向的球模型；（d）～（f）10^{-6}Torr He 气氛

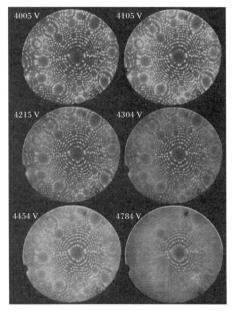

图 5.3　在 Cameca LEAP 3000X 上获得的纯 W 样品的系列 eFIM 像

10^{-7}Torr,He 气氛,30K。每个条件下施加在样品上的电压是指定的,
注意图像是如何随场强度的增加而逐渐变模糊的

5.2.2 温度

为了获得具有最佳分辨率的稳定图像,可能需要调整基础温度。对大多数合金来说,成像一般在 40~60K 进行。在此温度区间内,可获得高品质的影像而不引起样品在低温下发生脆化。然而,较高的温度导致成像气体原子的速度增加,会降低空间分辨率[10]。此外,在高温下,常常吸附在试样表面的杂质(水、H_2、制样或清洗残留的化学品等)会污染成像气体或迁移到表面使显微照片变得模糊,如图 5.4 所示。对铝及其合金来说,常常将温度设置为约 20K,以避免其较低的蒸发场而导致铝原子从样品中连续场蒸发[8]。

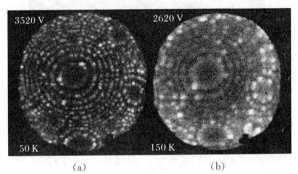

图 5.4　使用 LEAP 3000HR(通过反射器)在相同 He 气体压力下
同样的 W 样品在不同温度下的成像

(a) 50K;(b) 150K

在非常低的温度下,成像气体原子可以吸附在表面上,这可能会造成很严重的问题。如果试样温度保持在气-液转变温度以下,那么就可能在样品表面形成液态气体层,将导致对比度的损失并伴随显微镜照片的模糊。这是由于新形成的电介质层可平滑局部的场变化,而这种变化正是形成稳定和良好分辨图像的条件。当使用 He 气体成像时,最低工作温度远低于 20K。其他气体必须在较高温度下使用,如 Ne 气氛下约 30K。

在合金的情况下,改变温度可导致对比度产生显著变化,如图 5.5 所示。在图 5.5(a)中的富钛析出相很难与周围的 Cu 基体区分开,温度为 20K,其在图 5.5(d)中则变为清晰的暗区,温度为 80K。这种对比度的变化部分与局部曲率变化有关,随着温度的变化,有效蒸发场(见 3.1.1 节)会随物种和相的不同而不同[12]。

5.2.3 最佳成像场

一旦成像温度设定,气体引入腔室中,施加到尖端的高电压逐渐增加。随着电场增大,凸起、依附氧化物和由样品制备产生的表面污染首先发生场蒸发,因为

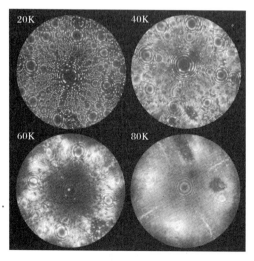

图 5.5　Cu-1at.％Ti 合金在四种温度下获得的场离子像

图像由鲁昂大学的 Frederic Danoix 博士提供

它们高的粗糙度和高的局部曲率会导致局部区域产生非常高的电场。这个初始的场蒸发过程会产生原子级的清洁表面。一旦样品是干净的,表面图像就开始形成。电压升高到称为 BIV 的值时,对应产生 BIF,它存在于任意组合的成像气体、金属或材料和温度条件下。该 BIF 已被确定为最高场,可在表面最凸出原子的正上方使成像气体原子电离,此处的电场呈现出局部最大值,而不是诱导表面原子的场蒸发[13,14]。常用的成像气体的 BIF 列于表 5.1 中。

5.2.4　其他参数

许多其他的参数会影响 FIM 实验的质量。例如,真空的质量或者说气体的纯度可以起很重要的作用。不同的污染物会有不同的电离场,这意味着它们:①可能在很低的场下产生图像;②导致图像模糊;③结合表面原子,甚至诱发气体辅助场蒸发,尤其在低温下;④凝结在样品上而部分地屏蔽电场,引起图像对比度的下降。

如图 5.6 所示,存在反电极时,样品和这个反电极的距离会影响达到适当电场所需的电压值[15-17],同时也有可能影响图像质量。如图 5.7 所描绘的,改变样品顶点的电场分布会影响整个电场分布,特别是样品顶点的电场强度。为了成像,极化的成像气体原子通过在表面连跳移向样品顶点,并最终被电离。在每次跳跃时,成像气体原子会丢失一些能量,该能量被传输到尖端,逐渐降低速度。因此,在电场内移动最远的原子释放的热能最多,速度最慢。原子横向速度的减少被认为是控制 FIM 空间分辨率的主要参数之一(见 2.1.3 节)。当使用反电极时,高强度电场朝向样品顶点,因此可能导致空间分辨率略有下降。这是由于在场电离之前成像气体原子的热适应较差。

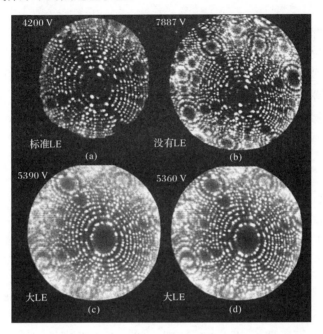

图 5.6　采用 Cameca LEAP 3000HR(通过反射器)在 19K、
$2×10^{-6}$ Torr、He 气氛下获得的纯 W 样品的 eFIM 像

(a) 标准局部电极、尖端直径约 40 μm;(b) 没有安装局域电极;(c) 和(d) 局域电极、尖端
直径为 1.5mm;(a)～(c) 样品采用激光点重新定位在同一位置;(c) 和(d)间的样品距离
局域电极 100 μm,注意这些照片中的成像电压、视场和成像质量不同,LE 为局域电极

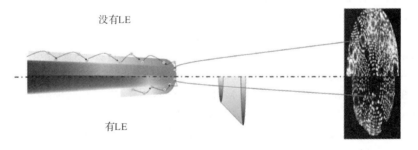

图 5.7　沿样品的电场分布示意图

图像上半部分没有安装局域电极,成像气体原子的热适应性降低;图像下半部分
表示安装局域电极,尖端处的电场进一步强化,标准局域电极尖端直径约 40 μm

5.3　总　　结

　　本章非常简要地概述了 eFIM 的实验操作。如果想了解场离子显微镜操作的更多细节,建议读者参阅有关书籍[9,18-23]。现有仪器一般很难适用于高分辨率场离子成像,但这种技术在材料的微观结构方面仍然可以提供非常有价值的见解,例如,材料科学家可采用原子探针层析技术以改善层析重构,这是一种不容忽视或被遗忘的潜力。

参 考 文 献

[1] Nishikawa O,Muller E W. J. Appl. Phys. ,1964,35(10):2806-2812.

[2] Kellogg G L. Phys. Rev. B,1983,28:1957.

[3] Melmed A J. Surf. Sci. ,1975,49:645-648.

[4] Koelling S,Gilbert M,Goossens J,et al. Surf. Interface Anal. ,2011,43(1/2):163-166.

[5] Muller E W. Science,1965,149(3684):591-601.

[6] Menand A,Alkassab T,Chambreland S,et al. J. Phys. ,1988,49(6):353-358.

[7] Akre J,Danoix F,Leitner H,et al. Ultramicroscopy,2009,109:518-523.

[8] Abe T,Miyazaki K,Hirano K I. Acta Metal. ,1982,30(2):357-366.

[9] Tsong T T. Atom-Probe Field Ion Microscopy:Field Emission,Surfaces and Interfaces at Atomic Resolution. New York:Cambridge University Press,1990.

[10] Forbes R G. J. Microsc. Oxford,1972,96:63-75.

[11] Wada M. Surf. Sci. ,1984,145:451-465.

[12] Ge X J,Chen N X,Zhang W Q,et al. J. Appl. Phys. ,1999,85(7):3488-3493.

[13] Tsong T T. Surf. Sci. ,1978,70:211.

[14] Brandon D G. Philos. Mag. ,1962,7(78):1003-1011.

[15] Smith R,Walls J M. J. Phys. D:Appl. Phys. ,1978,11(4):409-419.

[16] Huang M,Cerezo A,Clifton P H,et al. Ultramicroscopy,2001,89(1-3):163-167.

[17] Kelly T F,Camus P P,Larson D J,et al. Ultramicroscopy,1996,62(1-2):29-42.

[18] Miller M K,Cerezo A,Hetherington M G,et al. Atom Probe Field Ion Microscopy. Oxford:Oxford Science Publications-Clarendon Press,1996.

[19] Sakurai T,Sakai A,Pickering H W. Atom-probe Field Ion Microscopy and Its Applications. Boston,MA:Academic Press,1989.

[20] Müller E W,Tsong T T. Field Ion Microscopy,Principles and Applications. New York:Elsevier,1969.

[21] Miller M K,Smith G D W. Atom Probe Microanalysis:Principles and Applications to Materials Problems. Pittsburg,PA:Materials Research Society,1989.

［22］ Bowkett K M，Smith D A. Field-Ion Microscopy. Amsterdam：North-Holland Pub. Co. ，1970.

［23］ Wagner R. Field-Ion Microscopy. Berlin Heidelberg：Springer-Verlag，1982.

第6章 原子探针层析的实验方案

本章逐步描述原子探针层析实验中的每个步骤,从试样对准到可能的断裂(断裂常常表示实验结束)。讨论主要实验参数:基础温度、检测率和脉冲模式等的影响,以帮助原子探针用户了解其机理,以及这些参数如何改变数据收集,据此选择参数以获得最佳的实验数据。并介绍一组可用于评价数据质量的指标,其中的一些指标可以在实验过程中进行评价,包括数据集内的测量成分、信噪比、场解吸图的质量或多事件。当然,层析重构过程的质量是一个后验标准。

6.1 样 品 对 准

样品对准是在原子探针实验开始时,在采集数据之前进行的。在最早期的仪器设计中,通常将试样安装在倾转台上,允许精确地调整试样的取向。在进行原子探针分析之前,样品通常进行清洗、成形并在场离子显微镜下检查。由于可以探测的区域有限,因此分析位置的选择是至关重要的。调整试样的取向以将所选择的位置精确地定位在仪器的视场内。宽视场的原子探针问世就不再需要这个过程,尤其是当样品的取向已给定不能再进行调整时。

在大多数现代原子探针显微镜中,场解吸图像用于校准样品,如图6.1所示。影响样品校准的主要参数是顶点相对于反电极的位置。正如第2、3章中所描述的,试样的静电环境影响场因子 k_f[1] 和离子投影的图像压缩因子 ξ[2]。因此,精确控制样品与反电极的相对位置是十分重要的,或者将一个标准反电极定位在样品前几毫米或者使用扫描原子探针[3-7]定位在距离样品仅几十微米处。

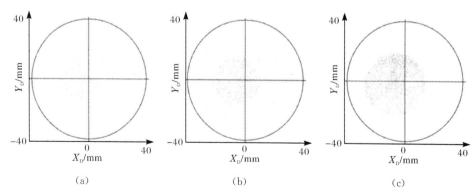

(a)   (b)   (c)

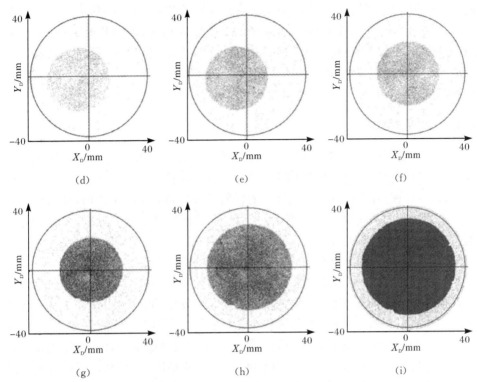

图 6.1　详细描述样品校准至局域电极原子探针的过程的
连续的场解吸图(Cameca LEAP 3000 X Si)
首先将样品移至反电极的中心,然后更近地移动样品以在分析前获得最大视场

　　当使用微电极时,尖端-电极间的距离也是很关键的,因为它控制仪器的视场。该电极充当离子束的屏幕部分,如图 6.1(g)~(i)所示。每个图像之间,尖端与电极的间距逐渐减小,从而增加了视场。微电极允许使用较低的电压以达到给定的电场。减小尖端与电极的间距确实增加了试样表面的电场,对于给定的电压,降低了 k_f 值[6-9]。在较低的电压下分析样品可提高成功率。然而,在实验过程中,电场不稳定或电场的突然变化会增加样品破坏的概率,因此在整个对准过程中必须小心地控制电压。严格地说,这个初步对准步骤的结束表示原子探针分析的开始。

6.2　质　谱　仪

　　当实验开始时,原子探针层析首先考虑的是质谱仪,根据每个检测到的离子飞行时间确定其质荷比,从而识别元素。原子探针层析的一个优势是它能够以相同效率检测从最轻的(氢)到最重的(铀或甚至较重的复合离子)所有原子。随着实验的进行,能够从每个探测到的离子的数据中获得飞行时间和位置的信息列表。该位置数据将用于构建所分析体积的层析重构,将在第 7 章详述。所有这些数据以电子文件存储,格式取决于所使用的仪器。附录 C 中包含了详细的最常见的数据格式。

6.2.1　离子的探测

第一步要了解离子飞行时间的测量原理。高压或激光脉冲被顺序地施加到样品上。每个脉冲后,在给定的持续时间内启动时间测量设备,对应于所谓的"检测窗口"。在该检测窗口内,探测器上的任何信号如果高于给定阈值,那么将被视为在蒸发脉冲的时间内产生的离子。因此,可以计算每个信号对应的飞行时间。通常在开始测量时间的瞬间与实际使用脉冲的瞬间存在差异,导致在飞行时间标尺上出现一个位移 t_0。所有这些方面都概括在图 6.2 中。

每个脉冲产生一个关联的事件。由于场蒸发是一种概率现象,不是所有的脉冲都可导致离子离开试样,因此无离子发射也会发生,同时也可能产生一个脉冲激发一个或多个离子,分别称为单事件或多事件。检测率是实验参数之一,可简单地表示为每个脉冲发射的平均原子数。实验一般通过逐步调整控制电压以使检测率保持在恒定的水平。值得注意的是,在某些情况下,尤其是当检测重离子或复合离子时,由于检测窗可能太短,因此不能准确检测到样品发射的所有离子。事实上,由于重离子的飞行时间可以长于检测窗口,因此当在随后的一个时间窗口内检测重离子时,可能会检测不到或者不能正确识别。对于后者,这些离子贡献给质谱的背底,通常表现为在低质荷比(10～30Da)时出现的宽峰。

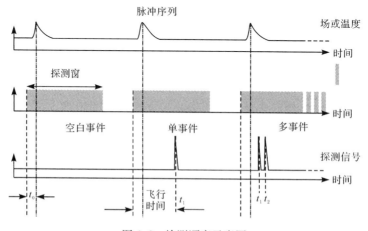

图 6.2　检测顺序示意图

6.2.2 质谱

检测到离子后,可以只考虑势能和动能,根据公式将飞行时间转换成质量-电荷状态比,通常简称为质荷比 M,假设离子离开表面时初速度为 0:

$$M = \frac{m}{n} = 2eV\left(\frac{t_{\text{flight}} - t_0}{L_{\text{flight}}}\right)^2$$

其中,L_{light} 为飞行距离;t_{light} 为测量的飞行时间;t_0 为时间位移;V 为总电压;e 为电子的基本电荷;M 的单位用 Daltons(Da)表示;但传统 M 值表示为原子质量单位(amu)每库仑(Coulomb)或更简单地表示为 amu。

通常将检测到的离子质荷比用图形表示,称为质谱。图 6.3 显示了纯钨的质谱,采用线性和对数做图。两个系列的峰值对应于两种不同的电荷状态:W^{4+} 对应的 M 值在 45~47,W^{3+} 对应的 M 值在 60~62。每个电荷状态内的单个峰对应 W 的稳定同位素,所占的比例如图 6.3(a)所示。可以将区分不同同位素的能力同质荷比相结合,来明确鉴定与每个质量峰相关离子的化学性质。对于多组分材料(图 6.4(a)),如果发现一系列的峰,那么它们分别对应于每个种类的原子及它们各自的同位素(图 6.4(b))。

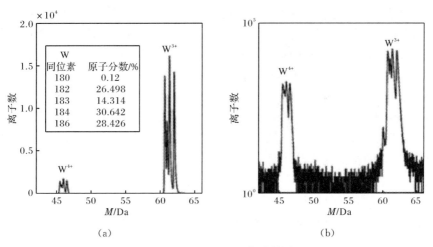

(a)   (b)

图 6.3 35K 下纯 W 的质谱图

(a) 线性标尺;(b) 对数标尺

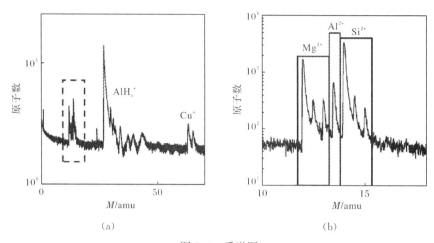

图 6.4　质谱图

(a) Al-Mg-Si-(Cu)合金；(b) 图(a)中用长方形虚线标出的在 10-18Da
区间的放大图，分别为 Mg^{2+}、Al^{2+} 和 Si^{2+} 峰

6.2.3　质谱的形成

质谱包括一套位于背景以上的质量峰。从理论上讲，质量峰的上升沿可采用阶梯函数的形式。事实上，由于离子只可以获得有限的能量，因此一个特定种类的离子存在一个最短飞行时间。由于离子不能获得可用的所有能量（能量欠额）或者离子在脉冲过程中发生场蒸发，这个尖锐的上升沿后面会跟随一个下降。然而，实验峰的实际形状是更复杂的函数。在各种测量中存在的统计误差，如电压、飞行时间和飞行路径，必须考虑在内。

在高压-脉冲模式下，如 3.2.3 节所述，峰尾主要是由能量欠额[10,11]造成的。因此，相当多的材料或实验条件下峰形是相似的。在激光脉冲模式下，如 3.2.4 节所述，拖尾的传播在离子蒸发的瞬间，由于热脉冲的持续时间有限，在样品表面温度降低过程中原子可以被场蒸发[12-14]。与高压-脉冲不同，由于表面冷却时间强烈地依赖于试样的几何形状以及材料的热传输特性，峰形可以因分析方法的不同而有很大差异[15-17]。

此外，如图 6.5(a)所示，离子飞向探测器中心的距离要短于离子到达探测器边缘的距离，这将导致具有相同质荷比的离子飞行时间出现差异。图 6.5(b)表明，当没有校正每个原子飞行距离相对应的冲击位置时，就会出现方且宽的质量峰。可以使用如毕达哥拉斯定理来估计离子的实际飞行距离，对飞行距离进行基本校正，这将大大提高质量分辨率。

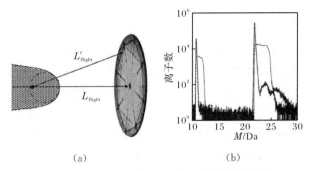

图 6.5　离子飞行距离的差异对质谱结果的影响

(a) 不同的飞行距离对应不同的撞击位置；(b) 纯铝样品
质谱分析中，没有进行位置校正(虚线)和基于毕达哥
拉斯定理(实线)进行的基础校正间的峰存在位移

　　事实上，飞行时间的等值面(如均匀飞行时间的表面)是弯曲的表面。一种更先进的处理方法，通常称为 bowl 修正，是基于一个迭代过程来估测最佳拟合的表面，可以更准确地估计具体到每个离子的实际飞行距离。这种方法中，要在飞行时间谱上选出一个值，并且所选择的离子探测器坐标是二维的。假定该峰的所有离子具有相同的质荷比，飞行距离逐渐调整在每个方柱内，以尽量减少在质谱中峰的扩展并优化质量分辨率。这些程序通常可以在商业软件中操作，并常用于宽视野的现代原子探针中。

　　图 6.5(b)为纯铝试样的质谱，峰值出现在 13.5Da 和 27Da。图中观察到的位移没有考虑如 6.2.2 节所述的时间位移 t_0。该时间位移的值一般是仪器校准的一部分，它源自电缆与电子设备传播距离的延迟。较高电压导致更短的飞行时间，因此相应计算出的质量会发生变化，特别是电压在分析过程中发生很大改变的情况。

　　质谱的最后一个组成部分是背底，在图 6.4 中清晰可见。背底主要有几个来源：第一，来自腔室或吸附在样品表面污染物的残余气体原子或分子在强直流电场作用下电离并且在任意瞬间到达检测窗口(图 6.2)。第二，微通道板本身也产生噪声，这也会形成质谱中的背底。事实上，它们的表面发生高度充电且放电时并不对应于某个离子的到达。平均来说，微通道板的表面每秒每平方厘米约放电1 次。如果在检测窗口发生放电，那么我们认为该信号是由离子到达检测器造成的，从而得出质荷比和位置。由于这些放电和残余气体电离在时间上是随机分布的，因此它们在飞行时间谱上显示为一个稳定的背底。还有其他因素会形成背底，而且与质峰有关。这些常见的假象将在下面的章节中进一步讨论。

6.2.4　质量分辨率

适当的校准时间位移 t_0 和飞行距离 L_{flight} 是提高质谱品质和元素识别精度的关键。质谱的品质一般由质量分辨率表征,在原子探针层析分析中通常定义为 $M/\Delta M$,其中 ΔM 为不同高度峰的宽度:50%(半高宽(FWHM))、10%(全 1/10 最大值时的宽度(FWTM))或峰值最大值的 1%。当使用较低高度时,由于质峰的拖尾,测量分辨率较低。对于宽视场现代原子探针中高压-脉冲模式下的质谱,FWHM 质量分辨率通常约为 500,而 FWTM 分辨率只有约 100。当设备使用能量补偿(如反射器[18-20]或双反电极[21])时,质量分辨率可以大大提高,达到 400FWTM[22]。在激光脉冲模式下,已经报道了直线飞行路径仪器的分辨率高于 1000FWHM[23-25]。

然而,在这两种脉冲模式下获得的质量分辨率随分析条件变化而变化,例如,脉冲分数、温度、电压和尖端的几何形状都会影响仪器的质量分辨率。如图 6.6 所示,激光脉冲模式下的质量分辨率与高压-脉冲模式下相比时好时坏,这些变化在实验中也会观察到。半高宽主要受测量时的统计误差影响,而蒸发造成的影响在接近峰基部变得更加显著。这些误差可以用高斯函数的卷积来建模,因此质量分辨率可以表示为

$$\frac{M}{\Delta M} = \frac{1}{\sqrt{\left(\dfrac{\sigma_V}{V}\right)^2 + \left(2\,\dfrac{\sigma_{\text{flight}}}{t_{\text{flight}}}\right)^2 + \left(2\,\dfrac{\sigma_{\text{flight}}}{L_{\text{flight}}}\right)^2}} + f_{\text{pulse}}(t_{\text{d}})$$

其中,V 为总电压;t_{flight} 为飞行时间;L_{flight} 为飞行距离。第二项 $f_{\text{pulse}}(t_{\text{d}})$ 表示与脉冲模式和离子离开表面的 t_{d} 有关的分辨率损失。σ_V、t_{flight}、L_{flight} 分别为电压测量值

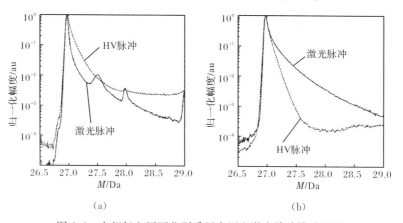

(a)　　　　　　　　　　　　　　　(b)

图 6.6　在相似电压下分别采用高压和激光脉冲模式进行
分析的两个 Al 合金样品质谱中的 Al⁺ 峰

误差的标准差、飞行时间、飞行距离。测量误差一般假定为正态分布,可以使用高斯函数建模。因此,可以直接测量这些标准差,这直接关系到测量精度,获得的时间测量精度好于 100ps。电源的稳定性也是优异的,好于几伏/10kV。最后,飞行距离误差是难以估算的,现代的探测器最好水平小于 1mm[26],相对于飞行路径本身(90～250mm)已足够小。由于实际飞行距离的估算较差,因此实际误差比统计误差更重要,如图 6.5 所示。

与场蒸发相关的影响,在计算质量分辨率时由 $f_{pulse}(t_d)$ 计入考虑,在高压和激光脉冲模式下各不相同。在高压脉冲模式下,不是所有的离子都可获得可用的整个能量(即能量欠额),这将导致离子速度分散,进而飞行时间分散,这些影响可通过能量补偿装置,如反射器[18,20,22,27]进行校正。在激光脉冲模式下,飞行时间分散是由于热脉冲的缓慢冷却导致场蒸发延迟。因此,可通过使用不同的照明条件(波长、脉冲持续时间、对焦等)来获得较快的表面冷却速度,和/或改变试样的几何形状,来提高质量分辨率。Cerezo 等[24]、Bunton 等[25]和 Houard 及合作者[28,29]研究了这些参数的影响。

飞行时间对质量分辨率的贡献是带来与飞行时间本身有关的误差,增加离子的飞行时间有助于提高质量分辨率,这适用于两种脉冲模式。因此,实验过程中的电压增加,质量分辨率略微降低,对较高质量的离子来说,质量分辨率降低会更小些。在 20 世纪 80 年代初,Tsong 及其同事通过使用装备有很长飞行路径的激光脉冲原子探针,获得了数千个不同的质量分辨率[30]。在激光脉冲模式下,更长的飞行路径是特别有利的,因为具有相同能量的所有离子以相同速度行进,这意味着原子质量不同引起飞行时间不同,进而导致场蒸发不同,因此增加离子的飞行距离将减小飞行时间分散。获得较长飞行时间的其他方法包括使用延迟电位来减慢离子速度从而增加它们的飞行时间,或使用反射器增加飞行路径[31]。在高压脉冲模式下,增加飞行路径从而降低了时间测量误差,然而能量欠额导致离子速度差异,更长飞行路径带来的质量分辨率增加在激光脉冲模式下变得不显著,因为飞行时间差随距离增加而增加。

6.2.5 常见假象

1. 氢化物

在原子探针数据中,由氢化物产生的峰是常见的假象。在图 6.7[32]中,Al^+ 峰后面出现的一系列峰中,第一个峰可能对应于铝氢化物。它们最常在具有较低场蒸发的材质如铝或与氢具有较强亲和力的材质如 Zr 中观察到。当一个氢原子吸附于试样表面的原子时,场蒸发这种复杂分子所需的电场比单独原子低[33]。由于这个原因,往往在分析开始时且在试样表面的低场区域内可观察到这些信号。

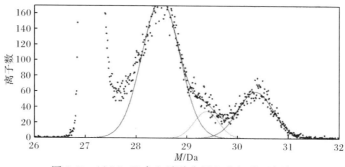

图 6.7　Al-Mg-Si 合金质谱分析中观察到 Al⁺ 峰，
并观察到不同氢化物的峰

实线为采用高斯函数拟合的峰，可见峰移向预计位置 28Da、
29Da 和 30Da（根据 de Geuser 改编[32]）

正如所预期的，一般不会在整数 Da 处观察到氢化物。这可能是因为在尖端附近的场仍然足够强，能够分解这样的复合离子（$AlH_2^+ \longrightarrow AlH^+ + H^+ + e^-$），而离子分解会导致能量损失，一个或多个电子可再回到样品，因此常常观察到与氢化物和单个氢离子相关的到达，如图 6.8 所示。图 6.8(a) 显示了 Al-4wt%Cu 合金的质谱，图 6.8(b) 为同一个区域发生多事件的质谱（见 6.2.1 节）。由图可以看出，在原子到达的多事件质谱中，氢的浓度要高得多，实验中检测到约 60% 的氢来自多事件。离子的分数如此高可能表明其为分子离子分解的产物。近期采用统计法研究多事件的数据以搜索材质间的相关性，为此类过程提供了进一步的证据[34]（此类方法的更多细节见 8.1.4 节）。

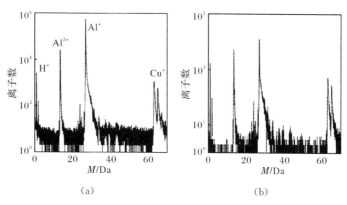

(a)　　　　　　　　　　　　　(b)

图 6.8　Al-Cu 合金质谱

(a) 所有原子；(b) 仅显示以多事件到达的原子

2. 脉冲引起的振荡

如图 6.9 所示,当在较高脉冲振幅下分析时,在场蒸发材质的主要峰后面,有时可以观察到一系列振荡。这些宽峰认为是不完美的阻抗适应导致脉冲反射,从而引起高电压脉冲振荡造成的。

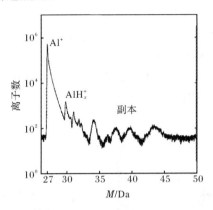

图 6.9　使用 Cameca LEAP 3000 X Si 获得的 Al-Mg-Si 合金中的 Al⁺ 峰
同时显示了氢化物和脉冲副本

其他假象可以导致主峰后拖尾。以相对较大角度发射的离子可以在腔室壁上反弹,失去动能或只是有一个较长的飞行路径增加它们的飞行时间。如果检测到该离子,那么它的质荷比将会较高,这是一种典型的 MCP 假象,称为离子反馈。这与通过在 MCP 背面和延时线的探测器之间的电子级联产生残余气体原子的电离有关。随后离子加快飞向 MCP,诱发了一个新的电子级联。这种效应在很大程度上可以通过正确设置探测器,如 MCP 增益、探测器阈值等来避免。

在激光脉冲模式下,有时在主峰之前会观察到一系列峰。Gilbert[35]发现这些峰可以归因于 Pokels 盒,用在激光谐振腔中,从腔中发射激光脉冲并发送到样品。这种脉冲是一个脉冲串中最高的,在放大过程中振幅逐渐增大。然而,前面的峰发出的光可以由腔体释放而到达样品,引起场蒸发。使用第二个 Pokels 盒过滤激光脉冲可解决该问题。

6.2.6　元素识别

质谱包含材料的元素成分信息,即分析体积内每个种类的相对原子数。下一步就是识别这些不同的元素和定义对应于每个元素的 M 值范围。

1. 识别

识别一个未知质峰的首要信息是其在质谱中的位置和其同位素的分布。

图 6.10 示出多个不同元素的峰,其中一些具有几种同位素。理论上,该同位素比保持不变。例如,图 6.10 中标为灰色的位于 12Da、12.5Da、13Da 的系列峰,考虑它们的位置和相对幅度,只能对应于 $Mg^{2+[24]}$、$Mg^{2+[25]}$ 和 $Mg^{2+[26]}$。然而,如果背底水平过高,较低质量同位素的峰尾重叠,那么可将微量同位素的峰隐藏。大部分的原子都在已知的价态检测到[36,37],因此可以在质谱中精确地确定位置。最常见材质的质荷比见附录 I 和 J。

检测到的一种元素的价态与两个参数直接相关:它的蒸发场和每个种类不同价态的相对量可由后电离理论推导[38-40]。数量最多的物种的蒸发场表明其尖端顶点的场可用于确定现有其他元素的价态。但是,析出相的存在可导致局部电场不同,如可改变物种价态比例(见 3.1.1 节)。

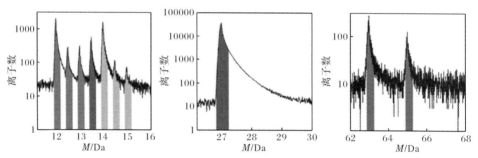

图 6.10　Al-Mg-Si-(Cu)合金质谱的模拟
其中存在不同的同位素,不同灰度的填充区域对应特定元素的质量范围

2. 络合离子

在原子探针分析中常常遇到由原子组成的离子。它们称为分子离子、络合离子或离子簇,可能涉及一个或多个原子种类。当含有几个同位素的元素形成分子离子时,这些分子离子包括所有单个同位素的组合。这导致不同的同位素峰之间出现新的峰,如图 6.11 所示的 Sb。对应 $^{121}Sb^{1+}$ 和 $^{242}Sb_2^{2+}$ 的峰重叠,但复合离子 $(^{121}Sb+^{123}Sb)^{2+}$ 的存在导致在 122Da 出现了一个额外的峰。基于天然同位素丰度可以计算分子离子质峰的相对振幅。这些新峰在质谱中不寻常的位置出现,使识别这些峰变得困难。但是,新峰出现在 122Da,使得可以精确地量化 $^{121}Sb^{1+}$ 和 $^{242}Sb_2^{2+}$ 对 121Da 峰的贡献,考虑这些复合离子允许调整测得的浓度[41]。处理这个问题的方法将在 8.1.2 节讨论。

3. 质量范围的定义

质量范围的定义是任何化学分析或进一步数据处理的先决条件,包括对分析体积的三维重构。质量范围是由两个质荷比定义的,$M_{min}(i)$ 和 $M_{max}(i)$ 分别对应

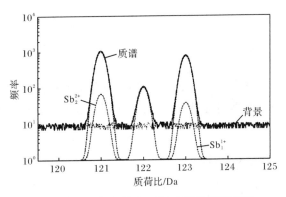

图 6.11　含有 Sb^{1+} 和 Sb^{2+} 离子的模拟质谱

于峰的下限和上限。在这些范围内的离子对应于相关的元素,每个元素对应一个或多个质量范围。定义质量范围没有现成的规则。由于能量欠额或场蒸发瞬间的离散导致飞行时间宽化,一个飞行时间谱内峰的宽度是不变的。然而,质荷比与飞行时间的平方成正比,因此峰的宽度不恒定,但随质荷比的增大而增大。由于以上因素,很难建立一个普适的程序。

通常情况下,质量范围定义基于个人经验和习惯。通常在前缘开始一个质量范围并调整范围以包含部分拖尾。近年来整个原子探针业界已发起建立标准[42],但还没有达成共识。超过 50 个原子探针使用者提出从模拟已知成分的质谱图生成一系列文件。从这些不同的范围测得的成分波动高达 10%。尝试建立定义质量范围的一般过程,Hudson 等系统地研究了定义质峰和估计背底水平的几个潜在指标[43]。他们发现,从模拟的质谱测定最准确的成分可通过以下组合获得:①减去通过拟合 $m^{-1/2}$ 函数估算的随机事件贡献的背底水平,②峰高宽度定义的范围的 9/10(FW9/10M)。必须进一步研究确保这些指标具有广泛的应用。

4. 范围文件

一个数据集中与范围有关的信息通常存储在与数据集相关联的文本文件中。存在多种格式和扩展名(如.rng、.rrng、.env),这取决于所用的操作平台和用于处理或可视化数据的软件(更多详细信息请参阅附录 C)。首先,范围文件中填入每个质量范围的下限和上限。于是一个识别相应物种或离子簇的标签与每个质量范围建立关联。其次,每一个物种或分子离子与所谓的原子体积相关联。这个原子体积用于建立层析重构程序,将在下面的章节讨论。通常也包括用于可视化的颜色代码。一些范围文件还包含其他与仪器相关的元数据,用于获取需要进行重构或特定处理的数据(飞行路径、脉冲分数等)。

6.2.7　成分测量

1. 定义

元素识别取决于各个峰质量范围的定义,成分可通过简单地计算每个物种的原子比获得。假设一个多组分材料由 i 个不同的元素组成,则元素 j 的含量 C_j 可表示为

$$C_j(\mathrm{at}\%) = \frac{\sum\limits_{M_{\min}(j)}^{M_{\max}(j)} N_{\mathrm{at}}(M)}{\sum\limits_{i\,\mathrm{elements}} \sum\limits_{M_{\min}(j)}^{M_{\max}(j)} N_{\mathrm{at}}(M)} \times 100 = \frac{N_{\mathrm{at}}(j)}{\sum\limits_{i\,\mathrm{elements}} N_{\mathrm{at}}(j)} \times 100 = \frac{N_{\mathrm{at}}(j)}{N_{\mathrm{at}}} \times 100$$

式中,$N_{\mathrm{at}}(M)$ 为质谱中质量是 M 的原子数;i 表示 $M_{\min}(i)$ 和 $M_{\max}(i)$ 之间的每个元素;$N_{\mathrm{at}}(j)$ 为物种 j 的总原子数;N_{at} 为任何范围内的总原子数。以这种方式获得的成分是一个原子比,并给出原子百分比。只考虑统计变化,成分测量的精度 σ_j 由下式给出:

$$\sigma_j = \sqrt{\frac{C_j(1-C_j)}{N_{\mathrm{at}}}}$$

这种成分测量的不确定性只涉及统计变化,并没有考虑诸如此类问题,例如,多事件中潜在探测离子的特定损失和探测器上的离子堆积(见 3.2.1 节),这些问题将在本章的后面进行讨论。

2. 备注

值得注意的是,在不同元素具有相同质量同位素的情况下,存在等压重叠,进行成分测量时必须考虑此重叠。如果两个物种的同位素比例是已知的,那么在这两个峰没有重叠的前提下,每个物种的相对原子数量可以通过测量两个同位素峰的振幅来推断。此外,当检测到络合离子并计算其成分时,考虑原子数而不是分子数是十分重要的。这些具体问题将在第 8 章讨论。

6.2.8　可探测性

可探测性是指探测到一个给定的原子物种的能力,这意味着能够检测可识别质峰,并精确读出检测到的离子数量以计算其浓度。衡量可探测性最主要的指标是检测到的原子数目。的确,由于上述统计变化,测量一个浓度下元素的含量,例如,浓度为 200×10^{-6} 时要达到精确率为 50×10^{-6},必须收集超过 10 万个原子。当分析极稀半导体时,注入剂量可低于 10^{-9} 数量级,此时这种计数统计会成为一个大问题。

衡量可探测性的第二个主要指标是质量分辨率和信噪比。事实上,质谱相应区域内,只有幅度高于背底水平的峰才能被区分出来。而且对于一个给定原子数目的峰,更好的质量分辨率导致更尖且更高的峰,利于其在背底之上被检测到。因此,探测性主要受信噪比影响,信噪比存在几个定义,最相关的是要考虑峰值与质谱中相应区域背底水平的比值。

将原子探针层析的可探测性简化为单一值是个复杂的问题。质量分辨率和背底水平的数据集间存在很宽的可变性,这与实验条件关系很大,如分析过程中真空室的真空度、样品表面的污染、脉冲模式和样品形状等,每个实验中的这些条件都是不同的。最终,这些方面影响了 APT 的显微分析能力,很多时候用于评估其分析质量,如 6.5 节所述。

6.3　操 作 空 间

可以调节几个实验参数以优化 APT 所得到的结果:离子的飞行距离、脉冲模式和速率、脉冲分数、检测率和基体温度。这些不同参数的取值范围限定了一个操作空间,应仔细探讨以确保最高质量的数据。这些不同参数的影响在以下部分进行讨论。

6.3.1　飞行路径

可以通过设计原子探针来改变样品到探测器的距离,通过增加离子飞行时间来大幅提高质量分辨率,如 6.2.4 节所讨论。但是,更长的飞行路径也会造成视场的减小。因此,当要求宽视场时,长的飞行路线是不可取的。此外,当使用较短的飞行路径时,样品设置的距离反电极足够近以充满探测器,由于离子到达探测器前在腔室壁反弹,因此增加飞行路径会导致主峰后随之出现宽的驼峰(见 6.2.1 节)。该问题可以通过将样品向后移动远离电极来解决,使大角度射出的离子被电极捕获而不是被墙壁反弹。

增加飞行长度也可增加失败率,特别是对于脆性材料。视场的减小降低了样品的成像表面积。因此,如果飞行距离增加,探测速度保持恒定,那么试样顶点处的电场也将增加,因为对应于一个给定的探测率,电场随飞行路径变长而增强。电场的轻微增加会提高样品的断裂概率。

6.3.2　脉冲分数和基体温度

如第 3 章所介绍的,在给定速率下所需诱发场蒸发的电场取决于样品表面的温度。这可以影响原子探针层析显微分析的能力,特别是当样品中含有大量具有不同场蒸发的原子时。事实上,实验条件必须是场蒸发直接由高压和热脉冲触发,否则,离子的飞行时间不能与特定的脉冲相关联,因此离子只会被检测为背景的一部分。直流场必须保持足够低,使脉冲间的场蒸发概率降至最低。调整原子探针层析的两个主要参数:样品的基础温度和脉冲场的振幅或高压及热脉冲的温度。

1. 高压脉冲模式

在高压脉冲模式下,调整脉冲分数以避免试样表面上任何给定的物种优先离开或保留。如图 6.12 所示,黑点对应物种 A 和 B,它们的场蒸发由高压脉冲控制(1 和 4)。为便于对比,这两个方案的对比度用灰色符号表示。方案 2 中,A 原子具有较高的蒸发场,将优先保留在表面上,这是由于脉冲场没有高到足以触发场蒸发。方案 3 将导致 B 物种的优先蒸发,这是因为 B 原子的场蒸发可由温度和DC 电压的组合引起,而不需要脉冲电场。

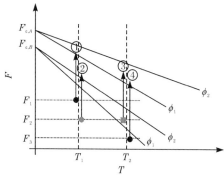

图 6.12　不同场与基体温度组合的电场和基体温度校准示意图

箭头表示脉冲场,ϕ_1 和 ϕ_2 是蒸发率,$F_{e,A}$ 和 $F_{e,B}$ 是 A 和 B 的蒸发场,F_1、F_2 和
F_3 是不同的 DC 场,1 和 4 代表良好分析状态(黑点),2 相当于 A 的优先
保留(灰点),3 相当于 B 的择优蒸发(灰方块)

2. 激光脉冲引起的热脉冲

对于热脉冲存在同样的假定,然而箭头将是水平的而不是垂直的。包含多个元素的材料中,可能难以找到正确的分析条件,必须找到所有不同蒸发场和温度之间的平衡点。然而,在热脉冲模式下,DC 场通常低于高压脉冲模式,这可能降低优先蒸发的可能性。

3. 选择正确参数的重要性

精确测量成分具有最优空间分辨率,需要仔细选择温度和脉冲比。择优蒸发会导致具有较低场蒸发的特定原子的损失。此外,由于原子被检测到的顺序用于层析重构[44,45](见 7.2.1 节),因此任何择优保留都会降低层析重构的深度分辨率[46]。由于表面很强的电场梯度,原子保留在表面上也更容易迁移[47]。这种效应影响横向分辨率,因为重构中的原子会出现在迁移后的位置而不是它的原始表面位置。

6.3.3　选择脉冲模式

如第 3 章所述,有两个主要脉冲模式:高压和热脉冲。研究已表明,在高压脉冲模式下遇到的许多问题与实验参数选择不当有关[48,49]。该技术的空间分辨率已经被很好地表征[50-52],因此,高压脉冲实验的控制水平目前是非常高的。

利用激光或热脉冲(或应该是)的一般动机是无法对低电导率或脆性材料进行高压脉冲实验。导电不好的材料由于有限的电子速度会改变电脉冲的形状,这往往会扩大脉冲的宽度[53-55]。已经提出一些解决方案来克服这个问题,如增加脉冲持续时间,可以限制脉冲宽化,但大大降低了仪器的质量分辨率[53]。

热脉冲不受样品电导率的限制,是此情况下场蒸发的发生是由样品温度的暂时增加导致的[12,17,25,30]。当温度升高时,对于给定的激光脉冲能量,因样品的吸收性质或具体几何形状的差异可随样品的不同而改变[15,16,23,28,29,56],所以理论上可以分析大多数的固体材料,其中包括电阻率非常高的陶瓷[57-59]。热脉冲模式使用较低强度的 DC 电场,可帮助减少 DC 场蒸发的概率,从而减少不同实验参数测量成分时的差异。然而,由于在这方面的报道仍然是有限的,因此这个建议有待验证[60,61]。

此外,激光脉冲给出了大量的新参数,调整这些参数可以优化原子探针分析。波长、脉冲持续时间[25]、激光斑的大小和其沿着试样柄的位置[24,25]、激光的偏振方向[23,62,63]和波长[25,29]都可以调整以优化原子探针分析。例如,降低激光的光斑尺寸可以提高质量分辨率[13,16,25,64],这是由于减小了样品尖端加热区域的大小。当由于限制效应朝向试样尖端的吸收大大增强时,有些作者认为这种影响相对最小[14,17,29]。光的偏振方向已经证明对这些吸收现象具有显著影响[28],因此一般保持恒定,平行于试样轴线。其他的偏振方向可以用于改变波长以最大化在特定波长的吸收[28]。脉冲持续时间的影响预计是有限的,由于场蒸发的持续时间受热脉冲持续时间的控制,因此该持续时间超过激光脉冲。热脉冲的持续时间取决于被加热区域的大小,当激光脉冲的持续时间短于电子-声子耦合时间(<1ps)时,情况有所不同,电子仅在这段时间内携带热量[65]。

热脉冲具有很高的灵活性,但会给进一步处理数据的参数带来不确定性。例如,由于激光照射的一侧产生较显著的吸收,因此会导致样品形状不对称[66-68],重构[69]会受影响。此外,场蒸发过程中,样品表面达到更高的温度可降低空间分辨率[70,71]。更高温度也会增强有害的热激活过程,如表面扩散(见 2.3.3 节)。较低强度的直流场使样品表面形成氢化物或氢氧化物,从而增加了残留气体影响数据的可能性。

6.3.4　脉冲率

除了少数例外,较高的脉冲率一般适于原子探针分析。然而,如果分析的是大分子离子,那么就需要降低脉冲率。较高的脉冲率转换成时间较短的检测窗口(见 6.2.1 节),但重分子离子的飞行时间可能太长以至于不能被其中的窗口检测到,导致这些离子产生一定损失。必须减小脉冲率以适应这些复杂离子的飞行时间。化合物半导体一般为大分子离子[72-76],在此情况下具有较低重复率。

在高压脉冲模式下,当样品在较强电场下保持平均时间以上时,较高的脉冲率转化为更长的时间。在较强的电场下,残余气体被电离而远离表面,并且通常检测不到。这表明一个原子离开表面常常使其周围的原子变得非常不稳定[77]。在脉冲过程(与场蒸发有关)或脉冲结束长时间后(DC 场蒸发),这些原子已被证明更容易场蒸发[78]。这就解释了一个脉冲激起场蒸发后,随后的几个脉冲会检测到大量离子的现象[77]。直流场蒸发的原子在分析时丢失。较高的脉冲率增加了由一个脉冲触发这些原子场蒸发的可能性,使它们得以识别。这样的结果有局限性,Miller 等[49]发现高压脉冲率对各种材料成分的测量效果不显著。

与此相反,对于热脉冲,高脉冲率可能会产生问题。如果两个脉冲间的时间不能将热量从试样表面转移,那么温度积累将导致质量分辨率的大幅度下降和背底水平的增加,较高的温度有利于吸附在表面上的剩余气体随着原子场蒸发而解吸,留下不稳定的相邻区域。据报道,温度积累会影响半导体纳米线的数据[79],其几何形状对热传导具有挑战性,因为它们没有锥角或者锥角非常低。

6.3.5　检测率

原子探针层析实验一般在一定的检测率下进行。目标检测率 Φ_D 常常设为平均每 100 或 1000 个脉冲几个原子,通常在 $0.2\%\sim0.5\%$ 原子每个脉冲,可表示为

$$\Phi_D \propto \varepsilon_D N_{at} \exp\left(-\frac{Q(F)}{k_B T}\right)$$

其中,ε_D 为检测效率;N_{at} 为样品表面成像原子;指数因子反映了场蒸发的概率,从而也反映了蒸发率。因此,检测率直接与电场振幅相关。由于原子从表面场蒸发,因此样品逐渐钝化从而降低了电场强度并增加了成像面积及 N_{at}。为了补偿这种尖端半径的增大,增加电压以维持恒定的探测率。然而,如果 N_{at} 也增加,那么增加的电压就不能补偿电场的下降,从而使原子探针实验在缓慢变化的电场下进行。

目标检测率的改变可有效地转换成表面电场的变化(增加检测率将对应于较强的场),这很可能对原子探针结果产生影响。例如,将样品保持在较强的电场

中,每个脉冲产生足够的离子,这会导致样品更可能受到破坏(见 6.4 节)。随检测率的增加,多事件的比例也随之增加,这可能是由于在更强电场下相关的场蒸发增强[49,76,77],同时分子离子场分解的概率增大[61,76]。当检测率较高时,背底的相对振幅一般是较低的[49]。此外,直流蒸发是很关键的,较高检测率减少了脉冲之间原子场蒸发的概率,因此增加了成分测量的准确性[80]。在更高的电场下,检测率较高,是由于残余气体在远离样品尖端处发生电离,因此它们对测量的影响就会减少。最终,检测率应保持尽可能高,且保持满意的样品检测成功率。

6.4　样 品 失 效

大部分原子探针分析的终止是由于试样的断裂。正如第 4 章所讨论的,试样断裂一般认为与施加的产生场蒸发所需的电场造成的非常强烈的静电压力有关[81,82]。试样的破裂或断裂常常称为闪烁,是试样破坏的瞬间在 FIM 屏幕上观察到的光的闪烁。

不是所有断裂都导致尖端的完全破坏。微观断裂一般表现为检测率的突然下降,这将导致电压的快速增加,如图 6.13 的电压曲线所示。球形尖端在断裂后伴随解吸图发生轻微改变。例如,视角的改变会导致图像的压缩系数和分析电压的变化。在这种小规模破裂的情况下,尖端形状往往恢复其平衡的最终形式。场蒸发样品剩余区域会导致这种情况的发生。有时,这样的恢复需要场蒸发数万的原子,图 6.14 显示了一个纯铝分析时遇到小裂纹的连续解吸图。

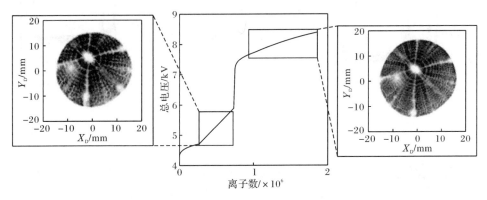

图 6.13　纯 W 分析中的电压曲线

其中插入图显示了尖端闪烁前(左)和后(右)所对应的解吸图

有时,断裂的程度过于严重导致尖端不能恢复。断裂之后,当仪器试图达到目标检测率时,探测到的离子缺乏,导致样品电压快速增加,如图 6.15 所示。然而,在这种情况下,解吸图谱和质谱均表明该试样是断裂的。解吸图并不是均匀

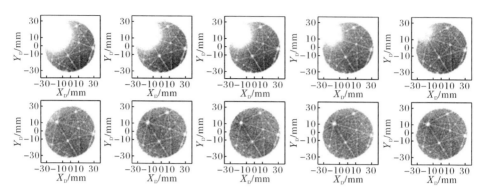

图 6.14　含有小裂纹纯铝样品发生恢复时的连续解吸图(每个包含 10^5 个原子)

填充的,质谱主要由与直流场蒸发有关的噪声组成。解吸图中所显示的是高度局部化的探测,是一个典型的断裂试样。

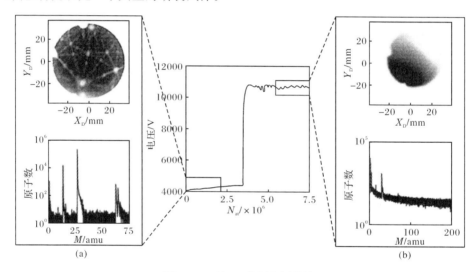

图 6.15　Al-Cu 分析电压曲线
显示了尖端断裂前(a)和后(b)的解吸图和相应的质谱

　　原子探针试样比 FIM 更易破坏,由于仅采用直流电压和气体辅助的蒸发,因此 FIM 使用的电场通常较低。在 APT 中,使用纳秒高压脉冲引起的循环应力的影响目前仍未有详细研究,导致原子探针试样断裂的确切机制尚未明确[82-84]。事实上,一种可能的解释是疲劳引发断裂,这种断裂类型通常包括裂纹的扩展。这种裂纹可能在沿着试件柄分布的复杂路径起源,其行为类似于应力集中源。裂纹尖端的前方,由于高应力,可以形成和积累缺陷,这利于裂纹通过所谓的错位堆积或界面脱粘的方式扩展,最终通过解理或沿晶断裂导致样品失效[85]。然而,大多数这些概念,都是用来解释疲劳引起的韧性材料的断裂,涉及缺陷的移动,原子探针实验的温度非常低,因此这些现象通常不可能发生。

如果断裂是试样表面的静电应力所致,特别是在分析脆性材料时,那么热脉冲可以克服高压脉冲模式下的这种限制。每次热脉冲过程达到的高温降低了有效场蒸发,并因此减少了与场有关的静电压力。另外,由于没有循环应力,因此这就可以解释脉冲激光原子探针层析中成功率较高的原因。

试样的断裂也可能是由于试样和反电极间的电弧。的确,试样表面被充电至几千伏,如果反电极意味着在脉冲之间进行接地,那么一些电荷仍然可能积累到在真空环境下形成电火花的程度。这种激增的电流可使样品温度在很短时间内提高,足以达到材料的熔点,完全使样品末端重新塑形。Wilkes 等[83]或 Russell 等[86]分析检测断裂试样时观察到圆形的样品末端,这暗示了此种机制的发生。采用电化学抛光制备样品(见 4.2.1 节),当这样的断裂发生时,样品被再抛光进行附加分析,很重要的一点是要在样品制备过程中去掉整个热影响区。事实上,显微组织可能因熔化而改变,这可以采用电解抛光除去试样末端外层几十微米来实现。

6.5　数据质量评价

本节给出一组重要标准,可用于评估原子探针数据集的质量。这些标准是探测器命中率或解吸图、质量分辨率和信噪比、所测成分和事件的平均多样性的质量。这些在分析时都是直接获得的,从而实现快速诊断实验的可行性,并允许调整实验条件优化数据。

6.5.1　场解吸图

也许评估运行质量最简单的方法是分析过程中形成的命中图的外观,它的累积转换成一个场解吸图。一旦相对均质的样品已对准(见 6.1 节),原子就从试样表面场蒸发,因此在探测器上的命中密度几乎是均匀的。局部的不均匀性以极和带线的形式出现。如果有不同的场蒸发相成像时,它们的出现也可能是由轨迹像差所导致的(见 7.4.1 节)。图 6.16(a)显示了纯铝试样的解吸图。除了与晶体学相关的特征,命中密度沿整个视场几乎是恒定的。这些迹象表明原子从样品中以由电场振幅高度控制的顺序被场蒸发,原子场蒸发首先开始于表面原子的边缘。这几乎是得到最高质量层析重构的最佳场蒸发[50,51]。相反,如果分析的基础温度设置得太高,则在解吸图中会出现模糊或高度不均匀的现象,如图 6.16(b)所示,这个模糊很可能是表面扩散的结果。探测器收集的命中率强烈不均匀性可能是试样断裂的信号,如图 6.14 和图 6.15 所示。

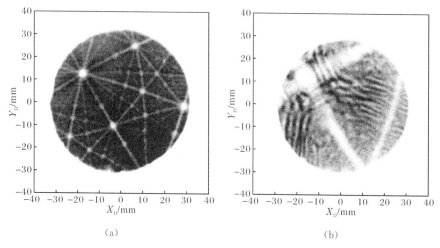

图 6.16　纯铝样品的场解吸图

(a) 20K；(b) 220K

　　值得注意的是,涉及的"标准"材料分析(纯材料,含有相对小的析出物的金属合金等)可在附录 F 中找到。多层材料要复杂得多,如图 6.17 所示。通常场蒸发差异大的材料,离子检测的顺序变得复杂,样品形状也可以变得更加复杂[87-90],这反映在图 6.17(b)中,表明在整个视场上命中的分布是不均匀的。

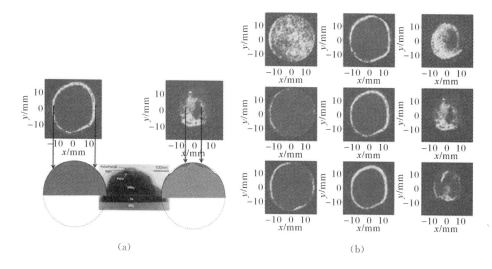

图 6.17　多层金属解析图

(a) 解吸图,TEM 和在多层金属分析中场蒸发形成样品末端的示意图;(b) 连续解吸图,

每个图中含有 10000 个离子(数据和电子显微像由 Emmanuelle Marquis 博士提供)

6.5.2　质谱

1. 峰

除了解吸图,质谱的质量是一个用以评价实验质量的很好手段。如果检测到离子,质谱中实际无峰形成,那么表明原子在尖端附近蒸发或电离仅由 DC 场引起。这一般称为直流场蒸发或直流蒸发。有时残余气体被电离发生在实验的早期阶段,但通常很快被各种气体或吸附物质的峰代替,特别是氢和氢氧化物。前者形成络合离子 H_2^+ 和 H_3^+,因此可以在 1Da、2Da 和 3Da 处探测到三个不同的峰[91]。与氢氧化物有关的峰出现在 17Da(HO^+)、18Da(H_2O^+)、19Da(H_3O^+),或在 35～37Da 形成更复杂的离子簇。这些分子离子在非常高的电场下形成,可普遍观察到[91]。有时观察到的其他峰是由残余气体引起的,特别是在 FIM 之前进行了原子探针分析(氦、氖、氢等)。

当电场增加时,这些峰逐渐从视场中消失。如图 6.18 所示,由于强电场的作用,残余气体原子以与 FIM 成像的气体原子类似的方式向尖端顶点迁移[33,92]。它们到达的区域中的电场足够高以促进其场电离或解吸,因而被发射离开样品附近。随着电场的增大,这种强电场区域逐渐扩展(图 6.18(b)),使电离区移动得更远离顶点,并逐步促使这些离子发射出视场。对于保持在低温下的样品,高电场的区域延伸远离顶点,可以降低背底水平,同时减少残留气体峰的振幅。

直流场蒸发的离子水平很高,也可由表面覆盖着制备样品时产生的氧化物或残留物所致,高压残留气体也许可以是一个表明实验条件尚未优化的信号。有高压残留气体时,DC 场足够高到诱发样品中一种或多种物质的场蒸发。在较低的温度下,DC 场保持较高,因此直流蒸发更可能发生,需要更准确地调整实验条件。当使用激光脉冲时,DC 蒸发离子的检测表明激光光斑在样品上对准很差,或者脉冲能量太低而不能导致足够的温度增高以引发场蒸发。排除每个选项后,如果仅发生直流场蒸发,那么样品可能是质量不好或折断的,这表明试样的制备必须改进或重新设定分析条件。

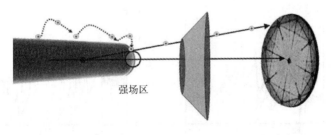

强场区

(a)

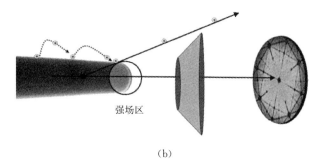

（b）

图 6.18　不同场作用下的原子电离污染
（a）低场；（b）高场

2. 信噪比

　　质量分辨率通常作为评价数据质量的重要指标。然而,信噪比也揭示了大量关于实验质量的信息。即使质量分辨率优异,高背底也可能提供不满意的结果,使得不同离子的元素识别变为不可能。的确,如图 6.19 所示,较低的信噪比导致与硅第二和第三同位素有关的峰消失,使得识别 14Da 处的峰变得更困难,且成分测定出现偏差。此外,高的背底水平,如先前所讨论的,通常与 DC 场蒸发有关,可通过调整更适合的实验条件避免出现这种情况。还存在其他方面的因素不利于一些物种的检测。例如,在随机背底值之上,主要峰后面的局部背底水平可相对较高,这是由于氢化物或 6.2.5 节所述的其他假象,会降低局部信噪比,使得某些峰的检测极为困难或有时变为不可能。

3. 质量分辨率

　　许多参数影响质量分辨率,不可能定义在所有的情况下都得到满意结果的特定目标值。对于每一个分析,如果质量分辨率足以识别材料中不同元素和/或同位素的峰,那么质量分辨率的实际值是次要的。对比不同实验的质量分辨率时应十分注意,总电压必须与飞行时间相匹配。

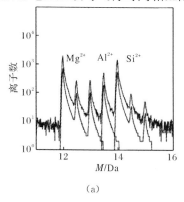

（a）

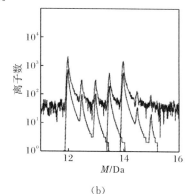

（b）

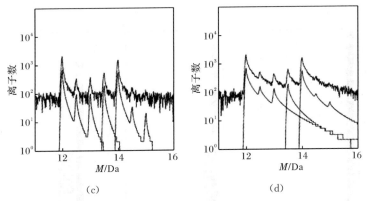

图 6.19　背底水平对 Mg^{2+}、Al^{2+} 和 Si^{2+} 质量峰的影响
(a)和(b)背底水平增加时的质谱；(c)和(d)相同背底水平但质量分辨率对应于
在添加背底前的计算质量峰更差的模拟质谱

质量分辨率 FWHM(见 6.2.4 节)主要取决于时间测量的误差,更高的电压下减少飞行时间导致质量分辨率显著下降。例如,纯铝的实验中,即使所有其他实验条件保持恒定,质量分辨率 FWHM 也会发生变化,即从开始分析时约 3kV 下的 675,在数以百万计的原子被场蒸发后,变化为约 6kV 下的 330。在热脉冲模式下,同一个样品的质量分辨率以几个数量级的幅度变化取决于光照条件。正如第 3 章中所述,结果剧烈地受激光的偏振方向或样品形状和热导率影响[24,25,29,61,79]。在用于评价实验和设备时,这些因素使质量分辨率成为相对较差的指标。

4. 成分

当所分析区域的预期成分已知时,评价实验质量最常用的度量是成分。应考虑统计波动,因为原子探针层析分析的体积相对小(见 4.1.1 节),材料科学现象可引起成分波动,如晶界偏析或额外相的析出。还应考虑其他方面,例如,质量分辨率或信噪比不好可能不利于成分测量。这些效果可能导致计算的每个种类的原子数出现重大偏差,特别是微量元素。此外,如在 6.2.6 节中所讨论,成分测量包含质量范围的定义,这可能带来偏差或错误。评估仅有成分测量的实验质量时应非常小心。

6.5.3　多事件

以多事件的形式到达原子的比例也应作为一个重要的参数考虑。当一个脉冲探测到多于一个离子时就会出现多事件。从单个脉冲检测到的离子数量称为"事件多重性"。某些种类的探测往往是多事件的一部分,如图 6.20 所示。特别是当检测到分子离子时,由于它们可能会受到场分解,因此将导致高比例的多事件[61,93]。

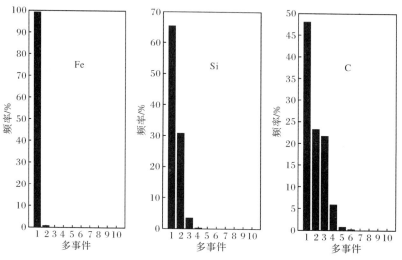

图 6.20   低碳钢原子探针分析中不同种类(Fe,Si,C)的多事件

多事件中检测的离子在空间和时间上十分接近时,检测系统最有可能出现故障[77]。这些故障非常难以量化或预测,因为检测器的实际传递函数变得非常复杂,而且它涉及有效检测到的信号数量和它们可能的组合,以回收与每单个冲击有关的信息(见 3.2.1 节)。

假设通过位敏检测器检测到离子是一个随机过程,同时检测两个冲击实际上可能由两个、三个、四个、五个甚至更多个原子的场蒸发引起。考虑一个恒定检测效率为 57% 的简单情况,使产生双重事件的蒸发原子数量的统计分布成为可能[94],结果绘于图 6.21。有趣的是,存在一个小但不可忽略的概率就是两个检测到的离子实际为一个事件的一部分,其中十个或更多的原子是场蒸发的。一种用

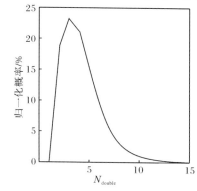

图 6.21   试样中引起两个检测命中的蒸发原子数量的统计分布(N_{double})

来回收由于有限的检测效率和近期提出的统计分布而产生的信息丢失的方法可能用于处理多次命中[94]。多事件的可能性与材料化学密切相关,如图 6.20 所示。例如,碳和硅到达通常为多事件,可预计到这些物种的特定损失。这是一个通常被忽略的复杂问题,它在很大程度上可以影响成分测量而不仅仅是统计计数错误。

6.6　讨　　论

进行原子探针分析就必须找到不同参数的最佳平衡以获得最佳的性能。评价基于一个可测量参数的实验的质量时应十分注意,例如,质量分辨率或成分测量,因为这些参数具有一些偏差。评估数据质量和优化分析条件,使用尽可能多的度量是很重要的,例如,信噪比必须最大化。降低温度通常会有所帮助,因为电场增大,与背底相关的残余气体的电离减少,会趋向更高的空间分辨率。但是,当蒸发越来越严重依赖于电场时,低温可增加直流蒸发的可能性和增加多次命中的数量。总体而言,较低的温度通常会导致较高的空间分辨率,但会降低脆性材料实验的成功率。上面讨论的各种度量可以绘制成雷达图,总结评估原子探针实验质量的几个主要方面。最终,雷达图中的灰色区域越大,数据质量就越高。显然,一些与特定参数有关的附加轴也可以加入该图中,这样的图可提供一个客观的手段来决定一个数据集是否值得在进一步分析中使用(图 6.22)。

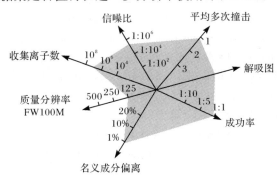

图 6.22　在高压脉冲模式,采用 Cameca LEAP 3000 X Si
获得的分析质量的评价综合图

图中的灰色区域为一系列 Al-Cu-Mg 样品典型的优化设置

由于材料的性能变化范围很宽,特别是场蒸发以及与每个样品的特定几何相关的参数的数值和实现针对特定样品时仪器的最优性能,不能确定满足所有实验的条件,因此必须通过选择一组给定参数的脉冲模式、脉冲率、基础温度和光照条件。所以,在基于或包含原子探针层析研究任何材料的开始阶段,仔细探究参数对结果的质量是极为关键的。

　　这里已经介绍和讨论了原子探针质谱的很多方面。贯穿原子探针层析术的发展全过程，此领域在很大程度上被忽略了。在完全了解这个领域前，仍然需要进行许多科学研究。针对某些问题（峰的识别和峰的解卷积）的数据处理以及原子探针性能的基础科研方面仍存在很多需要发展的地方，这将在 8.1 节予以介绍。第 7 章将讨论层析重构。

参 考 文 献

[1] Huang M,Cerezo A,Clifton P H,et al. Ultramicroscopy,2001,89(1-3):163-167.

[2] Gault B,Moody M P,De Geuser F,et al. J. Appl. Phys. ,2009,105:034913.

[3] Bajikar S S,Larson D J,Kelly T F,et al. Ultramicroscopy,1996,65:119-129.

[4] Cerezo A,Godfrey T J,Huang T J M,et al. Rev. Sci. Instrum. ,2000,71(8):3016-3023.

[5] Kelly T F,Gribb T T,Olson J D,et al. Microsc. Microanal. ,2004,10(3):373-383.

[6] Kelly T F,Larson D J. Mater. Charact. ,2000,44(1/2):59-85.

[7] Nishikawa O,Ohtani Y,Maeda K,et al. Mater. Charact. ,2000,44:29-57.

[8] Kelly T F,Camus P P,Larson D J,et al. Ultramicroscopy,1996,62(1-2):29-42.

[9] Larson D J,Camus P P,Kelly T F. Appl. Surf. Sci. ,1996,94(5):434-441.

[10] Muller E W,Krishnaswamy S V. Rev. Sci. Instrum. ,1974,45(9):1053-1059.

[11] Tsong T T,Schmidt W A,Frank O. Surf. Sci. ,1977,65(1):109-123.

[12] Kellogg G L,Tsong T T. J. Appl. Phys. ,1980,51(2):1184-1193.

[13] Liu H F,Tsong T T. Rev. Sci. Instrum. ,1984,55(4):1779.

[14] Vurpillot F,Gault B,Vella A,et al. Appl. Phys. Lett. ,2006,88(9):094105.

[15] Lee M J G,Reifenberger R,Robins E S,et al. J. Appl. Phys. ,1980,51:4996-5006.

[16] Lee M J G,Robins E S. J. Appl. Phys. ,1989,65:1699.

[17] Vurpillot F,Houard J,Vella A,et al. J. Phys. D:Appl. Phys. ,2009,42(12):125502.

[18] Cerezo A,Godfrey T J,Sijbrandij S J,et al. Rev. Sci. Instrum. ,1998,69(1):49.

[19] Panayi P,Clifton P H,Lloyd G,et al. Presented at the IVNC 2006/ IFES 2006 (2006, unpublished).

[20] Bemont E,Bostel A,Bouet M,et al. Ultramicroscopy,2003,95(1/2/3/4):231-238.

[21] Deconihout B, Saint-Martin R, Jarnot C, et al. Ultramicroscopy, 2003, 95 (1/2/3/4): 239-249.

[22] Clifton P H,Gribb T T,Gerstl S S A,et al. Microsc. Microanal. ,2008,14 (Suppl. 2): 454-455.

[23] Gault B,Vurpillot F,Vella A,et al. Rev. Sci. Instrum. ,2006,77(4):043705.

[24] Cerezo A,Clifton P H,Gomberg A,et al. Ultramicroscopy,2007,107(9):720-725.

[25] Bunton J H,Olson J D,Lenz D R,et al. Microsc. Microanal. ,2007,13:418-427.

[26] Da Costa G,Vurpillot F,Bostel A,et al. Rev. Sci. Instrum. ,2005,76(1):013304.

[27] Panayi P. Great Britain Patent:GB2426120A,2006.

[28] Houard J,Vella A,Vurpillot F,et al. Appl. Phys. Lett. ,2009,94(12):121905.

[29] Houard J,Vella A,Vurpillot F,et al. Phys. Rev. B,2010,81(12):125411.

[30] Tsong T T,McLane S B,Kinkus T. Rev. Sci. Instrum. ,1982,53(9):1442-1448.

[31] Bostel A,Yavor M,Renaud L,et al. Patent,WO/2009/047265,2009.

[32] De Geuser F. PhD thesis Rouen:University of Rouen,2005.

[33] Muller E W,Nakamura S,Nishikawa O,et al. J. Appl. Phys. ,1965,36(8):2496-2503.

[34] Saxey D W. Ultramicroscopy,2011,111(6):473-479.

[35] Gilbert M. PhD thesis,Rouen: Universite de Rouen,2007.

[36] Tsong T T. Surf. Sci. ,1978. 70:211.

[37] Miller M K,Cerezo A,Hetherington M G,et al. Atom Probe Field Ion Microscopy. Oxford: Oxford Science Publications-Clarendon Press,1996.

[38] Haydock R,Kingham D R. Phys. Rev. Lett. ,1980,44:1520-1523.

[39] Haydock R,Kingham D R. Surf. Sci. ,1981,104:L194-L198.

[40] Kingham D R. Surf. Sci. ,1982,116:273-301.

[41] Miller M K, Smith G D W. Atom Probe Microanalysis:Principles and Applications to Materials Problems. Pittsburg:Materials Research Society,1989.

[42] Ulfig R,Kelly T,Gault B. Microsc. Microanal. ,2009,15(Suppl. 2):260-261.

[43] Hudson D,Smith G D W,Gault B. Ultramicroscopy,2011,111:480-486.

[44] Gault B,Haley D,De Geuser F,et al. Ultramicroscopy,2011,111(6):448-457.

[45] Bas P,Bostel A,Deconihout B,et al. Appl. Surf. Sci. ,1995,87-88:298-304.

[46] Felfer P J,Gault B,Sha G,et al. Microsc. Microanal. ,2012,18:359-364.

[47] Gault B,Danoix F,Hoummada K,et al. Ultramicroscopy,2012,113:182-191.

[48] Miller M K,Smith G D W. J. Vac. Sci. Technol. ,1981,19(1):57-62.

[49] Miller M K,Russell K F. Surf. Interface Anal. ,2007,39(2-3):262-267.

[50] Gault B,Moody M P,De Geuser F,et al. Appl. Phys. Lett. ,2009,95(3):034103.

[51] Gault B,Moody M P,De Geuser F,et al. Microsc. Microanal. ,2010,16:99-110.

[52] Vurpillot F,Da Costa G,Menand A,et al. J. Microsc. ,2001,203:295-302.

[53] Melmed A J,Martinka M,Grivin S M,et al. Appl. Phys. Lett. ,1981,39(5):416.

[54] Melmed A J,Sakurai T,Kuk Y,et al. Surf. Sci. ,1981,103(2-3):L139-L142.

[55] Gilbert M,Vurpillot F,Vella A,et al. Ultramicroscopy,2007,107(9):767-772.

[56] Gault B,Vella A,Vurpillot F,et al. Ultramicroscopy,2007,107(9):713-719.

[57] Larson D J,Alvis R L,Lawrence D F,et al. Microsc. Microanal. ,2008,14(Suppl. 2):1254-1255.

[58] Marquis E A,Yahya N,Larson D J,et al. Mater. Today,2010,13(10):34-36.

[59] Chen Y M,Ohkubo T,Kodzuka M,et al. Scr. Mater. ,2009,61(7):693-696.

[60] Zhou Y,Booth-Morrison C,Seidman D N. Microsc. Microanal. ,2008,14(6):571-580.

[61] Tang F,Gault B,Ringer S P,et al. Ultramicroscopy,2010,110(7),836-843.

[62] Gault B,Vurpillot F,Bostel A,et al. Appl. Phys. Lett. ,2005,86:094101.

[63] Vella A,Vurpillot F,Gault B,et al. Phys. Rev. B,2006,73(16):165416.

[64] Liu H F,Liu H M,Tsong T T. J. Appl. Phys. ,1986,59(4):1334.

[65] Houard J,Vella A,Vurpillot F,et al. Phys. Rev. B,2011,84(3):033405.

[66] Sha G,Cerezo A,Smith G D W. Appl. Phys. Lett. ,2008,92(4):043503.

[67] Shariq A,Mutas S,Wedderhoff K,et al. Ultramicroscopy,2009,109(5):472-479.

[68] Koelling S,Innocenti N,Schulze A,et al. J. Appl. Phys. ,2011,109(10):104909.

[69] Gault B,La Fontaine A,Moody M P,et al. Ultramicroscopy,2010,110(9):1215-1222.

[70] Cadel E,Vurpillot F,Larde R,et al. J. Appl. Phys. ,2009,106(4):044908.

[71] Gault B,Muller M,La Fontaine A,et al. J. Appl. Phys. ,2010,108:044904.

[72] Cerezo A,Grovenor C R M,Smith G D W. Appl. Phys. Lett. ,1985,46:567-569.

[73] Cerezo A,Grovenor C R M,Smith G D W. J. Microsc. -Oxford,1986,141:155-170.

[74] Gault B,Marquis E A,Saxey D W,et al. Scr. Mater. ,2010,63(7):784-787.

[75] Gorman B P,Norman A G,Yan Y. Microsc. Microanal. ,2007,13(6):493-502.

[76] Muller M,Smith G D W,Gault B,et al. J. Appl. Phys. ,2012,111:064908.

[77] De Geuser F,Gault B,Bostel A,et al. Surf. Sci. ,2007,601(2):536-543.

[78] Saxey D W. Ultramicroscopy,2010,111(6):473-479.

[79] Perea D E,Wijaya E,Lensch-Falk J L,et al. J. Solid State Chem. ,181(7):1642-1649.

[80] Bennett S,Oliver R,Saxey D,et al. Microsc. Microanal. ,2009,15(Suppl. 2),280-281.

[81] Birdseye P J,Smith D A. Surf. Sci. ,1970,23(1):198-210.

[82] Mikhailovskij I M,Wanderka N,Storizhko V E,et al. Ultramicroscopy,109(5):480-485.

[83] Wilkes T J,Titchmar J M,Smith G D W,et al. J. Phys. D: Appl. Phys. ,1972,5(12):2226-2230.

[84] Moy C K S,Ranzi G,Petersen T C,et al. Ultramicroscopy,2011,111(6):397-404.

[85] Ritchie R O. Int. J. Fract. ,1999,100(1):55-83.

[86] Russell K F,Miller M K,Ulfig R M,et al. Ultramicroscopy,2007,107:750-755.

[87] Larson D J,Geiser B P,Prosa T J,et al. J. Microsc. ,2011,243(1):15-30.

[88] Marquis E A,Geiser B P,Prosa T J,et al. J. Microsc. ,2011,241(3):225-233.

[89] Vurpillot F,Cerezo A,Blavette D,et al. Microsc. Microanal. ,2004,10(3):384-390.

[90] Vurpillot F,Larson D,Cerezo A. Surf. Interface Anal. ,2004,36(5/6):552-558.

[91] Tsong T T,Kinkus T J,Ai C F. J. Chem. Phys. ,1983,78(7):4763-4775.

[92] Muller E W. J. Appl. Phys. ,1953,24(11):1414.

[93] Yao L,Gault B,Cairney J M,et al. Philos. Mag. Lett. ,2010,90(2):121-129.

[94] Stephenson L T,Moody M P,Gault B,et al. Microsc. Res. Tech. ,2011,74(9):799-803.

第 7 章 层 析 重 构

层析重构让原子探针层析与其他大部分原子分辨率的显微技术区别开来,并在某些方式上使其功能更强大。APT 提供了前所未有的能力来实现单个原子位置的三维绘图,进而揭示原子在材料内部的结构排布。本章的开头首先介绍离子投影的主要原理。然后提供逐个原子构建分析体积层析重构的步骤,包含对其性能及内在局限和重构数据中某些典型假象的描述。讨论致力于克服这些局限的方法。更进一步,提供测定重构的空间分辨率的方法,讨论影响这些值的实验和分析的因素。本章结束于晶格修正的描述,这是对得出晶格重构传统重构算法的扩展。

7.1 离子的投影

一旦电离并从表面解吸,离子就受到周围电场的加速并沿着电力线飞向探测器。对离子飞行路径的计算是一个极其复杂的问题,原因是这需要精确了解整个电场从样品表面附近的近场(小到亚微米尺度)到探测器的远场(大到米的尺度)的三维分布[1-4]。如果认为解吸离子的局域近邻原子影响离子飞行的早期阶段[5,6]并诱发轨迹像差,那么离子在飞行的最初几埃(1Å＝0.1nm)中发生了什么需要作为单独问题进行考虑。人们已经研究了在纯金属[7,8]、固溶体[8,9]、基体中的沉淀[10,11]和薄膜[12-15]中这些像差对重构的影响。

离子在远场中的飞行路径直接与静电环境(真空室、反电极、探测器等)有关。可采用简化的几何求出解析解[16-18]或者利用有限元模拟计算飞行路径[19-22]。分析处理得出的两个主要模型用来描述离子在探测器表面的实际投影。在近场中,电场分布对原子尺度的改变很敏感,因而难以估算。模拟法也用来再现局域电场分布导致的假象[6,8,9,12,14,23-26]。这些概念将在后面的节次讨论。

7.1.1 电场估算

如第 2 章所述,电场与表面的曲率半径成反比。假设样品顶点的形状为表面光滑的球形,表面顶点的电场值 F 可从半径为 R 的带电球表面的电场推导出来:

$$F = \frac{V}{k_f R}$$

式中,V 为高压;k_f 为电场降低因子(通常称作电场因子),该因子考虑了样品的锥角,这使电场的值相比于球形有所减小[27]。如同 2.1.2 节中所讨论的那样,电场因子依赖于样品几何和静电环境,其数值通常 3~8。该公式给出样品表面电场很好的近似。然而,并未反映近场和远场处电场的复杂性。电场对曲率的依赖适用于宏观尺度上的样品周围的空间,高电场的位置微观上与更小的样品表面曲率的发展有关,如,在表面上单个凸出原子的周围,处在梯层边缘的拐角位置或者弥散于基体中的沉淀[28,29]。样品顶点的准确形状代表了材料晶体结构平衡形状的接合。甚至在纯材料的情况中,样品的形貌在原子尺度上也显示出粗糙度。此外相关文献已经表明,样品表面的曲率在顶点周围是不均匀的[30-32]。

　　在实验过程中,样品最终形状中局域曲率的变化使局域电场能场蒸发原子。由于不同晶向上的具体功函数不同[33],样品表面发展成小平面,通常以主要的极为中心来调适成平衡形状[12,13,15,32,34-36]。环形计数[30,32,37,38]和其他更多先进的技术用来表征样品表面的三维形貌[39-41]。如果是明显的环形结构,类似的方法也采用场解吸信息发展出来[42,43]。场发射体的形状通过基于对系统的有限元静电模拟得到了精确再现[23,24,26,44]。由于具有不同蒸发场的原子(或物相)的存在而阻碍了稳态最终样品形状的建立,合金和多层膜的形状会变得极端复杂[8,15,45]。

7.1.2　电场分布

　　确切了解近场和远场的电场分布是非常重要的,因为离子的轨迹直接与电场的局域分布有关,局域曲率导致称作局域放大的假象[45]。在远场区,已经提出了用抛物线或双曲线描述电势空间分布的解析解,因而可计算出电场的空间分布[46,47]。这就表明,样品表面是等势的,且可用这些函数中的一个来模拟。然而,实验样品的形状难以用抛物线拟合,双曲线模型不能独立设定样品半径、锥角和探测器位置,这就极大地限制了模型的精度。虽然也已尝试建立其他更复杂的模型,但无一能准确地再现所有的问题,所以仅提供了近似解,在文献[47]中有详细描述。已用基于网格模拟的方法来估算距离样品足够远处的电场分布以忽略局域曲率的影响。然而,这些模型不能处理关于样品表面形貌的局域变化及原子水平粗糙度的问题。

　　微观上的电场分布甚至更复杂。确实,它受到和单个表面原子一样小的特征的影响。例如,由材料内物相间和物种间蒸发场的不同造成的凸起,存在原子梯层台坎和/或样品的小平面化。人们已经提出了对于这些问题的不同的解析处理方法,但无一能完全处理该问题[28,29,46,48-50]。早期提出了用有限元模拟来处理近场区[19-21],但因缺少足够的分辨率而不能准确计算离子轨迹。

　　十多年来,有限元模拟已能够研究近场分布及其对离子轨迹和样品形状的影响。模拟法在三维空间硬网格上解析/计算出了拉普拉斯方程,能够在原子尺度分辨率上精确计算围绕样品的电势和电场[8,9,11,14,23,24,26,44,51]。样品模拟为多边形

的堆垛,表明每个原子的 Wigner-Seitz 胞按立方晶格排列。可以忽略样品内的电
场,对电势的分布进行了迭代计算。可以计算出围绕样品空间及样品最表面的电
场分布,如图 7.1 所示。由于计算能力的限制,最初的模拟仅考虑了非常小的简
单立方结构的样品在简化静电环境下的情况。随着进一步的发展已有所改进,现
在可以输入几种晶体结构、材料显微组织、介电常数、样品形状和半径。

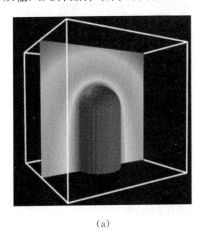 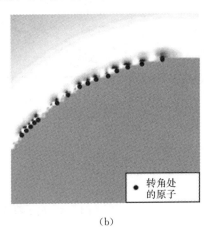

(a)   (b)

图 7.1　尖端周围电场分布的模拟结果
(a) FEM 模拟样品周围的电场分布;(b) 顶点附近,凸显了转角处原子
上方的电场最大值(蒙 Francois Vurpillot 博士慨允)

　　理论上,有限元法或者边界单元法能够实现多尺度模拟,所以可计算出从样
品表面到探测器的完整电场分布,包括样品的局域环境,考虑了反电极的存在或
者样品是否放置在平面基板上。如果在模拟中精确再现样品和显微镜的几何信
息[22,52],那么就能全面计算从探测器后退至样品的离子轨迹。近年来,Haley 等
报道了令人鼓舞的概念验证研究[52]。

7.1.3　离子轨迹

　　确定电场分布是任何离子轨迹模拟中的必要步骤。相关文献已指
出[16,17,24,46,53],如果离子的初速度接近零,那么样品表面产生的离子的轨迹不依赖
其质量或电压,而仅依赖于电力线的分布。一旦发射出来,离子应该严格地沿着
电力线运动。虽然这在远场看来是正确的,但在离子飞行的最初几十纳米内电场
分布的复杂性(近场)使得很难评估轨迹[3]。例如,离子轨迹的计算表明最初的轨
迹接近径向[18,46,54],因而离子几乎是垂直离开表面的。在达到样品曲率半径几倍
的距离后,轨迹逐渐被压缩(图 7.2),这相当于认为它们的轨迹是直的,但不是起
源于半球冠的中心点,而是沿样品轴更往下的地方。因为粒子在静电场中飞行

时,它们的轨迹不依赖于其质量和电荷,所以电子也发生 Wiesner 和 Everhart 广泛讨论的相同过程[54]。

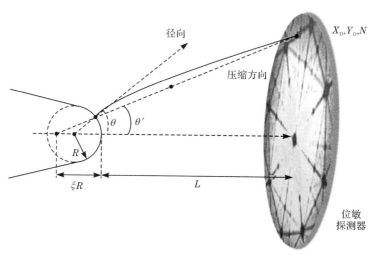

图 7.2　离子轨迹的示意图(非比例)

没有电场分布的确切知识,很难计算离子的确切轨迹,研究者在场离子显微镜中做了大量的工作来定义一种能再现屏幕上观察到花样的简单投影法则[1-3,37,55,56]。最简单的模型假设离子沿着直线轨迹,这是点投影模型的基础,常用来描述 FIM 或原子探针层析中的离子投影,将在 7.1.4 节讨论。

在高压脉冲原子探针层析中,离子在飞行中经历了随时间变化的电场。Gillott在文献[57]中讨论了脉冲电场对轨迹的影响,他计算了在直流和脉冲场蒸发两种情况下离子到达位置的差别。这些计算中假定电场分布具有双曲线特征且样品与探测器的距离为 70mm,表明当离子飞离表面时,逐渐改变的电场可能偏折离子,导致位置精度下降 1%～3%。将这些结果扩展到现代商用宽视场原子探针中,离子质量和电荷的不同将导致其位置不准确性达到 6%。然而,难以准确估计这样误差带来的影响,因而难以计算其百分比。

7.1.4　点投影模型

如 2.1.2 节所介绍,已经开发了几个模型来描述离子的投影并解释场离子显微镜的图像信息,进而将图像和表面形貌联系起来[1,3,4,37]。点投影模型是常用的一种,假定离子沿直线从样品表面飞向探测器。这些直线源自样品轴线上的单个点,称作投影点,位于球冠中心的后方。该点在图 7.3 中标作 P,球冠的中心标作 O。通过计算在简单电场分布下与样品轴向成较小角度飞行时的离子轨迹,证实了这些假设的正确性[3]。

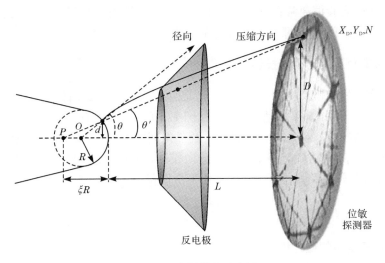

图 7.3　点投影的示意图

图 7.3 还描绘了投影点位于样品轴线上距离表面顶点 ξR 处的情形。因子 ξ 反映了电力线的压缩情况,一般称作图像压缩因子。其也可以表达为 $\xi R = (m+1)Rd$ 的形式,其中 mR 是 O 和 P 之间的距离。图像压缩因子直接与电场分布有关,因此应该依赖于样品的静电环境及样品自身的形状。图像压缩因子影响 FIM 和 FDM 图像的放大倍数。

根据三角学知识,可直接导出离子的初始发射角 θ 和离子轨迹压缩后的观察角 θ' 间的关系(图 7.3):

$$\theta = \theta' + \arcsin(m\sin\theta')$$

式中,$m=\xi-1$。多个作者独立导出了此关系[22,51,58],且构成了最先进的原子探针层析重构的算法基础。因而,小角度下的图像压缩因子可以定义为 θ_{crys} 和 θ_{obs} 的比值,前者为材料晶体结构中两个晶向夹角的理论值,后者为投影图像上观察到的极之间的夹角。

$$\xi \approx \frac{\theta_{crys}}{\theta_{obs}}$$

首先定义样品表面上某特征和样品轴线间线段的长度为 d,其次该特征的投影位置和图像中心间线段的长度为 D,示于图 7.3 中。图像放大倍数对应于 D 和 d 的比值。假设飞行路径 L 远大于样品曲率半径 R,那么放大倍数 M_{proj} 可以写为

$$M_{proj} = \frac{D}{d} \approx \frac{L}{\xi R}$$

通常,L 在 $90\sim500\mathrm{mm}$ 量级,R 小于 $200\mathrm{nm}$,这些数据证明了前述假设的正确性。图像压缩因子为 1 对应着径向投影,而因子为 2 对应着三维晶体投影。图

像压缩因子的实验值通常在这二者之间[1,55,59]。如果曲率半径未知,那么基于圆柱坐标(z,ϕ)也可能直接重构原子在样品表面上的原始位置[22]。

7.1.5　带有角压缩的径向投影

在场离子显微镜产生的早期,人们就已注意到,场解吸图像上不同晶向极之间的距离正比于晶向间的夹角[37,55,60],如图 7.4 所示,因此有 $D = k_\theta \theta$,其中,D 是图像上两点间的距离,θ 是与两个极对应的晶向间的夹角,k_θ 是常数。该投影法相当于由样品几何和环境产生角压缩的径向投影,与前述的点投影模型类似,所以常数 k_θ 直接与样品和仪器有关。此投影形成图像的放大倍数为

$$M = \frac{k_\theta}{R}$$

7.1.6　离子轨迹的最佳模型

用哪个模型来描述图像投影一直是争论的问题。许多作者认为带有角压缩的径向投影常称作"$D = k_\theta \theta$ 投影",能更精确地描述实际图像[37,56,60]。可以测出宽视场原子探针获得的纯 Al 解吸图中主要的极和中心间的距离,并绘制成相应晶向间夹角的函数,如图 7.4 所示。距探测器中心最近的极可当做原点。线性拟合代表了角压缩的径向投影(虚线),并与点投影模型得到的距离(实线)进行了对比。

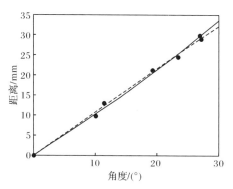

图 7.4　在纯 Al 样品 40K 下的解吸图中测得的极间距离与晶向夹角的函数关系
虚线为数据的线性拟合,实线为从点投影模型中获得的极间距离

只要重构的中心取在靠近探测器中心的位置,甚至在宽视场原子探针中,在可观察的角度范围内两种距离分布的差别就很小。这代表了样品轴非常接近垂直于探测器表面的理想情况。然而,并非总能满足这种理想条件,考虑样品轴的倾转所以必须调整投影。Blavette 和合作者已采用点投影模型进行了计算[51,61,62]。纯 Al 数据集用于绘制图 7.4,测量出其他极到中心的距离并绘制以不

同的极为重构中心的图,结果显示在图 7.5 中。从图中可清晰地看到,点投影模型对大角度情形的预测很不精确(实线)。相反地,虽然 k_θ 在图 7.4 和图 7.5 的曲线间有变化,但带有角压缩的径向投影(虚线)看来在很大的角度的情况下仍然是正确的。在这样一种投影中,由于所有情况中原子和投影中心的距离等于曲率半径,因此所有的方向应该是等价的。

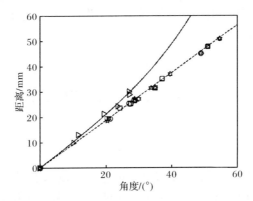

图 7.5　在纯 Al 样品 40K 下的解吸图中测得的极间
距离 D 与晶向夹角的函数关系
每个符号对应着一个取作投影原点的极。虚线为数据的线性拟合,
实线为点投影模型获得的极间距离

除了可能存在的样品倾斜,通常这两种投影获得结果非常相似。然而,随着近来宽视场原子探针的发展[63,64],可能必须重新考虑离子投影的实际模型。虽然带角压缩的径向投影能够更精确地描绘图像,尤其对于大角视场,但它不是用来构建分析体积层析重构的常用模型,7.2 节将对其进行讨论。源自 Blavette 等[61]和 Bas 等[62]早期工作的最先进算法,都基于点投影模型,且是专为处理一维或小视场原子探针数据而发展的。

7.2　重　　构

原子探针层析重构采用分析样品得到的数据,因而具有滞后性。重构通过将探测到的位置逆投影到一个虚拟样品的表面上而逐个原子构建起来。重构过程包含两个步骤,其中横向位置的计算先于深度坐标。将在后续节次中给出此过程的细节。在 Bostel 和 Blavette 的努力下发起建立重构的第一个方案,见 Bas 等的文章[62]。该方案渐进改进并结合非小角近似的点投影构成了大部分普通商用软件包的基础。

7.2.1　重构方案的基础

作为一级近似,由于受到最强电场的作用,只有表面最凸出原子才能场蒸发。这个假设是 Moore 于 1967 年提出的用以描述场离子显微图像结构壳层模型的基础,并能合理解释此类图像[34]。简言之,可能蒸发的原子属于表面上的一个薄壳层。该壳层的厚度直接与电场穿入样品表面有关,对应着皮深。静电场 F 正比于表面电荷密度 σ_e,因此可写出

$$F = \frac{\sigma_e}{\varepsilon_0}$$

式中,ε_0 为真空中的介电常数。考虑表面电荷密度仅是厚度为 d_p 薄壳层内的电荷数目,所以对应的静电场的穿透距离可以写为

$$d_p = \frac{n_e}{F\varepsilon_0}$$

式中,n_e 为电子体密度。计算的穿透深度可达几十皮米的量级,远小于大部分金属的面间距,所以在理论上原子是从最外面的壳层向内逐层发生场蒸发的。因此,检测到的离子序列揭示了原子在原始样品内的相对深度。

用来构建层析术重构的现有方案均采用某些主要假说。这都依赖于探测的离子次序或序列的应用,与原始的探测器坐标(X_D, Y_D)相结合能够测定每个原子在三维图中的 x、y、z 坐标。由于质荷比是由飞行时间推导得出的,因此某个质量范围内的每个离子被赋予特定元素和原子体积。

样品总是假定为具有完美的圆柱对称性。离子轨迹假定位于单个平面内,这意味着在离子飞行中围绕样品轴的极角保持常数。离子的横向坐标通常基于点投影的性质从逆投影直接导出[65],即把离子撞击在位敏探测器上的坐标反推到代表样品的虚拟球冠上。在深度方向的重构是基于虚拟发射表面的序列位移。将在此处介绍这些一般考虑的一部分。

1. 基于电压的半径测定

重构过程需要了解探测到每个离子时的曲率半径以计算其在样品表面的原始位置。由于存在非零的锥角,样品逐渐变钝,因此在整个实验过程中曲率半径是增大的。半径增加,从而电场下降,导致蒸发率降低。为补偿这一下降,在实验过程中需要增大高压以保持恒定的检测率。

如 7.1.1 节所讨论的,假设电场在样品表面上是均匀的,且接近所研究材料的蒸发场,于是探测到离子时的曲率半径 R 可直接从外加电压 V 估算出来:

$$R = \frac{V}{k_f F_e}$$

式中，k_f 为电场因子；F_e 为蒸发场。对于给定的材料，F_e 通常为常数，并可以通过场蒸发的简单模型确定[47,66]（见第 3 章）。假定蒸发场在实验过程中保持恒定，在合金中通常采用主要物种的蒸发场。电压 V 是加在样品上的全部电压，即直流电压和高压脉冲模式下的脉冲电压的总和。此简单方法能够测定样品曲率半径在实验过程中的演化。

2. 基于样品几何的半径测定

测定曲率半径演化的另一途径是假设样品具有给定的几何特征，其初始曲率半径为 R_0、锥角为 α。考虑简单的几何关系可推导出曲率半径的变化与深度 z 和锥角 α 的函数关系式[67]：

$$\frac{dR}{dz} = w_R(z) = \frac{1-\sin\alpha}{\sin\alpha}$$

函数 $w_R(z)$ 描述了当逐渐分析样品时样品半径的变化。通过考虑 z 坐标的逐步增加计算出每个原子对应的样品半径：

$$R = R_0 + \frac{\sin\alpha}{1-\sin\alpha}z$$

对每个探测到的离子来说，离子的深度坐标是递增的，而半径是不断更新的。应当注意到，$w_R(z)$ 是可以反映半径演化的任何函数。如果假设电压曲线反映了样品半径的增加，那么样品的锥角可通过拟合电压与收集的离子数量的关系估算出来。这种方案通常运用于商用软件。值得注意的是，锥角估算的精度依赖于选取描述深度与收集离子数的函数关系式，这并非无关紧要。

3. 深度坐标

深度坐标 z 可从离子蒸发序列中推导出来。为建立深度坐标，假设离子起源于一个发射表面，对于探测到的第 i 个离子，其顶点位于深度 $z_{tip}^{(i)}$ 处。由于离子是逐个原子进而逐层地从尖端去除，所以样品表面离探测器逐渐变远。因此，对于每个新加到重构中的离子，此发射表面平移一个小的递增量 dz：

$$z_{tip}^{(i+1)} = z_{tip}^{(i)} + dz$$

深度增量的计算与整个分析体积的计算有关。分析体积等价于每个蒸发离子体积 Ω_i 的总和。

$$V_{evap} = \sum_{n_{evap}} \Omega_i = n_{evap}\Omega$$

式中，Ω 为平均原子体积；n_{evap} 为蒸发离子的总数。由于受检测效率 η 限制，探测原子的实际数目是 n_d，因此 $n_d = \eta n_{evap}$。另外，分析体积直接与样品几何有关，可写为

$$V_{evap} = \int_0^{z_{max}} w_v(z) \, dz$$

式中，$w_v(z)$ 是描述样品分析体积增加的函数。结合以上方程可得出下述关系式：

$$dz = \frac{\Omega}{\eta w_v(z)}$$

文献[58]、[59]、[61]、[62]中提出的现有的重构方案的主要差别在于对 $w_v(z)$ 的估算。

7.2.2 Bas 等的方案

在 Bas 等设计的方案中[62]，采用了简化的点投影，其中放大倍数 M_{proj} 定义为如下比值：

$$M_{proj} = \frac{D}{d} = \frac{L + \xi R}{\xi R} \approx \frac{L}{\xi R}$$

式中，D 为离子撞击点到探测器中心的距离；d 为离子在样品顶点切平面上的投影到样品轴的距离，如图 7.6 所示。于是，Walls 和 Southworth 提供了相关细节，假设离子沿直线轨迹投影，可以建立样品表面上每个位置 (x,y) 和探测器上相应位置 (X_D,Y_D) 之间的直接关系，原子的横向位置可写作

$$x = \frac{X_D}{M_{proj}}, \quad y = \frac{Y_D}{M_{proj}}$$

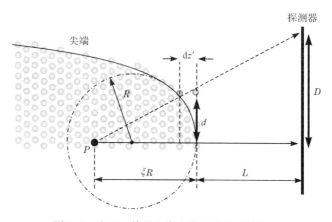

图 7.6　在 Bas 等的方案中计入曲率时的校正

对于每个原子，放大倍数根据由外加电压或样品几何导出的瞬时半径计算出来。

如图 7.7 所示，探测器观察到的场蒸发体积 V_{evap} 粗略地由下式给出：

$$V_{evap} \approx S_a \times D_a$$

式中，S_a 为分析面积；D_a 为分析深度。分析面积是样品表面位于视场内区域的尺

寸。通过应用小角近似,分析面积被认为是探测器在样品顶点切平面的逆投影。所以,分析面积 S_a 可表达为

$$S_a = \frac{S_D}{M_{proj}^2}$$

式中,S_D 为探测器的表面积;M_{proj} 为投影的放大倍数。

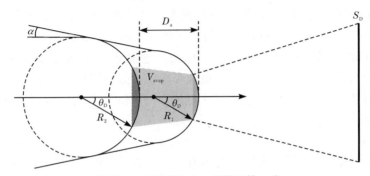

图 7.7　在深度方向上重构的第一步

当样品场蒸发且尖端半径由 R_1 增大为 R_2 时的蒸发体积(V_{evap},以灰色表示)和
分析深度(D_a),样品锥角为 α,角 θ_D 代表总体角视场

如上面的解释,假设原子体积在分析面积内($w_v(z) = S_a$)是均匀分布的,就可计算出深度。结合上面的方程,当电压用来推导半径演化时,深度增量可写作

$$dz = \frac{\Omega L^2 k_f^2 F_e^2}{\eta S_D \xi^2 V^2}$$

上述投影生成了原子在样品顶点切平面内的位置。所以,计入样品曲率后加上一个修正项 dz',如图 7.6 所示。原子位置可根据正交投影直接推导出来,对于第 i 个离子,dz' 可写作

$$dz' = R_i \left(1 - \sqrt{1 - \frac{x_i^2 + y_i^2}{R_i^2}} \right)$$

第 i 个离子的 z 坐标通过依次累加深度增量 dz 再加上修正项 dz' 计算得出:

$$z_i = \left(\sum_1^i dz \right) + dz_i'$$

7.2.3　Geiser 等的方案

如 7.1.4 节所介绍,可以推导出一个点投影模型,该模型假设离子不是以与样品轴成相对较小夹角的轨迹飞行。该方法由 Geiser 等开发。点投影模型中需要非常精确地考虑实际的样品几何,尤其锥角。可以导出投影中心和离子在样品表面位置之间距离 s 的表达式:

$$s = R(m\cos\theta' + \sqrt{1 - m^2 \sin^2\theta'})$$

式中，R 为样品半径；$m=\xi-1$。观察角可按下式估算：

$$\tan\theta' \approx \frac{\sqrt{X_D^2 + Y_D^2}}{L}$$

式中，X_D 和 Y_D 为探测器上离子撞击点的坐标；L 为飞行路径。因此，可以确定原子在样品表面上的原始坐标。

　　Geiser 等的方法或者利用电压导出曲率半径的值（和 Bas 等的相同），或者根据初始的样品半径和锥角预测以后的几何特征。他们方案的关键概念是将样品视为截角圆锥上带有一个球冠（图 7.7 中的灰色部分）并在此基础上减小到另一球冠处（图 7.7 中的黑色部分），从而更精确地估算分析体积。球冠由总的角视场 θ_D 限定，其值可由探测器到虚拟样品上逆投影的极值导出，如图 7.7 所示。因此，函数 $F_V(z)$ 可以写作

$$F_V(z) = \pi R^2 \{ \sin^2\theta_D [1 + w(1-\cos\theta_D)] - w(2 - 3\cos\theta_D + \cos^3\theta_D) \}$$

式中，$w_R(z)$ 描述了半径作为深度的函数。该方案需要输入样品的锥角。如果没有输入锥角，那么其值假设为零，该公式给出顶端球冠的圆形底座的面积。在此情况下，这种方法仅略精确于 Bas 等的方案。

7.2.4　Gault 等的方案

　　Gault 等[22]提出了一个方案，考虑了 7.1.4 节所介绍的发射角 θ 和观察到的压缩角 θ' 的关系，则

$$\theta = \theta' + \arcsin(m\sin\theta')$$

此表达式是在与 Geiser 等的方案相同角关系的基础上建立的。观察角 θ' 由 7.2.3 节中提供的公式得出。假设极角在离子飞行过程中保持恒定，且每个离子对应的曲率半径已知，就可以基于其坐标 (R, ϕ, θ) 直接将离子归位到样品表面上。$F_V(z)$ 定义为整个探测器表面到样品自身球冠的逆投影。半径为 R 的球冠面积由 θ_D 限定，角视场为 $S_A = 2\pi R^2(1 - \cos\theta_D)$。该表达式是对 Bas 等用于半球情况下定义的扩展。

7.2.5　配备反射器的仪器

　　配备反射器的宽视场仪器（见 3.2.5 节）数量正在迅速增加；然而，用以解释此种仪器获得数据的过程并非总是简单的。反射器主要通过曲线轨迹在时间和空间上聚焦离子来改善质量分辨率。现代宽角反射器的传递函数通常是不精确的，因而难以了解离子通过反射器的确切路径。反射器在主要的 x 和 y 轴之外，所以在探测器平面内离子轨迹的变形不是各向同性的。然而，这些问题可基于有限元类的静电场模拟进行解析研究。对于商用仪器，已经计算出由反射器引起的变形的分布图，随后用于重构前修正探测器坐标。变换后的探测器坐标被转译为

极和方位角的集合,然后便可用来建立如 7.2.4 节所讨论的重构。

7.2.6 总结和讨论

建立层析重构过程有四个参数:图像压缩因子 ξ、电场因子 k_f、蒸发场 F_e(或者更准确地说 k_f 和 F_e 的结合)和检测效率 η。可能有更多参数依赖于确定样品半径演化的方法,或者基于电压或者基于样品几何。基于几何的方法需要在重构中引入另外两个参数——R_0 和 α。这些参数在重构过程中不是独立的。例如,估算半径常用 $k_f F_e$,但这两个参数并不单独使用。校正所有这些参数的方法将在 7.3 节描述。

图 7.8 总结了计算某个原子深度坐标 z 的一般过程。

(1)原子按照严格定义的序列发生场蒸发。

(2)对于探测到的每个离子,发射表面的深度(z_{tip})假设按照探测次序递增,如图 7.8 中的虚线所示。

(3)可重构得出原子的 (x, y, z) 坐标。

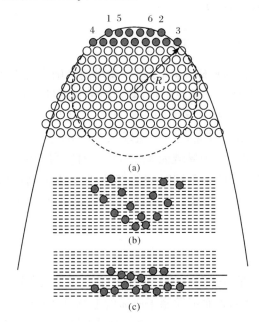

图 7.8 重构过程的总结

所有这些方案都依赖以下假设:样品末端形状可很好地近似为半球且原子在整个成像区域内均匀地场蒸发。Geiser 等和 Gault 等提出的方案是对最初方案的扩展。它们用于对从宽视场仪器中获得的数据进行重构,如果满足上述条件,那么他们得出的重构结果比 Bas 方案得到的更准确。这两个方案间的差别很有限,应用这两者得出的结果非常相近[22]。这些最先进方案的实际局限将在7.3.3节中讨论。

近来已提出了这些方案的一些新进展[68-70]，但在处理与样品场蒸发中采取的末端形状的复杂性有关的问题时仍缺乏灵活性，例如文献[13]、[15]、[25]、[70]中提到的情况。Geuser 等[71]或 Vurpillot 等[70]提出了对重构数据的校正，将在7.4.2节讨论。Haley 等近期采用了一种不同的方法，其中虚拟的理想形状的样品被替换为利用电子层析获得的场蒸发的样品形状。这种独特的方法给出一个新范例或许需要很长时间。

7.3　重构的校正

最终重构的精度基本上取决于精确定义主要重构参数的能力。后面的节次集中介绍导出 ξ、k_f、η、R_0 或 α 准确值的技术。

7.3.1　校正重构参数的技术

1. 采用场离子显微镜估算重构参数

如 2.3.3 节所讨论的那样，场离子显微镜可用来确定与样品形状和静电环境有关的重构参数：样品曲率半径及锥角、电场因子和图像压缩因子。首先，图像压缩因子可从极在场离子显微图像中的位置导出，方法是对比特定几组原子面间晶体学夹角的理论值和成像测量值。参照附录 F 提供的立体投影识别不同的极。其次，由于梯层的尺寸反比于局域曲率[30,40,41]，因此可用环形花样直接导出曲率半径。第三，如果确定了两个不同时刻的半径，那么就能精确监测已经场蒸发的原子层数，于是就可以估算锥角。最后，如果已测量出半径，并假设样品顶点的电场 F 为

$$F = \frac{V}{k_f R}$$

那么就可确定 k_f。但是，这需要设定一个样品顶点电场的假定值。由于 FIM 中存在成像气体，因此从样品表面蒸发原子所需的电场是变化的[72]，所以难以准确估计产生蒸发的电场值。这可能在 k_f 的测定中引入偏差，使用这种方式确定其值时必须要谨慎。

2. 采用场解吸显微镜估算重构参数

由离子的到达位置形成的解吸图像揭示的晶体学信息可通过与 FIM 相似的方式应用于原子探针[42,59]。宽视场原子探针的出现更容易获得这些信息。与

FIM 不同的是,在场解吸显微镜和原子探针中原子直接从样品表面电离并解吸。图 7.9(a)显示了一张提取自纯 Al 分析中探测器上连续 3500 个撞击位置的二维图,图中围绕主要的极出现了环状结构,在相应的解吸图(图 7.9(b))中更易观察到。

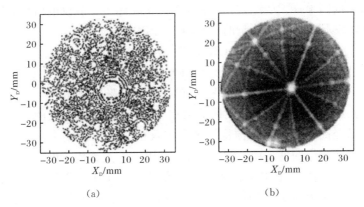

图 7.9 沿⟨111⟩方向放置的纯 Al 在 40K 下的数据集绘制的二维图
(a) 到达的连续撞击的二维图;(b) 解吸图

如 2.3.3 节对 FIM 的讨论,图像压缩因子可以利用极在图上的位置确定并能导出两个量,第一是场解吸图上不同极间的距离 D,第二是图像压缩后的角度 θ_{obs},利用公式 $\theta_{obs}=\arctan(D/L)$ 得出,其中 L 是飞行路径。按照 FIM 中描述的相同方法[42],图像压缩因子 ξ 可通过比较观察角和相应的晶向角 θ_i 并运用公式 $\xi \approx \theta_{crys}/\theta_{obs}$ 确定。应用测量数据,投影 k_θ 因子也可确定。

随后,围绕更大的极的环状结构可用来校正样品的曲率半径 R_0。与 FIM 不同,由于有限的空间分辨率和检测效率,因此 FDM 一直很少显示两个主要晶体取向间的梯层,但利用围绕单个极的一套环是可能的。每个环对应深度的一个增量 d_{hkl},可以使用在 FIM 中得出的公式:

$$R_0(1-\cos\theta_n)\approx nd_{h_1k_1l_1}$$

式中,θ_n 为中心和围绕某个极的第 n 梯层边缘之间的夹角。如果图像压缩因子或投影因子 k_θ 已经预先用解吸图估算出来,那么就可以确定每一个这样的夹角 θ_n。几个极的曲率半径可以估算出来,且平均来说反映了样品的整体曲率。随分析条件、材料和结构的不同,半径表现出很大的变化。

最后,假定一个样品表面的电场值 F,电场因子 k_f 可根据公式 $k_f=V/FR$ 确定。例如,电场值可利用价态比和附录 H 中的 Kingham 曲线导出(见 3.1.1 节)。

3. 采用层析重构中的晶体学特征校正重构

原子探针层析的深度分辨率通常足以观察重构体积中的原子面。一旦这些

平面被识别和指标化,其面间距就可用来校正重构的深度方向。检验 z 坐标的计算公式,显然其一级近似为

$$\sum \mathrm{d}z \propto \frac{k_\mathrm{f}^2 F_\mathrm{e}^2}{\xi^2}$$

式中,k_f 为电场因子;F_e 为蒸发电场;ξ 为图像压缩因子。假设电场是恒定的,且 ξ 已通过 FIM 或 FDM 校正,测量的面间距正比于电场的平方:

$$(d_{hkl})^{\text{measured}} \propto k_\mathrm{f}^2$$

所以有可能调整电场因子的值以获得正确的面间距。在可以识别几个极的情况下,就有多个原子面族可用,并可调整 k_f 的值使误差降至最低。

这些方法仅适用于原子面成像的数据集,具有高溶质含量的合金通常不适用。另外,已经提出用微观结构特征来限定重构[73]。沉淀经常沿特定的取向生长,在多个沉淀成像的情形中,生长取向性可用来校正重构。可以调整参数直至这些沉淀的夹角适宜。在含有两种沉淀的单个数据集中应用这一过程的结果示于图 7.10 中。从其他显微镜(电子显微镜和层析、二次离子质谱仪等)得到的微观结构的其他特征,如片层厚度、界面平坦性或沉淀的位置和尺寸,也可用于校正[74]。

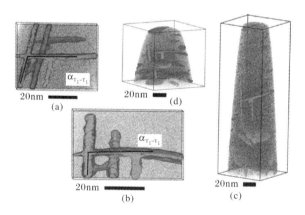

图 7.10　含有 T_1 沉淀的 Al-Cu-Li-(Mg)-(Ag)-(Zr)合金的层析重构

图(a)和图(b)中两个沉淀是沿〈110〉方向显示的,当重构参数改变时可实现沉淀夹角的可视化;图(c)和图(d)分别对应于图(a)和图(b)的整体重构

检测效率的值可用几种方法来验证[42,75,76]。例如,采用基于傅里叶变换(见8.6.1 节)或空间分布图(见 8.6.2 节)的晶格修正过程,有可能重构晶格位置并在层析重构中将原子重置到那些位置上[76]。于是,被原子占据位置的数量除以分析体积内可用位置的数量直接与检测效率有关。近年来提出了基于晶体取向间夹角的另一种方法[42]。如果面间距能通过固定比值 $k_\mathrm{f}^2 F_\mathrm{e}^2/\eta\xi$ 来确定,就有可能通

过调整检测效率和电场因子使面间距保持恒定。改变电场因子会影响分析面积，引起分析体积横向尺寸的延长或缩短，如图 7.11 所示。

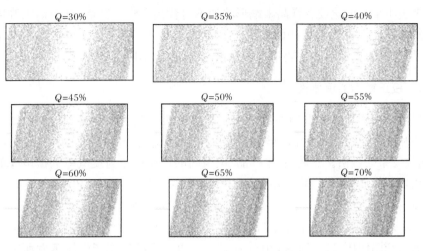

图 7.11　对于纯 Al 样品中的一个恒定面间距，层析体积的形状随检测效率的变化(蒙 Frederic de Geuser 博士慨允)

分析面积横向尺寸的变化将会伴随着晶向间夹角测定值的变化。所以，可通过对比两个晶向夹角的测定值和理论值来确定检测效率。在 Cameca LEAP3000X Si 型仪器中，已经运用这种方法测定了检测效率 η，约为 57%[77]，与同类仪器中其他方法的估算结果符合良好[76,78]。由于透过率约 85% 的网格过滤掉了某些离子，因此配备反射器的仪器检测效率通常为 37%～40%。

4. 采用电压曲线估算样品的半径和锥角

针对基于电压或样品几何确定半径的方法，对于给定数目的原子，电压的相对增加直接与半径的增加相关，进而也与样品的锥角相关。于是，此方法中电压曲线的斜率直接依赖于样品的锥角。在第二种方法中，样品的锥角可采用实验中半径的演化规律来估算，此演化可从电压与检测到离子数的关系中导出。电压的渐进增加是半径增加的缘故，正比于样品的锥角。基于曲率半径的初始值和锥角，可以计算出场蒸发所需电压的虚拟曲线，且样品的锥角可由最小化实验和虚拟曲线的差导出。理想情况下，这种方法能够确定样品的初始曲率半径和锥角。

5. 采用电子显微镜估算样品的半径和锥角

利用透射或扫描电镜(TEM,SEM)检查样品可直接测量用来确定样品曲率半径演化的几何参数 R_0 和 α。然而，仍不能对这一方法的正确性下定论。Hyde

等发现用 TEM 和 FIM 两种方法测定的曲率半径非常一致[59]。Larson 等利用 TEM 检查样品,能够使锥角的变化和电场因子的变化建立联系[79]。电子显微镜也用来表明小平面化或者样品末端形状的不对称性[80,81]。然而,此时尚未开展广泛的研究以建立电子图像法的测定值和 FIM、FDM 及 APT 法测定值的直接关联,利用这些值能够绘制主要重构参数预期值的校正图。

7.3.2　校正重构的重要性

尽可能精确地估算重构参数对于层析重构的完整性是极其重要的。尚未建立电场和图像压缩因子的值与样品几何、静电环境或分析条件(脉冲分数、温度等)函数关系的表格。然而,看来样品-电极间的距离和作为反电极的微电极的光阑孔径均不能显著影响图像压缩因子[77](与 Cerezo 等在 FIM 中的观察类似[56]),在此他们大幅改变电场因子[82],使其分别伴随着距离或直径的增大而下降。尽管样品末端形状有变化,但是样品基础温度的变化至少在一个合理范围内(100K 以下),电场和图像压缩因子保持相对恒定[77]。以给定的速率产生场蒸发所需的样品顶点的实际电场值在更高温度下降低了,例如,这可以通过价态比的演化进行追踪。因此,可以认为这些参数与每个特定样品的实际几何直接有关(半径和锥角),且没有定义 k_f 和 ξ 的通用规则。已测定两个参数的值并绘制在图 7.12 中。这些参数并无明显的趋势,暗示着重构参数对每个样品都是高度特殊化的。但是,这些参数对于给定的材料存在一定的趋势,表现为锥角和曲率半径的函数[69,83]。

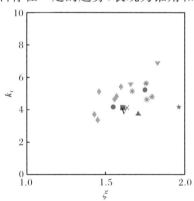

图 7.12　在几种尖端和材料中电场因子 k_f 与图像压缩因子 ξ 的函数关系

在 4cm(上三角)和 8cm(圆)探测器中获得的纯 Al 的数据,Al-5.6Ag-0.84Cu 合金的数据(菱形),Al-3Cu-0.05Sn 合金的数据(雪花形),纯 Ni(下三角),在 4cm(方形)和 8cm(×字)探测器中获得的纯 W 数据,Sb 掺杂的 Si 的微针尖阵列(五角星),HSLA 钢(空心下三角)[89]。复印自 J. Appl. Phys. 105/3,Gault B,Moody M P,de Geuser F,la Fontaine A,Stephenson L T,Haley D,Ringer S P,Advances in the calibration of atom probe tomographic reconstruction,034913,Copyright(2009),American Institute of Physics

已有报道,实验过程中当样品半径增大时,图像压缩因子和电场因子也发生变化[19,20,42,69,83]。在激光脉冲模式下,由于样品表面温度很高[84,85],样品末端形状显著改变,尤其受到热致小平面化的影响[43]。所以,这些参数可能随着脉冲模式或激光脉冲能量的改变而演化。另外,有报道表明[80,81,86-88],样品一侧的优先吸附导致样品的不对称性,转而导致视场内重构参数的不均匀性。最后,前面讨论的重构方案都使用数值恒定的重构参数。但是已经表明,电场因子和图像压缩因子都依赖于样品几何[19-21,79],尤其依赖其曲率半径[43,59],而样品几何在分析过程中是变化的。为了解决这些问题,研究者应致力于确定这种演化并使用变化的参数更精确地建立重构[69,83]。

在大部分主要原子面族仍能保持正确面间距的前提下使用 k_f 和 ξ 的不同组合,Gault 等表明,一套不正确的参数在倒易空间引入畸变,这意味着与其他原子面族的夹角及面间距的退化[77]。在合金含有可观测的纳米尺度结构的情况中,已考察了重构参数对最终层析重构的影响。在 Al-Ag-Cu 合金分析中显示出 Ag 的 GP 区的弥散分布,已采用几套重构参数进行了重构,绘制了 Ag 原子在分析体积内的三维分布图并示于图 7.13 中。已采用 7.3.1 节中描述的方法对重构参数进行了估算,重构结果显示在位于中心的图片内。随后,单独改变检测效率、电场因子和图像压缩因子的值而保持其他参数不变,获得的图片清楚地表明,一套不适当的参数使沉淀形貌和尺寸及沉淀间距产生畸变。

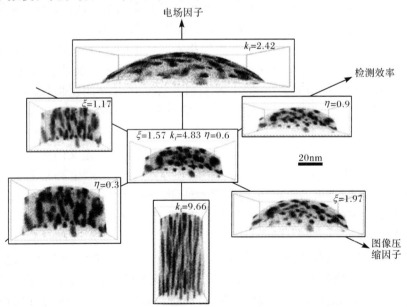

图 7.13 Al-5.6Ag-0.84Cu 合金分析中 Ag 原子的分布
每个参数改变后的值插在每个分析体积内

7.3.3　当前过程的局限性

到目前为止讨论的重构过程能够将 (X_D, Y_D, N) 变换为 (x, y, z)，因而能产生三维原子图。但是，为实现有效性，必须接受许多假说是正确的。下面将讨论投影、重构过程、支撑离子飞行的物理过程的某些内在局限。也将考虑重构精度的隐含意义。

1. 投影法的内在局限

如图 7.5 所示，点投影模型是处理原子探针层析数据最常用的投影方法，能获得仅在样品轴向一定角度范围内探测器上极之间的准确距离。当样品轴向不是严格垂直于探测器时（即倾斜时），还必须要考虑到离子轨迹的变形[51,61]。如 Cerezo 等所讨论的[56]，当样品倾斜时，不适合点投影模型的角度可能进入视场并导致有害畸变。采用更先进的投影法则[2,37]或发展能实现计算确切离子轨迹的高级模拟方法[10,22,52]有望解决这些问题。

2. 半径演化法的内在局限

如上所讨论，有两种主要的方法用来提取整个实验过程中曲率半径的演化信息。它们将会导致重构产生不同的偏差和变形，很难决定选择哪种方法。

首先，基于电压演化的方法在分析多相材料时面临很大问题。确实，因为电压用来控制固定的检测率，电压的增大预示着样品表面电场下降并导致蒸发率降低。但是，由于蒸发原子所需的电场因物相不同而不同，因此电场的增加并非一定与曲率半径的增大有关；或者是由于当不同的物相出现在尖端表面时，产生恒定蒸发率所需的电场增加了。在多层膜材料的情况中，这个问题非常关键。

例如，在图 7.14 中，Si 基体和 Ni 涂层间场蒸发条件的变化诱发电压在界面处迅速下降。电压降低在算法中被考虑为曲率半径的变化，于是分析面积改变了，如图 7.14(a) 左侧所示。另外，当半径的演化仅由预先定义的样品形状决定时，基于几何的重构对电压的变化不敏感。于是这种方法产生看起来更好的结果，如图 7.14(b) 所示。然而，值得注意的是，由于样品半径在两层材料间可能变化以适应蒸发场的差别，而这种差别会影响离子投影，因此图 7.14(b) 的结果不一定是更精确的。

此外，基于几何的重构需要引入两个新参数：样品的初始半径 R_0 和锥角 α。这些参数是难以确定的。电子显微镜对样品的观察揭示了样品形状不一定是光滑和笔直的，且不能直接测定确切的锥角，如图 7.15 所示。样品曲率半径的测定也存在同样的不确定性。如图 7.16 所示，实际上半径在整个样品表面上是变化的，所以难以确定样品半径的定义。更重要的是，场蒸发时样品采取一种平衡形状,所以原子探针分析前测量出的样品半径不一定是实验有效开始时的曲率半径。这在激光脉冲原子探针中尤其正确,此时场蒸发在更高温度下发生,往往导致样品曲率半径已发展得非常大[43]。

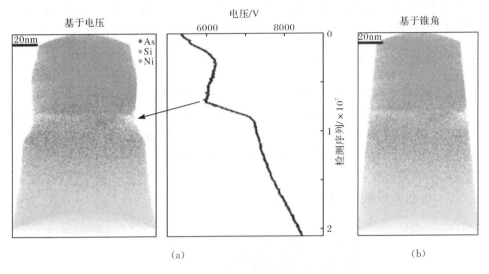

(a)　　　　　　　　　　　　　　　　　(b)

图 7.14　溅射的 Ni 层和 As 掺杂的 Si 晶片间界面的重构以及
相应的电压曲线(中图),凸显了基于电压和基于锥角的重构方案间的差别
(数据得到法国马赛 IM2NP 研究所 Khalid Hoummada 博士的允许)

图 7.15　纯 Al 样品蒸发后的透射电镜图像
几套不同颜色的线表示了锥角多种可能的定义

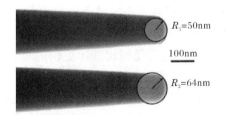

图 7.16　纯 Al 样品的透射电镜图像显示的两种
可能的样品曲率半径的测量方法

当电压适应于更小或更大的半径时,这些样品形状或半径的变化将会计入基于电压的半径演化。但是已经注意到,这种方法由于不同物相蒸发场的差异将会产生虚假半径演化。因此,这些方法均会产生假象,在选择计算半径演化的方法时必须十分注意。值得努力的是,只要可能,在样品未断的情况下,分析之前和实验结束之后都测量半径有望校正半径和全部分析深度。

3. 重构过程的内在局限

早期的重构过程假设分析面积可以通过将探测器表面逆投影到样品顶点的切平面上直接计算出来,且未考虑表面的曲率。此假设归结为在小角度时角度近似于其正切值(图7.17),对小角度原子探针是有效的。但是,对于现代宽视场原子探针,分析面积的估算则非常不精确,导致用以建立重构的深度增量的估算相对较差。现代商业软件使用的重构方案更多的新进展避免了做出任何这类假设[22,58],在很大程度上克服了这种局限性。

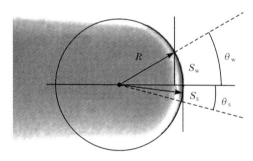

图 7.17   小角(S_s 和 θ_s)和大角(S_w 和 θ_w)原子探针中分析面积的估算

如果入口面板没有接地或采用网格绝缘,那么离子向着微通道基板的加速过程会造成原子探针层析中另一个常见假象。它引起分析面积随离子获得能量的不同而变化。这种电势对离子轨迹的影响也依赖于离子的质荷比。此效应可能严重影响仪器的空间分辨率。这是一个商用仪器中共同面对的问题。

更重要的是,重构过程假设在整个视场内均匀地发生场蒸发。虽然此假设可能在分析纯材料时有效,但是却在更多的复杂情形下失效。例如,当低蒸发场的物相或薄层出现在视场中时,它们受到比基体更快的场蒸发(更高的场蒸发率),导致探测器上出现更高撞击密度的区域,并局部地改变了尖端曲率。由于重构方案并未考虑这种蒸发序列和曲率引发的局部变化,所以此效应会影响整个视场内的重构,Haley 等对此进行了广泛讨论[90]。在 7.4 节中将讨论这些假象和某些校正这些受影响数据的方法。

7.4 常见假象和可能的校正方法

7.4.1 轨迹像差和局部放大效应

重构的原子数据和原始结构的差异不仅来源于不完美的重构过程,也来源于导致离子飞行偏折的实验因素。这些因素中的第一个是 Waugh 等提出的滚升效应,用来解释场解吸显微镜中在梯层边缘观察到的某些主要假象。如图 7.18(a)所示,这种效应对应于某个原子在场蒸发离开前在表面上可能的运动,即原子会沿着其当前位置上方的梯层边缘滚动。

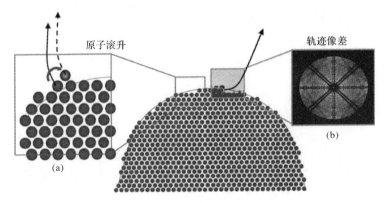

图 7.18 两种轨迹像差的成因示意图

(a) 滚升效应;(b) 静电场。图(a)中实线对应预期的离子轨迹,
虚线对应实际轨迹。静电场模拟和相应的场解吸图摘自文献[26]

轨迹像差会产生电势偏折。它们本质上与样品表面附近的电场分布有关,会导致离子飞行最初时刻不理想的横向位移。这些电场的局域变化导致探测器上出现离子撞击密度高或低的区域,将会在重构过程中依据局域电场的相对强度分别转换成低或高的原子密度。极和带线是贫乏区域的很好例子。试样的准球形表面适应其内在晶格结构的方式导致表面局域几何特征的变化,所以它们附近的电场是不连续的。围绕这些带的电场分布倾向于使离子轨迹转向[29,53]。因为样品的形状直接由材料的晶体结构和实验条件(温度和电场)控制,这些假象与这些因素都有关系。如图 7.18(b)所示,在 FEM 静电场模拟中很好再现了轨迹像差[8,23,24],对应于极和带线的贫乏区域清晰可见。Moore 在一个模型中预测了这些特征,该模型的基础是射出离子在其飞行的第一时刻受到其局域近邻的静电排斥[6]。

轨迹像差也会起源于不同蒸发场的沉淀相。当场蒸发沉淀所需的电场低于或高于基体所需时,它们分别称作低场或高场沉淀。这种蒸发场的变化导致以下结果。

(1) 在低场沉淀情形下的表面平整化,形成使离子轨迹向内偏折的低电场区,这会引起撞击密度的表观增加(图 7.19)。

(2) 在高场沉淀情形下局域曲率的增加,会产生一个排斥离子的更高的局域电场,将会引起撞击密度的表观降低(图 7.19)。

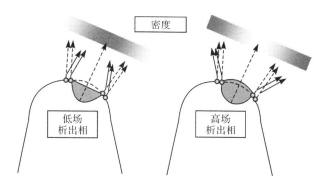

图 7.19　在低场与高场沉淀情况下由于表面曲率的改变对轨迹像差和撞击密度的影响

图 7.20(a)中,在 Al 基体中观察到了 Mg 和 Zn 的沉淀。等密度面连同高密度带绘制在图 7.20(b)所示的相同体积内。由图可清晰看出高密度区所在的位置和沉淀的相关性。

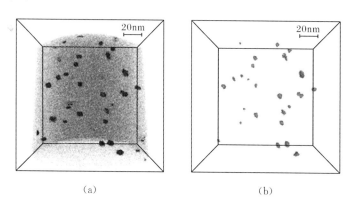

图 7.20　Al-Zn-Mg 合金中的元素分布图和等密度面
(a) Mg 和 Zn 原子的三维分布图;(b) 70 原子/nm^3
的等密度面,即大于基体密度的三倍

相反地,在 Al-Mg-Si 合金中,主要由 Si 和 Mg 组成的高场沉淀的密度远低于基体;在图 7.21 中,等密度面描画出了高场沉淀。通过电场模拟很好地再现了这些假象及其对轨迹造成的结果[10]。

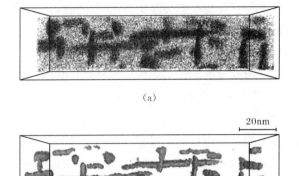

(a)

20nm

(b)

图 7.21　Al-Mg-Si 合金中的三维图和等密度面

(a) Mg 和 Si 原子的三维分布图;(b) 7 原子/nm^3
的等密度面,即小于基体密度的三倍

其他类型的像差也已经被观察到。例如,如果某个原子需要比近邻更高的电场才能蒸发,那么在受到足够强电场的作用使其蒸发前,它可能滞留在表面上。该过程称作择优驻留。近期研究显示了择优驻留怎样诱发晶界处一维成分谱线的错误扩展[91]。也可能发生相反的效应:未承受最高电场的原子(即非转角位置的原子)或者特定的低蒸发场溶质,先于大部分凸出原子场蒸发出来[8,10,92]。由于某些效应与原子的化学本质及其与最近邻的键合强度有关,因此这些假象有时(或许有些不恰当)称作色差[93,94],尽管并不严格与离子能量有关。

这些效应也会导致离子深度坐标的假象。因为重构是按顺序构建的,如果低蒸发场物种提早离开表面,那么这些原子将会被太早重构,因而在重构体积中的位置太高。这在有序结构的分析中得到了证明,此结构由交替的高场和低场离子层组成,其中的低蒸发场元素因过早离开而不能被 FIM 成像,导致它们在重构中出现在不同于材料晶体结构预期值的深度上[8,95]。这些效应中某个或几个的组合可能影响层析重构的精度。为部分校正轨迹像差对层析重构的有害效应而发展的方法将在 7.4.5 节讨论。

7.4.2　表面迁移

如图 7.22 所示,在宽视场原子探针层析中的极和带线附近经常观察到错误显示的高浓度溶质原子带,这些区域具有很高的电场梯度。对 Cu 或 Mg 浓度增大的一种解释是因轨迹像差导致极附近 Al 原子的择优损失。因为具有高得多的浓度,所以 Al 可能遭受更多这样的特定损失。因此,这种表观的增加可能是由于 Cu 和 Mg 原子比基体原子较少受到发生在极位置的轨迹像差的影响。但是,Al 相对于 Cu 或 Mg 的贫乏会虚假地增大其浓度而非其密度。图 7.22(c)和(e)中极周围而非极中心更高密度的 Cu 和 Mg 的存在暗示着原子密度也受到极存在的影响。此外,已经有几份研究报道了铁素体钢中这样的晶体学特征附近存在的反常高浓度溶质[96-98]。这种现象认为与表面迁移有关。

在 FIM 中已广泛地研究了原子在表面的迁移过程[99-104]。在样品表面很强的电场梯度作用下,原子能够通过热辅助过程实现从一个原子位置到近邻位置的再归位[84,100,105,106]。电场梯度的存在造成原子位置间相对能量的差别,从而促进了这些扩散过程。蒸发场高于基体的溶质原子将优先驻留在表面上,由于有更多的时间在表面上移动,因此更倾向于受到表面迁移过程的影响。文献[98]中建立了适于广泛溶质的浓度变化幅和电场梯度间的直接关系。

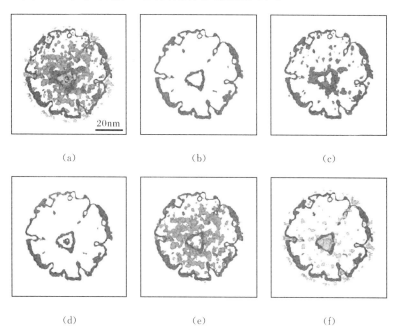

(a)　　　　　　　　　　(b)　　　　　　　　　　(c)

(d)　　　　　　　　　　(e)　　　　　　　　　　(f)

图 7.22　在 40K 和 25% 脉冲分数下 Al-Cu-Mg 合金分析中的 (x,y) 薄切片

(a) 主要低密度区域的极附近存在更高的溶质浓度。图(a)、(b)中的黑色表面是包围着多于 32 个 Al 原子/nm³ 的区域等密度面。一个极表现为图中央的三角形低密度区域。在图(c)中,暗灰色是 0.8 个 Cu 原子/nm³ 的等密度面。图(d)中心的暗灰色区域是 10at%Cu 的等浓度面(箭头所指)。图(e)中灰色是 1 个 Mg 原子/nm³ 的等密度面。图(f)中浅灰色是 3at%Mg 的等浓度面。此分析凸显了高浓度和高密度区域的偏离

7.4.3 色差

如前所述,已观察到某些物种特有的像差[107,108],称作色差[93]。Marquis 和 Vurpillot 报道了 Al-Ag 合金的沉淀中的 Ag 原子倾向于朝着最近的低 Miller 指数极定向移位[94]。对比实验数据和静电场模拟,他们提出:沉淀内基体原子蒸发场的细微变化改变了局域电场分布是造成这些特殊像差的基础。

7.4.4 假象对原子探针数据的影响

人们已很清楚了解了大部分这些假象,它们损害仪器的空间分辨率和研究局域成分的能力。确实,由轨迹像差造成的畸变会导致沉淀内的原子重构为基体的组成部分,反之亦然。已发展了多种专门针对这些问题的方法[70,71,93,109,110],其中的某些方法将在 7.4.5 节讨论。此外,密度的变化或与物种间的换位可能显著影响沉淀或团簇的检测,因为识别这些特征方法的基础是原子间的距离,而这些类型的假象极大地影响了原子间距,这将在第 8 章详细讨论。

这些假象可能在材料学研究中产生高度误导性的结论,所以采用原子探针层析分析含有沉淀或者多相的材料时必须十分小心。此处值得注意的是,对于沉淀的研究,研究者在考虑因沉淀内密度变化而引起所测成分变化的情况下,已经提出了对成分谱线的修正方法[111,112],将在 8.3.6 节讨论。

7.4.5 重构的校正

几个作者提出了校正因轨迹像差和局域放大效应引起的重构误差的方案。本节给出主要的概念和结果。

1. 深度坐标的校正

轨迹像差起源于电场的变化,对于某给定的相或沉淀修正电场值有望修正层析重构中观察到的畸变。基于这种想法,de Geuser 等提出了一个修正这些沉淀内部原子深度坐标的程序[71,93,113]。第一步,采用一种典型的团簇识别方法(见 8.4.2 节)在初步重构中明确识别这些原子。然后就可能将原子归属为不同于基体蒸发场的第二相或沉淀内。第二步,采用两种不同的蒸发场分别计算基体和第二相离子的坐标来生成新的重构。由于此蒸发场用于计算曲率半径和分析面积,因此改变蒸发场就改变深度增量。图 7.23(a)显示了含有比基体蒸发场高 25% 的沉淀的模拟数据集。Vurpillot 等[51]将此数据集作为所建模型的输入用来模拟蒸发和离子轨迹。用标准程序获得的重构显示在图 7.23(b)中,沉淀显示为扁长的球状。在调整沉淀原子的蒸发场后,新重构产生的结果显示在图 7.23(c)中,给出了比图(a)中的初始体积更精确的重构。

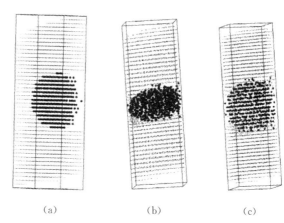

(a)　　　　　　　　　(b)　　　　　　　　　(c)

图 7.23　不同模拟程序的层析重构结果的比较

(a) 基体中球状高场沉淀的模拟体积,用于 Vurpillot 提出的有限元模型的
输入[51];(b) 采用标准程序对该体积的层析重构;(c) 考虑不同蒸发场的程
序对该体积的层析重构(蒙 de Geuser 博士慨允)

　　Geiser 等[114]开发了一种关于电场演化的类似方法。采用与样品成分分析或
演化相关的不同物种的价态比,可以导出样品表面电场的整体演化规律。在大的
沉淀占据了大部分或全部视场的情形中,可以采用与上述的 de Geuser 过程类似
的方式调整蒸发场的值用于重构。图 7.24 为 Al 基合金中获得的层析重构,显示
了含 Zr 和 Ti 的高蒸发场沉淀。图(a)和图(b)中的蒸发场值是变化的,以考虑
Al、Ti 和 Zr 在基体和沉淀间价态的变化。这种改变对沉淀整体形状的作用清晰
地显示出来。修正后重构中的沉淀显得较圆,暗示着可能更小的畸变。

10nm

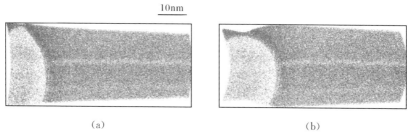

(a)　　　　　　　　　　　　　　　　(b)

图 7.24　在 Al-Zr-Ti(at%)合金的分析中对 Al_3Zr 沉淀的重构

(a) 采用标准重构程序;(b) 采用基于价态的场演化(蒙 Brian Geiser 博士慨允)

　　在时行上述工作之前,Vurpillot 等[13]提出了一种修正深度坐标的替代方法。
首先,采用传统的重构方案建立层析重构。随后,分析体积内 N 个原子的深度坐
标在 z_{min} 和 z_{max}(原始重构中原子深度坐标的最小值和最大值)之间进行线性再分
布。第 i 个原子的深度 z_i 可由下面的关系式确定:

$$z_i = z_{\min} + (z_{\max} - z_{\min})\frac{i}{N}$$

应用此程序可得出在深度上均匀分布的原子密度,且能部分解决轨迹像差和场蒸发次序改变引起的问题。Geiser 等[115]实施了更先进的该过程,首先将数据分成子集,控制每个子集中深度保持相等,并在每个子集内完成均匀化过程。此过程已集成在 Cameca 公司提供的商业软件中。最后,Vurpillot 等提出了对他的最初过程的扩展,根据外部约束(如界面的平整度)调整了检测次序,因而可防止形成深度方向的假象[70]。

2. 横向坐标的修正

上面提供的方法能够实现深度方向的一阶修正,但轨迹叠加导致不能修正密度的变化。de Geuser 等提出了修正过程的第二步,涉及应用基于网格的密度校正[71,93]。在此方法中,重构分割成平行于 xy 平面的切片,每片含有几千个原子。在每个切片内建立网格,如图 7.25(a)所示。首先计算出网格每个胞内的密度。因此,根据每个胞的密度调整网格中每个节点的位置,即通过平移构成每个胞的节点来增大每个高密度胞的体积,于是可降低其平均原子密度。总体目标是调整节点的相对位置以使整个切片内每个胞的平均密度近似相等。此外,为使网格中每个胞内的密度均匀,改变节点位置时,每个胞内原子的 x 和 y 坐标需要进行迭代调整,如图 7.25(b)所示。保持每个原子与网格节点的相对距离恒定来保证原子定位的精度。Vurpillot[116] 和 Geiser[115] 也分别独立提出了使用基于网格的方法在重构前校正探测器上的撞击密度。这种方法应用在 Cameca 公司提供的商业软件中。

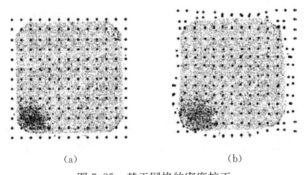

(a)　　　　　　　　　　(b)

图 7.25　基于网格的密度校正
(a) 原子和网格节点(大黑点)的初始分布;
(b) 网格变形后原子的最终分布,表现出均匀密度(蒙 de Geuser 博士慨允)

3. 基于电场和密度组合的校正

当然,7.4.5 节前面描述的两个步骤可以结合起来以处理有特殊问题的重构。

这可以给出非常精确的重构,如图 7.26 所示,例如,当完整的校正过程应用于分析体积时,粒子的[110]面和基体[220]面能同时分辨出来[71]。此处观察到的缩颈是由于密度修正导致横向坐标的调整。这预示着实验中试样有效分析的面积随试样曲率半径的变化发生了改变。虽然图 7.25 和图 7.26 是在小视场原子探针中得到的,但是相似的过程现在可以常规地应用于大数据集[115]。生成的重构看起来很好;但是,由于仍未应用于模拟数据并与原始的原子分布进行对比,更先进程序的精确性仍未得到验证。

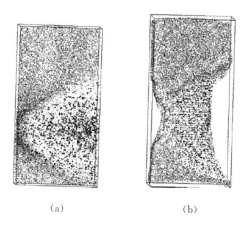

(a)   (b)

图 7.26   Al₃(Zr,Sc)粒子的三维重构

(a) 标准方案;(b) 在深度和 xy 平面进行校正的方案(蒙 de Geuser 博士慨允)

7.5   原子探针层析重构的展望

虽然在改善重构过程的精度方面取得了某些进展,但大部分内容仍是基于 Bas 等最初提出的方案[62]。因此,其仍然依赖于很多关于样品形状和最初在 FIM 或一维原子探针中引入的离子轨迹的假设[3,4,61]。虽然目前几乎没有替代的方法,但这是一个新兴的领域且在其他方向展开了积极探索,包括采用来自其他显微技术的数据作为输入、将模拟和实验数据相结合、深入开发现有的数据。

7.5.1   相关的显微学对重构的推进

近年来,几项研究提出了推进重构过程的途径,主要利用电子显微镜得到的补充信息来约束重构,因而提高了原子探针层析重构的质量。透射电镜非常适于确定纳米尺度结构的形貌,如原子探针尖端的顶点和锥角。将电子层析和原子探针层析相结合的最初研究证明,通过使用电子层析添加第三维度能够提供更为深入的信息^[74,117]。图 7.27 显示了由纯 Al 针尖中获得的明场全倾转系列生成的基本电子显微层析重构。这表现了电子层析获取样品确切几何信息的潜力。

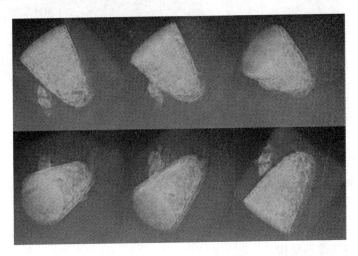

图 7.27　根据传统背投影法获得的未经任何场蒸发的纯 Al 针状样品的完全三维重构
针状样品侧面的特征是由电子显微镜内的碳污染引起的

如果倾转系列图像能可信地解释为实际三维结构的二维投影,那么根据传统的背投影算法可从中重构全部的散射密度。对于成像受到衍射衬度、菲涅尔条纹、多次散射或强吸收效应影响的样品,已证明背投影或许不能提供样品结构的精确图像。在任何情况下,倾转角度范围的不完整会导致所谓的"丢失的楔形",这会引起假象。为克服这些问题,Petersen 与合作者发展和完成了一种"表面切线算法"(STA),计算出了描绘散射界面的图像中局部切线的交点,如图 7.28(a)所示^[118,119]。测量出了表面形状并以"点云"方式提取了其三维形貌信息。这种方法不受复杂的电子-样品交互作用的影响,由于这是一种局域的层析算法,"丢失的楔形"简单地显示为丢失的数据,并能利用泰勒级数等方法来补足,且不引入形貌畸变或其他整体重构方法中经常遇到的假象^[120],因此该方法非常适于根据倾转系列表征原子探针样品的三维形状。这样的测量对定量估算锥角和局域曲率半径极为重要。

也可深入发掘样品的全三维点云,例如推导样品的确切曲率,如图 7.28(b)所示。如此详细的信息可用来设计新的重构方案,并考虑曲率的局域变化。将 STA 提取的数据结合有限元模拟用于计算电场分布并推导确切离子轨迹^[52],这种用于离子逆投影的有趣方法有望成为常用点投影法的替代方式,随着进一步发展,无疑会提高重构质量。

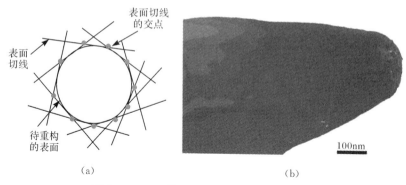

图 7.28　STA 的原理与形貌重构结果的比较

(a) STA 重构的原理,如何计算出感兴趣表面的局域切线及将切线交点用于定义点云；(b) 原子探针样品的完全三维重构。衬度对应于根据点云计算出的局域曲率半径(蒙 Petersen 博士慨允)

7.5.2　模拟法改善重构

如同许多其他显微技术一样,尤其是高分辨显微镜,长期用于模拟帮助解释场离子显微镜和原子探针数据[6,12,25,121],尤其是用有限元模拟审查有关层析重构的问题[8-11,13,25,26,44,122-125]。具体对原子探针层析来说,这种方法也适用于以下方面。

(1) 确定场蒸发中形成样品的确切形状[23,24]。

(2) 评估轨迹像差的起源和程度及其对重构空间分辨率的影响[8,10,26]。

(3) 量化局域放大倍数对小沉淀成像成功率的影响[10,44]。

(4) 探索场蒸发次序及其对该技术性能的影响[9,125,126],包含用于有序结构的情况[8,11,122]。

(5) 确定在复杂结构的分析中样品表面的演化及其对层析重构的影响[15,25,127,128]。

此研究领域仍在不断发展,几个研究小组正在推进算法及方法的研究。可以设想在不久的将来会实现模拟软件直接与原子探针数据进行对比的商业化应用。

7.5.3　原子探针数据重构的替代方式

研究者已提出了原子探针数据重构的替代方法。例如,Miller 提出将成像原子探针中获得的每幅图片堆垛起来[129],仪器软件的早期版本只能绘制二维的单个元素。在此前期工作的基础上,Gault 等提出了类似的基于堆垛的方法来处理宽视场原子探针数据[130],利用二维探测器的信息建立带有网格的密度和成分信息。在早期的工作中,样品曲率并未考虑在内,但为三维场离子显微镜研制的方法却可以很容易地实现[131]。

作为替代方法,如3.2.2节中所讨论的,在探测器表面上的局域撞击密度正比于局域放大倍数,因而可用来揭示发射表面的局域曲率。该信息目前被忽视了,但有可能找回场蒸发中样品的实际形状。然后此形状可用作模型样品,通过重构方案或有限元模拟将原子归位于此模型样品上。

7.6 APT 的空间分辨率

7.6.1 简介

原子探针层析的空间分辨率是高度各向异性的。原子逐层地发生场蒸发,所以,深度分辨率高于横向分辨率,且后者受到轨迹像差和局域放大效应的影响更大。在实空间中,三维自动关联函数或三维径向分布函数揭示了在重构中所期望原子位置概率分布的平均形状是扁椭球形[51,90],这由分辨率的各向异性所致。因此,确定原子探针层析的空间分辨率是一个复杂问题。确实,虽然场蒸发的物理机制明显在分辨率中起作用,但因为用于构建层析重构的方案也起重要作用,所以将其直接与测量的分辨率联系起来并非是无关紧要的。

7.6.2 研究方式

已经发展了几种数据分析方法来探寻保存在原子探针数据中的结构信息,包括傅里叶变换[132-134]、径向分布函数[90,135-137]、三维自动关联函数[51]或所谓的空间分布图(SDM)[78,138]。关于这些方法的细节可参见8.6.1节~8.6.3节。在此简要介绍最广泛应用的空间分布图。

SDM 是对"原子附近"算法的扩展,该算法最初是由 Boll 等提出的,以研究重构中原子的局域近邻[95]。SDM 首先通过在三维空间建立参考原子与其周围近邻之间的矢量而生成。将数据集中每个原子作为参考原子重复此过程,随后在三维空间建立所有得出的矢量直方图。传统上,SDM 或者显示为在特定方向上(接近深度方向)分隔其他原子相对于参考原子偏移量的一维分布,称作 1D-SDM 或 z-SDM,或者绘成二维直方图以显示在垂直于此方向的平面内原子的平均分布,称作 2D-SDM 或 xy-SDM。如果计算 SDM 的方向垂直于一族晶面,那么 z-SDM 显示出原子面相对于参考原子的平均位置所对应的一族峰,而相应的 xy-SDM 揭示出原子相对于平面的排列。SDM 揭示出原子面的平均厚度(z-SDM)和重构中原子的平均横向扩展(xy-SDM),这些信息可利用最佳拟合的函数,如高斯函数提取出来。

7.6.3 空间分辨率的定义

多个作者已定义和描述了量化原子探针层析的空间分辨率的方

法[51,133,139-143]。2001 年，Vurpillot 等将空间分辨率定义为从傅里叶变换中得到的倒易空间中衰减函数的宽度[133]。分辨率的这个定义非常类似于由瑞利判据定义的光学分辨率的特征。确实，由照射光栅形成衍射花样中的衰减函数与单个狭缝的宽度有关，在原子探针层析数据中对应着单个平面的厚度。绘制遍及傅里叶空间的强度曲线可揭示出此衰减函数的形状。分辨率 δ 通过对强度曲线的高斯函数拟合而估算出来，此处分辨率被认为是高斯函数宽度 σ 的两倍。

2007 年，Kelly 等提出了基于对空间分布图（SDM）的图像分析的定义。利用对 xy-SDM 薄片的二维傅里叶变换，倒易空间的最长矢量被认为直接对应于仪器的空间分辨率[139]。这种定义实际上对应着观测体积内原子面的探测极限，会随试样的不同而变化，所以严格来说不是仪器自身的空间分辨率。

从 2009 年开始，Gault 与合作者利用先进的空间分布图研究了影响 APT 空间分辨率的基础方面[141-143]。首先，他们提出在实空间中测量深度分辨率，按照 Vurpillot 等的定义，用高斯函数拟合 z-SDM 的中心峰。中心峰的宽度取作空间分辨率的值。随后，他们相似地提出发掘 xy-SDM 以评估横向分辨率，他们将其定义为从 xy-SDM 中计算的径向分布函数的第一个峰的宽度。

7.6.4　深度分辨率

场蒸发是一个概率性现象。在施加每个高压或激光脉冲时，并不是只有一个原子发生场蒸发，而是表面上一个薄壳层内的所有原子都具有不同概率的场蒸发机会，其概率依赖于直接围绕它们的局域电场的强度。因此，并不承受最高电场的原子也有一定的概率发生场蒸发。这些原子不一定位于转角位置，此过程有时称作误蒸发[92]。由于原子场蒸发和检测的次序是重构过程的基础，"太早"场蒸发原子深度坐标的准确性略微下降。

在样品表面上，原子梯层的尺寸直接与其相互间的距离有关，低米勒指数极比高米勒指数极显示出更大的梯层。这就解释了深度分辨率对原子面间距的依赖性[141]，如图 7.29 所示。在单个纯 Al 样品中具有相同面间距的晶向之间（如 Al-fcc 晶格中的（113）和（131）晶面）仅有约 5% 的偏差。梯层尺寸增大时平面的宽化由属于该梯层的更多数目的原子所支撑，这增大了非转角原子发生场蒸发的机会[142]。

Vurpillot 等也讨论了分辨率对与蒸发次序和梯层尺寸有关的问题的依赖性，利用他们的静电模型研究了有序结构中的情况[8]。几个作者已经报道了不同物种蒸发场的变化引起选择性蒸发的实验结果[95,144,145]。Chen 与合作者也模拟了在场离子显微镜中这种广为人知的效应[146,147]。这些研究证实了选择性蒸发造成蒸发场最低的原子从表面过早地离开，导致它们深度定位的不精确和不准确。

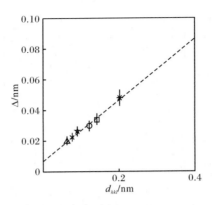

图 7.29　根据纯 Al 数据集内几种类型原子面的 z-SDM 导出的空间分辨率
每个符号对应于一组平面

　　由于场蒸发是热激活过程,因此场蒸发的概率依赖于温度。所以离子检测次序以多大准确度反映材料深度强烈依赖于分析温度。此外,围绕某个极的原子梯层的尺寸也具有温度依赖性,由于特定晶向在电场的作用下要调适到平衡形状,因此一个极周围原子梯层的尺寸具有温度依赖性。已知高温下低指数极的平整化是影响深度分辨率的一个现象[148]。

　　从相同的纯 Al 实验中已产生了几种重构,实验目的注重于蒸发次序对深度分辨率的影响。离子的检测次序被分割成一系列相继的间隔。在特定的分析中间隔的大小是恒定的,但在后续的分析中系统性地增大。另外,将每个间隔内的蒸发次序随机化处理,其效果是间隔越大,蒸发次序的随机化也越大。在此随机化之后完成数据集的重构,得出的体积如图 7.30 所示。对于这样的分析,样品表面上单层的原子数目在 50000~100000。探测器位置和电压不变,只有重构过程中处理的原子的顺序被改变。深度分辨率的持续退化清晰地显示在图 7.30 中,并不断地恶化直至(002)原子面再也分辨不出来。Gault 等将深度分辨率的退化与样品温度的增加联系起来,归因于样品基础温度的增加[142],或者归因于激光照射的增加[143]。此研究揭示出:只要原子逐层地发生场蒸发,一般来说原子面就可以成像[141,143]。在脉冲激光模式下,尽管场蒸发在高温下发生,深度分辨率在很宽的激光脉冲能量范围内仍几乎保持恒定[143]。

7.6.5　横向分辨率

　　原子探针层析中长期缺少恰当的横向分辨率定义。Vurpillot 等[133]提出将 Tsong 对场离子显微镜空间分辨率的定义扩展到原子探针层析中。Tsong 根据 Chen 和 Seidman 的早期工作导出了他自己的定义[149]。第 2 章对 FIM 的横向分辨率做了描述,分辨率具有两个主要组成要素,一项是气体原子的热扰动产生横

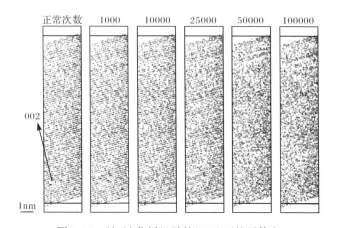

图 7.30　纯 Al 分析显示的⟨002⟩面的子体积

每个体积上方的数字对应着前后相继的每个间隔内的检测事件的次数,蒸发序列在其内是随机化的

向速度而导致图像的模糊化;另一项由量子力学导出,因为单个原子的位置和速度不能同时准确测定。然而,如 Chen 和 Seidman 所讨论的[149],按此方式算出的数值不是实际的分辨率,而是场离子显微图像上观察到的成像原子最小直径。此外,建立此模型是为了描述完美气体原子的情形,所以对于样品表面原子的情形,此模型的大部分假说不能全部满足,因而此方法的有效性存在疑问。

基于场蒸发技术的研究是为了揭示表面的详细原子结构,开始于场解吸显微镜,开展了几项深入支撑横向分辨率极限的物理机制的研究[5,7,150,151]。结果表明,离子飞行最初阶段的轨迹像差是制约横向分辨率的主要因素[5,6]。这些像差在根本上与表面电场的分布有关,因而可以认为是场蒸发过程自身固有的[6,126]。

原则上,低温下表面扩散可以最小化,所以横向分辨率应该受热扰动引起的表面原子的横向运动制约。这种运动的幅度应小于某晶面内两个原子间的距离。因此,横向分辨率应强烈依赖于相应晶向上的原子堆垛方式。从 xy-SDM 中提取空间分辨率的过程表明了该事实[141-143],在最密排的方向上得到了最大的分辨率。横向分辨率的演化也揭示出:尽管原子探针层析中使用了非常低的温度,表面迁移和滚升过程(见 7.4.1 节)仍然是限制因素[142,143];轨迹像差是另一个限制横向分辨率的参数[126]。在激光脉冲模式下,当激光功率增大时,可观察到横向分辨率的显著退化[143]。激光脉冲作用下样品表面达到更高的温度引起表面原子的热扰动显著增大而导致这种退化增大。热激活的表面迁移过程,如随机[99]或定向行走[101,102]、滚升[5,152]或转角位置原子的脱离[153,154],很可能影响实验数据[98,155]。Gruber 等的模拟结果显示:未承受最强电场的原子被场蒸发导致了局域电场分布的畸变[126],轨迹像差在更高的温度下也会加强。

7.6.6 空间分辨率的优化

现在已经确立深度分辨率与离子检测顺序存在严格关系。在极或带线附近，以严格受控的方式发生场蒸发的区域可获得高分辨率[142]。在样品表面的这些区域，此序列看来精确地遵守预期的场蒸发顺序。降低温度会增大电场对场蒸发过程的影响，从而改善深度方向的空间分辨率。

然而，在更低的温度下，诱发场蒸发所需的电场增加，这也会增大假象的影响，如与电场有关的表面扩散（见 2.3.3 节）和轨迹像差（见 7.4.1 节），也可能对分辨率是有害的。特别地，样品表面上更尖锐的小平面的发展增强了发生表面迁移的可能性，如图 7.31 所示。图中显示了一种模型钢中 N 和 C 的分布。这些元素

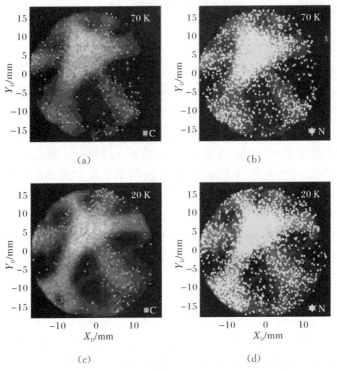

图 7.31　高压脉冲模式在两个温度下，在对 Fe-Nb-N 模型合金
样品的分析中得到的 C（方形）和 N（星形）离子的分布

每个图含 1 百万个离子且无沉淀。这两种离子的分布叠加在 Fe 离子的二维密度图上，此密度图是在多次撞击事件检测得到的，并凸显为高电场区[98]。此图是对 Ultramicroscopy 中的一幅图修改得到的，in press，doi：10.1016/j.ultramic.2011.06.005，Gault B，Danoix F，Hommada K，Mangelinck D，Leitner H，Impact of directional walk on atom probe microanalysis，Ultramicroscopy，182-191，Copyright（2011），得到 Elsevier 的允许

原本随机地分布在材料中,却在原子探针数据中高电场带周围出现团簇化。此效应在温度从 70K 降至 20K 时表现更为显著[98]。优化空间分辨率需要找出电场强度与电压脉冲模式下的样品静态温度或激光脉冲模式下样品达到的峰值温度之间的适当平衡。

7.7　晶格修正

除了空间分辨率的测量,发掘与晶体学有关的信息可实现对层析重构的校正或修正以克服原子探针技术内在的空间分辨率极限。已发展了以重构所分析材料的晶格为目标的过程。充分的晶体信息可以实现直接使用原子探针数据作为多种模拟方法的输入,这经常在硬晶格中实施,如分子静力学或动力学、Monte-Carlo 法等。

建立在晶体重构中恢复晶格的过程一直以来是 APT 研究努力的目标。通过结合运用快速傅里叶变换和花样识别算法从模拟的类似二维 APT 的数据集中提取结构信息,Camus 等首先显示了晶格修正的潜力[156]。随后,原子被移回最近的晶格位置。Vurpillot 等报道了第一个 APT 数据的晶格重构实例[140]。这个创新性的研究对纯 W 重构的一个子集应用了傅里叶变换。倒易晶格通过暗场过滤揭示出来,然后此信息成功地用于将原子放回它们最近的晶格位置。Moody 等[76,138,157]发展了一种晶格修正方法,此方法利用了在空间分布图特征中的晶体学信息。此概念基于以下想法,对某原子的位置做轻微的校正以将其精确地放置在它最可能起源的原子面中,而该原子面位于特定的晶向上。对于某种晶体(fcc、bcc 或简单立方),在三个独立的晶向上同时将一个原子恢复到最可能的原子面上可使其归位到完美晶格的唯一位置。对 Al 合金中大尺寸子体积的重构的修正成功地展示了这种方法。

如图 7.32 所示,通过使用原子探针分析中可用的信息简单地重构一个完整的原子晶格,其在初始的层析重构中是不可见的。相同的方法也已用于不同的结构,如纯材料和合金,获得了很有意义的结果。在晶格修正之后,很高比例的晶格位置明显是空的。这是由于该技术有限的检测效率。识别这些空位是朝着探知重构中缺失数据的本质迈出的第一步。晶格修正可能代表了一种走向真正分析型原子尺度层析的路线,可认为是显微学的终极目标。

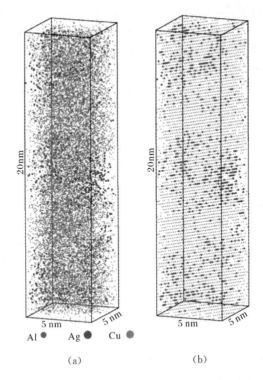

图 7.32 初始三维重构和 SDM 晶格重构的对比
(a) Al-Ag-Cu 数据集的初始三维重构；(b) 对同一
数据集经过基于 SDM 晶格重构后的结果

参 考 文 献

[1] Brandon D G. J. Sci. Instrum. ,1964,41(6):373-375.

[2] Fortes M A. Surf. Sci. ,1971,28(1):117-131.

[3] Southworth H N,Walls J M. Surf. Sci. ,1978,75(1):129-140.

[4] Walls J M,Southworth H N. J. Phys. D:Appl. Phys. ,1979,12(5):657-667.

[5] Waugh A R,Boyes E D,Southon M J. Surf. Sci. ,1976,61:109-142.

[6] Moore A J W. Philos. Mag. ,A 1981,43(3):803-814.

[7] Krishnaswamy S V,Martinka M,Müller E W. Surf. Sci. ,1977,64:23-42.

[8] Vurpillot F,Bostel A,Cadel E,Ultramicroscopy,2000,84(3/4):213-224.

[9] Geiser B P. Paper presented at the workshop:New Frontiers of Atom Probe Application. Oxford,UK,2009.

[10] Vurpillot F,Bostel A,Blavette D. Appl. Phys. Lett. ,2000,76(21):3127-3129.

[11] Vurpillot F,Bostel A,Blavette D. Ultramicroscopy,2001,89(1/2/3):137-144.

[12] Vurpillot F,Cerezo A,Blavette D,et al. Microsc. Microanal. ,2004,10(3):384-390.

[13] Vurpillot F,Larson D,Cerezo A. Surf. Interface Anal. ,2004,36(5/6):552-558.

[14] Gruber M,Vurpillot F,Deconihout B. Paper presented at the workshop:New Frontiers of Atom Probe Application. Oxford,UK,2009.

[15] Marquis E A,Geiser B P,Prosa T J,J. Microsc. ,2011,241(3):225-233.

[16] de Castilho C M C. J. Phys. D:Appl. Phys. ,1999,32:2261-2265.

[17] Russell A M. J. Appl. Phys. 1962,33(3):970-975.

[18] Gillott L,Sugden J. J. Phys. E-Sci. Instrum. ,1973,6(12):1218-1220.

[19] Gipson GS. J. Appl. Phys. ,1980,51(7):3884-3889.

[20] Gipson G S,Eaton H C. J. Appl. Phys. ,1980,51(10):5537-5539.

[21] Gipson G S,Yannitell D W,Eaton H C. J. Phys. D:Appl. Phys. 1979,12(7):987-996.

[22] Gault B,Haley D,de Geuser F,et al. Ultramicroscopy,2011,111(6):448-457.

[23] Vurpillot F,Bostel A,Blavette D. J. Microsc. Oxford,1999,196:332-336.

[24] Vurpillot F,Bostel A,Menand A,et al. Eur. Phys. J. Appl. Phys. ,1999,6(2):217-221.

[25] Vurpillot F,Gruber M,Duguay S,et al//Seiler D G,Diebold A C,McDonald R,et al. Frontiers of Characterization and Metrology for Nanoelectronics. 2009,1173:175-180.

[26] Geiser B P,Larson D J,Gerstl S S A,et al. Microsc. Microanal. ,2009,15(Suppl 2):248,249.

[27] Gomer R. Field Emission and Field Ionisation. Cambridge:Harvard University Press,1961.

[28] Rose D J. Phys. Rev. ,1955,98(4):1169.

[29] Rose D J. J. Appl. Phys. ,1956,27(3):215-220.

[30] Drechsler M,Wolf D. The 4th International Conference on Electron Microscopy,1958,unpublished.

[31] Loberg B,Norden H. Arkiv. For. Fysik. ,1968,39(25):383-395.

[32] Nakamura S,Kuroda T. Surf. Sci. ,1969 17:346-358.

[33] Chen Y C,Seidman D N. Surf. Sci. ,1971,27(2):231-255.

[34] Moore A J W,Ranganathan S. Philos. Mag. ,1967,16(142):723-737.

[35] Moore A J W,Spink J A. Surf. Sci. ,1968,12(3):479-496.

[36] Moore A J W,Spink J A. Surf. Sci. ,1974,44(1):11-20.

[37] Wilkes T J,Smith G D W,Smith D A. Metallography,1974,7:403-430.

[38] Webber R D,Walls J M,Smith R. J. Microsc. Oxford,1978,113(Aug):291-299.

[39] Fortes M A. Surf. Sci. ,1971,28(1):95-116.

[40] Bolin P L,Ranganathan B N,Bayuzick R J. J. Phys. E-Sci. Instrum. ,1976,9:363-365.

[41] Webber R D,Smith R,Walls J M. J. Phys. D:Appl. Phys. ,1979,12(9):1589-1595.

[42] Gault B,de Geuser F,Stephenson L T,et al. Microsc. Microanal. ,2008,14(4):296-305.

[43] Gault B,La Fontaine A,Moody M P,et al. Ultramicroscopy,2010,110(9):1215-1222.

[44] Oberdorfer C,Schmitz G. Microsc. Microanal. ,2011,17:15-25.

[45] Miller M K,Hetherington M G. Surf. Sci. 1991,246:442-449.

[46] Smith R,Walls J M. J. Phys. D:Appl. Phys. ,1978,11(4):409-419.

[47] Miller M K,Cerezo A,Hetherington M G,et al. Atom Probe Field Ion Microscopy. Oxford: Oxford Science Publications-Clarendon Press,1996.

[48] Ishida H,Liebsch A. Phys. Rev. B,1992,46(11):7153-7156.

[49] Ishida H,Liebsch A. Surf. Sci. ,1993,297 (1):106-111.

[50] Suchorski Y,Schmidt W A,Ernst N,et al. Progr. Surf. Sci. ,1995,48(1/2/3/4):121-134.

[51] Vurpillot F. The University of Rouen PhD thesis,2001.

[52] Haley D,Petersen T C,Ringer S P,et al. J. Microsc. ,2011,244(2):170-180.

[53] Birdseye P J,Smith D A,Smith G D W. J. Phys. D:Appl. Phys. ,1974,7(12):1642-1651.

[54] Wiesner J C,Everhart T E. J. Appl. Phys. ,1973,44(5):2140-2148.

[55] Newman R W,Sanwald R C,Hren J J. J. Sci. Instrum. ,1967,44:828-830.

[56] Cerezo A,Warren P J,Smith G D W. Ultramicroscopy,1999,79(1-4):251-257.

[57] Gillott L. J. Phys. E-Sci. Instrum. ,1974,7:1012-1014.

[58] Geiser B P,Larson D J,Oltman E,et al. Microsc. Microanal. ,2009,15(Suppl. 2):292-293.

[59] Hyde J M,Cerezo A,Setna R P,et al. Appl. Surf. Sci. ,1994,76/77:382-391.

[60] Fortes M A. Surf. Sci. ,1971,28(1):117.

[61] Blavette D,Sarrau J M,Bostel A,et al. Rev. Phys. Appl. ,1982,17(7):435-440.

[62] Bas P,Bostel A,Deconihout B,et al. Appl. Surf. Sci. ,1995,87-88:298-304.

[63] Kelly T F,Gribb T T,Olson J D,et al. Microsc. Microanal. ,2004,10(3):373-383.

[64] Deconihout B,Vurpillot F,Gault B,et al. Surf. Interface Anal. ,2007,39(2-3):278-282.

[65] Blavette D,Bostel A,Sarrau J M,et al. Nature,1993,363:432-435.

[66] Tsong T T. Surf. Sci. ,1978,70:211.

[67] Blavette D. PhD thesis. Rouen:University of Rouen ,1986.

[68] Larson D,Geiser B,Prosa T,et al. Microsc. Microanal. ,2011,17(Suppl. 2):740-741.

[69] Gault B, Loi S T, Araullo-Peters V, et al. in Cameca User Meeting, Madison, WI, USA,2011.

[70] Vurpillot F,Gruber M,Da Costa G,et al. Ultramicroscopy,2011,111(8):1286-1294.

[71] de Geuser F,Lefebvre W,Danoix F,et al. Surf. Interface Anal. ,2007,39(2-3):268-272.

[72] Müller E W,Nakamura S,Nishikawa O,et al. J. Appl. Phys. ,1965,36(8):2496-2503.

[73] de Geuser F,Gault B,Stephenson L T,et al. 51st International Field Emission Symposium, Rouen,France,2008.

[74] Arslan I,Marquis E A,Homer M,et al. Ultramicroscopy,2008,108(12):1579-1585.

[75] Deconihout B,Vurpillot F,Bouet M,et al. Rev. Sci. Instrum. 2002,73(4):1734-1740.

[76] Moody M P,Gault B,Stephenson L T,et al. Microsc. Microanal. ,2011,17(2):226-239.

[77] Gault B,Moody M P,de Geuser F,et al. J. Appl. Phys. ,2009,105:034913.

[78] Geiser B P,Kelly T F,Larson D J,et al. Microsc. Microanal. ,2007,13(6):437-447.

[79] Larson D J,Russell K F,Miller M K. Microsc. Microanal. ,1999,5,930-931.

[80] Sha G,Cerezo A,Smith G DW. Appl. Phys. Lett. ,2008,92(4):043503.

[81] Shariq A, Mutas S, Wedderhoff K, et al. Ultramicroscopy, 2009, 109(5): 472-479.

[82] Huang M, Cerezo A, Clifton P H, et al. Ultramicroscopy, 2001, 89(1/2/3): 163-167.

[83] Gault B, Loi S T, Araullo-Peters V J, et al. Ultramicroscopy, 2011, 111(11): 1619-1624.

[84] Kellogg G L. J. Appl. Phys. , 1981, 52: 5320-5328.

[85] Marquis E A, Gault B. J. Appl. Phys. , 2008, 104(8): 084914.

[86] Koelling S, Innocenti N, Schulze A, et al. J. Appl. Phys. , 2011, 109(10): 104909.

[87] Bachhav M N, Danoix R, Vurpillot F, et al. Appl. Phys. Lett. , 2011, 99(8): 084101-084103.

[88] Vella A, Mazumder B, Costa G D, et al. J. Appl. Phys. , 2011, 110(4): 044321.

[89] Gault B, Moody M P, de Geuser F, et al. J. Appl. Phys. , 2009, 105: 034913.

[90] Haley D, Petersen T, Barton G, et al. Philos. Mag. , 2009, 89(11): 925-943.

[91] Felfer P J, Gault B, Sha G, et al. Microsc. Microanal. , 2012, 18: 359-364.

[92] Stiller K, Andren H O. Surf. Sci. 1982, 114(2-3): L57-L61.

[93] de Geuser F. PhD thesis. Rouen: University of Rouen, 2005.

[94] Marquis E A, Vurpillot F. Microsc. Microanal. , 2008, 14(6): 561-570.

[95] Boll T, Al Kassab T, Yuan Y, et al. Ultramicroscopy, 2007, 107: 796-801.

[96] Yamaguchi Y, Takahashi J, Kawakami K. Ultramicroscopy, 2009, 109(5): 541-544.

[97] Kobayashi Y, Takahashi J, Kawakami K. Ultramicroscopy, 2011, 111(6): 600-603.

[98] Gault B, Danoix F, Hoummada K, et al. Ultramicroscopy, 2012, 113: 182-191.

[99] Ehrlich G, Stolt K. Annu. Rev. Phys. Chem. , 1980, 31: 603-637.

[100] Tsong T T. Phys. Rev. B, 1972, 6(2): 417-426.

[101] Tsong T T, Kellogg G. Phys. Rev. B, 1975, 12(4): 1343-1353.

[102] Wang S C, Tsong T T. Phys. Rev. B, 1982, 26(12): 6470-6475.

[103] Antczak G, Ehrlich G. Surf. Sci. Rep. , 2007, 62(2): 39-61.

[104] Gomer R. Rep. Progr. Phys. , 1990, 53: 917-1002.

[105] Tsong T T. Kellogg G. Phys. Rev. B, 1975, 12: 1343.

[106] Tsong T T. Surf. Sci. , 1982, 122(1): 99-118.

[107] Engdahl T, Hansen V, Warren P J, et al. Mater. Sci. Eng. B, 2002, 327: 59-64.

[108] Stiller K, Warren P J, Hansen V, et al. Master. Sci. Eng. A, 1999, 270(1): 55-63.

[109] Lefebvre W, Danoix F, Da Costa G, Surf. et al. Interface Anal. , 2007, 39, 206-212.

[110] Blavette D, Vurpillot F, Pareige P, et al. Ultramicroscopy, 2001, 89: 145-153.

[111] Gault B, de Geuser F, Bourgeois L, et al. Ultramicroscopy, 2011, 111(6), 683-689.

[112] Sauvage X, Renaud L, Deconihout B, et al. Acta Mater. , 2001, 49(3): 389-394.

[113] de Geuser F, Lefebvre W, Danoix F, et al. International Field Emission Symposium, Graz, Austria, 2004.

[114] Geiser B P. unpublished, 2005.

[115] Geiser B P. Paper presented at the workshop on atom probe tomography, Blue Moutains, NSW, Australia, 2008.

[116] Vurpillot F. PhD thesis. Rouen: University of Rouen, 2001.

[117] Gorman B,Diercks D R,Jaeger D. Microsc. Microanal. ,2008,14(Suppl. 2):1042-1043.

[118] Petersen T C,Ringer S P. J. Appl. Phys. ,2009,105(10):103518.

[119] Petersen T C,Ringer S P. Comput. Phys. Commun. ,2010,181(3):676-682.

[120] Midgley P A,Weyland M. Ultramicroscopy,2003,96(3/4):413-431.

[121] Moore A J W. Philos. Mag. ,1967,16(142):739-747.

[122] Torres K L,Geiser B,Moody M P,et al. Ultramicroscopy,2011,111(6):512-517.

[123] Sanwald R C,Hren J J. Surf. Sci. ,1967,7(2):197.

[124] Sano N. Appl. Surf. Sci. ,1994,76-77:297-302.

[125] de Geuser F,Gault B,Bostel A,et al. Surf. Sci. ,2007,601(2):536-543.

[126] Gruber M,Vurpillot F,Bostel A,et al. Surf. Sci. ,2011,605(23/24):2025-2031.

[127] Larson D J,Geiser B P,Prosa T J,S et al. J. Microsc. ,2011,243 (1):15-30.

[128] Larson D J,Prosa T J,Geiser B P,et al. Ultramicroscopy,2011,111(6):506-511.

[129] Miller M K. Surf. Sci. ,1991,246(1/2/3):434-441.

[130] Gault B,Moody M,Marquis EA,et al. Microsc. Microanal. ,2009,15(Suppl. 2):10-11.

[131] Vurpillot F,Gilbert M,Deconihout B. Surf. Interface Anal. ,2007,39(2-3):273-277.

[132] Warren P J,Cerezo A,Smith G DW. Microsc. Microanal. ,1998,5:89-90.

[133] Vurpillot F,Da Costa G,Menand A,et al. J. Microsc. 2001,203:295-302.

[134] Vurpillot F,de Geuser F,Da Costa G,et al. J. Microsc. -Oxford,2004,216:234-240.

[135] Marquis E A. PhD thesis. Evomston:Northwestern University,2002.

[136] Sudbrack C K,Noebe R D,Seidman D N. Phys. Rev. B,2006,73(21):4.

[137] Shariq A,Al-Kassab T,Kirchheim R,et al. Ultramicroscopy,2006,107(9):773-780.

[138] Moody M P,Gault B,Stephenson L T,et al. Ultramicroscopy,2009,109:815-824.

[139] Kelly T F,Geiser B P,Larson D J. Microsc. Microanal. ,2007,13(Suppl. 2):1604-1605.

[140] Vurpillot F,Renaud L,Blavette D. Ultramicroscopy,2003,95(1-4):223-229.

[141] Gault B,Moody M P,de Geuser F,et al. Appl. Phys. Lett. ,2009,95(3):034103.

[142] Gault B,Moody M P,de Geuser F,et al. Microsc. Microanal. ,2010,16:99-110.

[143] Gault B,Müller M,La Fontaine A,et al. J. Appl. Phys. ,2010,108:044904.

[144] Lefebvre W,Loiseau A,A. Menand,et al. Ultramicroscopy,2002,92(2):77-87.

[145] Cadel E,Lemarchand D,Chambreland S,et al. Acta Mater. ,2002,50:957-966.

[146] Chen N X,Ge X J,Zhang W Q,et al. Phys. Rev. B,1998,57(22):14203-14208.

[147] Ge X J,Chen N X,Zhang W Q,et al. J. Appl. Phys. ,1999,85(7):3488-3493.

[148] Nishigaki S,Nakamura S. Jpn J. Appl. Phys. ,1976,15(1):19-28.

[149] Chen Y C,Seidman D N. Surf. Sci. ,1971,26(1):61-84.

[150] Waugh A R,Boyes E D,Southon M J. Nature,1975,253:342-343.

[151] Krishnaswamy S V,McLane S B,Müller E W. Rev. Sci. Instrum. ,1975,46(9):1237-1240.

[152] Wada M. Surf. Sci. ,1984,145:451-465.

[153] Bassett D W. Nature,1963,198(487):468-469.

[154] Bassett D W. Surf. Sci. ,1975,53(DEC):74-86.

[155] Cerezo A,Clifton P H,Gomberg A,et al. Ultramicroscopy,2007,107(9):720-725.

[156] Camus P P,Larson D J,Kelly T F. Appl. Surf. Sci. ,1995,87/88(1/2/3/4):305-310.

[157] Moody M P,Gault B,Stephenson L T, et al. Microsc. Microanal. ,2009,15(Suppl. 2): 246-247.

第 8 章　原子探针层析的分析技术

原子探针层析独有的能力是将惊人的三维可视化的原子尺度的微结构与严格的定量数据分析结合起来。数据挖掘算法可用于识别感兴趣区，包括孤立的单个原子和凸显的离散物相。在现代仪器中，可常规性获得几千万甚至几亿个离子，并对其进行元素识别和分配三维空间坐标。因此，一个 APT 数据集代表了大量原子尺度的结构和化学信息。仅从层析图像的可视化检查中能了解多少信息？其中存在明显的限制。所以，近几年严格的数据挖掘方法的发展和应用取得了进展，并且是该技术重要的前沿问题。分析技术的一个挑战是与可产生极大数据集的仪器的发展保持同步前进。这些更大的数据集自身开辟了新的数据挖掘的计算方法。

已发展或改写了专门用于 APT 数据分析的大量算法。然而，必须谨慎应用这些数据挖掘工具。由于采用原子探针分析的材料本质涵盖广阔的变化范围，并非所有的算法都适用于每种情况，因此每次分析几乎必定要做出某些调整以适应所研究的特定材料。通常结合运用不同的算法来实现对特定样品纳米尺度微结构的全面表征。

8.1　表　征　质　谱

表征或确定质荷比图谱（以后简称质谱）以将分布曲线上每个显著的峰与一种特定的元素或分子联系起来，对涉及成分测定的所有类型的分析是必不可少的，而且是分析中的关键步骤。然而，在两种或更多类型的离子具有非常相近的质荷比的情况中，峰会重叠。在其他情况中，来自稀薄物种的峰可能被更大近邻峰的拖尾模糊化。此外，在质谱中总是存在背底噪声。随机背底噪声的贡献使整个质谱的形状呈现缓慢的降低，可对峰产生显著的错误贡献，因而降低了成分测定的准确性。确实，样品中非常稀薄的物种产生的峰可能是探测不到的，完全淹没在实验固有随机噪声之下。质量分辨率和背底的根源在第 6 章已进行了透彻的讨论。

飞行时间谱的限制影响分析的所有方面，包括从块体成分分析到搜寻原子分布的细微关联（如团簇化）。所以，后面的节次提供了算法，以减小质谱的背底噪声及解卷积峰包含的信息。这样的方法对增加块体甚至局域化的成分分析准确性非常有效。然而必须注意到，这些统计方法不适用于表征单个离子。在探测器被逐次撞击的基础上,不能将背景离子与来自实际样品体积的离子区分出来。能够测量飞行时间和撞击位置且能测量离子撞击能的探测器的出现,可以克服这种局限[1]。由于质谱上每个峰都有背底的贡献,大量并非源于样品的原子会不可避免地被错误并入重构和任何后续的分析中,因此确定每个峰的范围可以看成将实际信号尽可能多地合并进重构中与将引入的噪声最小化之间做出的妥协。关于确定峰范围定义的更多细节可参见第 6 章。

8.1.1　降低噪声

1. 时间无关背底的扣除

降低噪声的最简单形式是减去与时间无关的背底。识别出恒定水平的背底并从飞行时间谱中减去,如图 8.1(a) 所示的水平线。相应的背底噪声对质谱的贡献凸显在图 8.1(b) 中。从质谱中减去这个贡献可更准确地测定块体的成分。

2. 时间相关背底的扣除

扣除时间无关背底后,在质谱上仍然留有显著的对峰的非随机贡献,这会严重破坏对块体成分的测定。更值得注意的是,这种效应可在质谱中主峰的拖尾对其后峰的幅度有显著贡献的情况下观察到。在此情况下,应用时间相关的背底扣除是有益的。图 8.2 提供了一个例子,其中 14Da 峰的拖尾对 14.5Da 的峰具有显著的贡献。临近 14.5Da 峰区域内(M_a～M_b)拖尾的行为可用最佳拟合的线来模拟,然后外推到感兴趣的区域(M_b～M_c)。这种来自拖尾外推的贡献可被整合并随后从峰中减去,可实现更准确的成分分析。

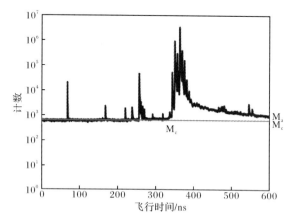

(a)

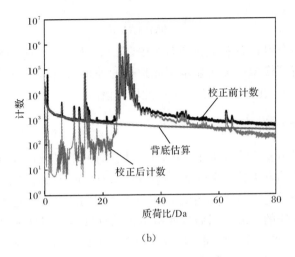

(b)

图 8.1　时间无关背底的扣除

(a)由水平线显示了噪声的常数成分,可在飞行时间谱上识别出来;(b)显示了可从质谱中减去的
相应估算的噪声贡献

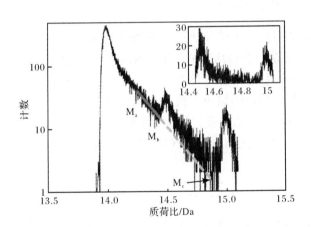

图 8.2　时间相关背底的扣除

模拟了 14.5Da 峰左侧范围内的质谱行为(直线),将其外推以估算 14Da 处峰的拖尾对 14.5Da 处峰
的幅度的贡献(虚线),插入的小图显示了扣除时间相关背底后的这一段质谱

许多模型可用来估算最佳拟合的线。在最简单的情形中,拖尾可模拟为一条直线:

$$A = BM + C$$

式中,A 是质量为 M 的测量计数值;B 和 C 是拟合参数。然而,在大部分情况中,这有些过于简单,采用更复杂的模型如指数或幂函数拟合可显著改善准确度[2]:

$$A = \frac{B}{(M - M_0)^P}$$

此方程可拟合得到 B 和 P。图 8.2 中，在 14.5Da 峰前的仓侧段的谱线已采用指数函数进行了模拟。虚线显示了此拟合的外推以估算噪声对峰的贡献。内插的小图显示了减去时间相关背底后的此段质谱。

3. 背底范围确定

由于背底噪声复杂的本质和形状，获得质谱背底的局域估算可使背底扣除更精确。一种简单的方法是在靠近感兴趣的峰（<1Da 或 2Da）两侧各定义一个附加的范围。对某个特定峰来说，每个范围应设定为相同的宽度。这些范围放置在质谱上无明显可见峰的区域。因而这些范围内的计数值可以认为是背底计数的局域估算。所以，感兴趣峰的预期平均背底计数可以估算出来并从峰中减去。如果无法精确定义两个峰或背底水平很低的高质荷比态，那么使用单一范围时必须非常谨慎。

4. 灵敏非线性迭代削峰算法

降低噪声算法可用于去除质谱中的低频背底并改善信噪比。灵敏的非线性迭代削峰（SNIP）算法[3]在包括原子探针在内的很多领域中得到了应用，可在复杂质谱中将噪声从实际信息中分离开来。

通过以前迭代的质谱的简单平滑和最小化过程的计算，SNIP 算法迭代更新得出一个新的降噪质谱。假设质谱柱状图中每个仓（$i = 1, 2, 3, \cdots, n$）的计数值由 $\nu(i)$ 定义。经过 SNIP 算法的 p 次迭代后，产生的第 i 个仓的值 $\nu_p(i)$ 取符合下式的最小值：

$$\nu_p(i) = \min\left[\nu_{p-1}(i), \frac{\nu_{p-1}(i-p) + \nu_{p-1}(i-p)}{2}\right]$$

此过程逐渐最小化信号的高频成分但保持低频的贡献，其结果是估算出背底。根据定义，背底总是正值且低于信号自身，并且倾向于适应质谱缓慢变化的背底成分。这种技术也用于去除空间分布图分析的噪声[4]（见 8.6.2 节）。

5. Richardson-Lucy 峰解卷积

质谱可看成一个复杂的数学函数，这样就可能应用任何强大的解卷积方法致力于分离这样函数的不同成分。观察到的质谱可用函数 $g(M)$ 代表。可认为此分布合并了两个具有显著差别的成分：理想函数 $f(M)$ 和考虑所有导致测量峰展宽的实验效应的函数 $h(M)$。函数 $g(M)$ 可近似为描述理想质谱的函数 $f(M)$ 和 APT 质谱中质峰有效形状函数 $h(M)$ 的卷积：

$$g(M) = h(M) \otimes f(M)$$

通过与光学器件类比发现，g 是物体 f 通过光学系统 h 所成的像。如果已知系统对单个激励类型 (h) 的响应，那么就能通过解卷积过程计算出初始物体 (f)。拥有足够的信息可能很好估算系统响应 h。在信号处理方面已发展了几种方法，从以观测的数据中提取可能的解。其中一种是 RL(Richardson-Lucy)算法，在少量的约束条件下，此方法能够找出卷积最可能的解，从而通过迭代过程提取初始函数 f。RL 算法包含解为正的约束，且保持质谱分布覆盖的总面积不变。

在此解卷积方法中，h 函数称作系统的点扩展函数(PSF)。为实现此分析的目的，PSF 近似为实测质谱上单个峰的形式。在第一步中，$h(M)$ 的形状可通过将质谱上某个峰的高斯函数拟合来估算。这代表着测量误差对质量分辨率的贡献。随后，高斯函数与指数递减函数相结合来考虑场蒸发中的能量欠额。这种方法通过对函数 f 的迭代近似解出下面的方程：

$$\left[\frac{g(M)}{h(M) \otimes f(M)} \right] \otimes h_s(M) = 1$$

式中，h_s 是 PSF h 相对零值的对称。此方程解的迭代形式可表达为

$$f^{n+1}(j) = f^n(j) \cdot \left\{ \left[\frac{g(k)}{h(k) \otimes f^n(j)} \right] \otimes h_s(k) \right\}$$

通常仅通过几次迭代就可以发现一个稳定解，且结果是引人注意的。然而，由于采用了独特的 PSF，且质谱上的峰形随着质量变化，必须十分小心地避免产生"鬼"峰，因此该算法只能用于质谱上相对有限的感兴趣区内或仓宽度变化的质谱。确实，从飞行时间到质量的转换会引起峰形的变化，如果定义质谱的仓的尺寸按平方律增大，那么可发现所有的峰几乎都占有恒定数目的仓，所以，单个 PSF 可用于范围非常宽的质荷比状态。

8.1.2　量化同位素自然丰度对峰高的贡献

图 8.2 显示了一个经典的峰重叠的例子，这是一种复杂钢材质谱的一部分。在 14Da 的峰与 N^+ 或 Si^{2+} 离子的贡献有关。在某些例子中，针对这些元素的自然同位素丰度(见 6.2.2 节)测试相邻的峰，可用于估算与某种特定的离子有关的峰的分数。应用背底扣除后，在本示例中可从分别测定 14Da 和 15Da 峰下面检测的离子总数开始。出现在每个峰下面的原子数相对于在两个峰下面的原子总数的分数可计算出来：

峰/Da	总计数	相对分数/%
14	30122	97.0
15	937	3.0

作为对比,N 原子的自然丰度为

元素	同位素	同位素丰度/%
N	14	99.6
	15	0.4

　　探测到的质荷比相对分数表明,因为两个峰都仅由 N^+ 组成,与在 14Da 峰探测到的离子数相比,太多的离子出现在 15Da 峰。下一步,在此分析中考虑了出现在 14.5Da 的明显的峰,各峰的情况为

峰/Da	总计数	相对分数/%
14	30122	92.9
14.5	1378	4.2
15	937	2.9

作为对比,Si 同位素的自然丰度为

元素	同位素	同位素丰度/%
Si	27.98	92.2
	28.98	4.7
	29.97	3.1

　　检验分别在 14.5Da 和 15Da 峰下测定的质荷比的比例后,强烈暗示 14Da 峰是由 Si^{2+} 主导的。更严格地说,如果认为检测到的 N^+ 和 Si^{2+} 的数目分别为 X_{N^+} 和 $X_{Si^{2+}}$,那么每个峰下的原子总数由以下方程给出:

$$0.996X_{N^+} + 0.922X_{Si^{2+}} = 30122$$
$$0.047X_{Si^{2+}} = 1378$$
$$0.004X_{N^+} + 0.031X_{Si^{2+}} = 937$$

式中,X_{N^+} 和 $X_{Si^{2+}}$ 的值可通过同时求解这些方程或优化出最小二乘解来估算。因为在 14.5Da 峰下没有 N^+ 的同位素,可以利用该峰来估算 Si^{2+} 的数目:

$$X_{Si^{2+}} = \frac{1378}{0.047} \approx 29319$$

随后此值可代回描述 14Da 峰的方程,以估算 N^+ 的总数:

$$X_{N^+} = \frac{30122 - 0.922X_{Si^{2+}}}{0.996} = 3102$$

在此情况下,通过检验 15Da 峰可进一步验证这种测量的有效性:

$$X_{Si^{2+}} = \frac{937}{0.031} \approx 30226$$

$$X_{N^+} = \frac{30122 - 0.922X_{Si^{2+}}}{0.996} = 2263$$

很清楚的是,这两种测量并非确切相符,因而需要进行最小二乘法拟合,虽说如此,它们还是非常一致的。随机噪声的并入、主观的范围定义及其他的实验数据不准确性必定会阻碍得出确切解。进一步分析假设无其他类型的离子对 14Da、14.5Da 和 15Da 峰中的任何一个有贡献。例如,N_2^{2+} 有时会在氮化物基的Ⅲ-Ⅴ族半导体中观察到,因而不能完全排除此类分子离子在此情况下形成的可能性。

Oltman 等[2]给出了下述情形的正式数学描述:设有 N_R 个元素(范围),每个有 N_I 种同位素,分别与含有 $M_1, M_2, \cdots, M_{N_I}$ 离子的一系列峰相关。在质谱上可属于第 i 个元素的离子总数是 A_i。因此,每个峰的组成可定义为

$$A_1 = a_{11}M_1 + a_{12}M_2 + \cdots + a_{1N_R}M_{N_R}$$
$$A_2 = a_{21}M_1 + a_{22}M_2 + \cdots + a_{2N_R}M_{N_R}$$
$$\vdots$$
$$A_{N_R} = a_{N_1 1}M_1 + a_{N_1 2}M_2 + \cdots + a_{N_1 N_R}M_{N_R}$$

式中,a_{ij} 代表属于第 i 个元素的 M_j 离子的分数,且受 $0 \leqslant a_{ij} \leqslant 1$ 和 $\sum_{i}^{N_j} a_{ij} = 1$ 两个条件的约束。这些值进一步受到同位素自然丰度的约束:

$$f_{ij}A_i = a_{ij}M_j$$

式中,对于第 i 个元素,f_{ij} 是其质量与质谱上第 j 个峰相符的已知的同位素丰度。权重 a_{ij} 通过最小化以下函数估算出来。

$$S(\alpha) = \sum_{i=1}^{N_I} \sum_{j=1}^{N_R} (f_{ij}A_i - a_{ij}M_j)^2$$

对同位素自然丰度的分析可以显著改善成分分析的准确度。然而,仍然存在问题。考虑这个例子,它描述的解卷积表明 14Da 峰由 50%N^+ 和 50%Si^{2+} 构成。已获得确保准确分析平均成分的方法,但不能解卷积确定对此峰有贡献的某种特定原子的化学身份。一般情况下,赋予这些离子一个化学身份,可以简单地选取完全由一种离子构成的峰,这意味着在最终重构中原子分数是已知误标的。一种替代方案是基于每种离子类型对质峰的贡献比例随机地赋予这些原子一个化学身份[5]。然而,这种方法假定每种离子类型的空间分布彼此之间及系统的其余部分是可互换的。否则,对可能存在的空间关联加入了一个随机度。在某些情况下,空间关联或相关的探测器信息可帮助解卷积单个离子的身份。这些方法将在后续节次中讨论。

8.1.3 空间依赖的质峰识别

传统的 APT 重构软件依赖于每个分析的单范围文件。质谱上的每个峰只能代表一个物种。在两个峰重叠的情况下,在分析开始时必须做出选择,将两个或

多个可能的化学身份中的一个分配给质峰。在这个范例中,此后在重构中出现在确定范围的峰内具有某个质荷比的离子将假定为此种元素,这意味着源于重叠峰的部分离子被错误识别。这可能导致从块体成分测量到原子团簇分析的多种表征发生畸变。

在某些情况中,在重构中引入多范围文件可以显著改善分析的质量。考虑下面简单的理论例子:一个重构的 APT 数据集,其中上半部完全由某个相构成,下半部由另一个相构成。在此简化的例子中,假设重叠对质谱的贡献在空间上是分离的,即其中一个重叠的质峰主要源于上部的相,第二个峰完全与第二相有关。在这种情况下,可以想象两个分离的范围文件可独立用于表征不同的质谱,所以可以重构上部和下部的离子。

执行两个或多个范围文件需要某种准则以确定在重构中使用哪个范围文件可以正确地识别每个离子。在上面假想的例子中,范围文件只是简单地在两相界面上沿着 z 轴分割数据的理论线。然而,存在任何数目的划分或化学和空间关联会激发执行不同的范围文件定义来表征具体离子的化学身份;这可能包含将某个离子识别为一个团簇、沉淀或第二相的组元。

8.1.4　多重撞击探测器事件的分析

研究者正在从初始实验的探测器原始信息的不同方面引入越来越多的后数据。这方面最突出的例子是分析探测器的多重撞击事件。理想情况下,施加在样品上的每个高压或激光脉冲将会引起记录在探测器上不超过一次的相应电离事件;然而现实中,经常不是这样,尤其是对复杂材料来说。在许多情况中,单个脉冲中共蒸发的不同离子类型中存在直接关联。因此,对多事件的统计分析可提供对质谱表征的洞察和细化。

1. 基于多事件的质谱过滤

共蒸发分析最简单的例子是将质谱分解成两个或多个显然不同的分布,每个分布分别包含单一或多重撞击事件的唯一贡献[6,7]。图 8.3 显示了仅基于探测器事件的多重性,质谱被分解成多个谱的例子。在这个例子中,对总体质谱的最大贡献来自对探测器的单次撞击。然而,在质谱上仍然清晰地出现了源自二重甚至三重撞击且与已知离子类型有关的峰。相反地,在多重撞击谱上观察到的背底噪声的相对量急剧降低了。

在质谱上有几种背底噪声的来源,但多重撞击分析中背底贡献的显著降低和“真实”峰保持的强信号可以揭示源于这些共蒸发事件的不同离子类型之间存在关联。例如,在钢的分析中单次撞击谱的噪声基底上经常没有显著的 $^{12}C^{2+}$ 峰。然而,相应的峰有时很清晰地出现在二重、三重甚至四重撞击谱上。在这种系统中

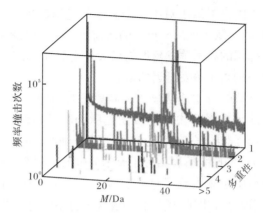

图 8.3 钢的质谱和基于探测器事件多重性分解成的各组分质谱

经常出现的是，$^{12}C^{2+}$ 离子将别无选择地出现在多重撞击事件中。通过去除单次撞击，将会在 $^{12}C^{2+}$ 的分析中过滤掉大量的噪声，因而增加了"真实"信号的准确性。

2. 关联(共)蒸发

如果在多重撞击事件中易于检测到某种特殊类型的离子，那么下一步就是研究共蒸发的离子类型，即关联离子蒸发分析。可以作出关联直方图，其中对于每一种质荷比，可以画出共蒸发的每种离子的频率分布[8]，如图 8.4 所示。

这种共蒸发直方图显示出许多感兴趣的特征，每幅图提供了 APT 实验中对场蒸发本质的某些洞察。对频率分布图的大部分贡献与原始质谱上的主峰对有关；例如，坐标(16,28Da)代表了 O^+(或 O_2^{2+})离子与 Fe^{2+} 离子的关联蒸发。共蒸发直方图最突出的特征是从明显的离子对的坐标点引出射线。

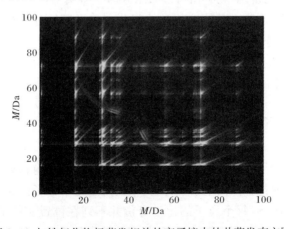

图 8.4 与铁氧化物场蒸发相关的离子撞击的共蒸发直方图

竖直和水平的线代表了离子对中一个离子的延迟蒸发。延迟蒸发导致测量到更长的飞行时间,因而赋予该离子更大的质荷比。竖直线的 M 值的增大表明由线段起点的 y 坐标标识的离子蒸发延迟的增大。类似地,水平线代表由线段起点的质荷比 x 坐标标识的离子蒸发延迟的增大。

也观察到两种类型的对角线从显著关联离子对的中心坐标延伸出来。那些沿正向延伸的对角线可解释为由电压或激光脉冲触发的两种离子的延迟蒸发。其他明显的对角线是弯曲的尾迹,其延伸方向沿 x 轴质荷比是增大的,但沿 y 轴是减小的。Saxey 将这些曲线解释为分子离子分解的证据[8],在 Ⅲ-Ⅴ 族化合成半导体的原子探针分析中也观察到了这些曲线[9]。假设一个具有某种质荷比的原始分子离子 M_0 从表面蒸发出来,然后分解成两个更小的可以单独蒸发的离子 M_1 和 M_2。Saxey 提出了这些离子的质荷比实验测量值的偏差,即从 M_1、M_2 变为 M_1'、M_2',因而质谱上观察到的拖尾形状几乎完全依赖于两个时刻外加电压的下降分数,即蒸发时刻的电压 V_0 和分解时刻的电压 $V_0-\Delta V$,因此有下式成立:

$$M_1'=M_1\left[1-\frac{\Delta V}{V_0}\left(1-\frac{M_1}{M_0}\right)\right]^{-1}$$

如果假设分解发生的位置靠近表面,那么 V_0 远大于 ΔV,因而可得到

$$M_1'=M_1\left[1+\frac{\Delta V}{V_0}\left(1-\frac{M_1}{M_0}\right)\right]$$

所以测得的质荷比的偏移量可写作

$$M_1'-M_1=M_1\,\frac{\Delta V}{V_0}\left(1-\frac{M_1}{M_0}\right)$$

在离子由分解产生的情况下,M_1 具有更小的质荷比,即 $M_1<M_0<M_2$(注意:如果 M_1 具有更低的价态,则其值可以大于 M_0)。事实上,在实验中它将被记录为更大的质荷比 M_1',因为在其轨迹的初始部分它仍是原始分子离子的一部分而受到减速。相反地,分解的产物离子 M_2 具有更高的质荷比($M_2>M_0>M_1$),可以比预期值更快地到达探测器,原因是其初始轨迹为原始分子离子的一部分,因而它为质谱贡献了更小的质荷比 M_2'。

8.2　表征化学分布

存储和表现原子探针数据存在几种类型的格式。重构和数据挖掘的最少必要信息是数据集内包含四列电子文件,其中列出了每个原子的 x、y、z 空间坐标和质荷比。通常情况下,每个离子的化学身份并不列在位置文件中。因此,该信息必须与范围文件结合使用来表征元素,其有效结果是重构中每个得到化学识别的原子的高分辨率三维空间坐标的详细清单。附录 C 中描述了某些最常用的 APT

数据格式。

需要用可视化软件来检查重构的实验结果,数据的电子本质使该技术以多种方式表现出强大的实力。分析可基于元素本质直接应用于测得的原子位置点云,选取的原子可调到"开"或"关",抑或在三维可视化中高亮显示。

除了重构的三维数据,也存在可从探测器提取元数据的情形,这包含多事件蒸发的信息及类似内容,如 8.1.4 节所讨论。这种数据越来越增加分析的价值,结合使用这些信息的方法也将在后面讨论。必须注意到集成这些后增大了整体数据的大小和体积,但此方法经常提供对原子尺度微结构关联的更细致的洞察。

8.2.1　原子探针数据的质量

APT 提供的三维逐个原子重构具有独特的功能,但与任何显微方法相似,这种技术有其局限性。当解释任何数据分析算法时考虑这些局限是非常重要的。已经在本书的其他章节讨论了限制 APT 数据准确度的主要因素。下面是对这些因素的简要回顾,同时在上下文中与某些相关技术做了对比。

1. 检测效率(另见 3.2.1 节)

由于 MCP 基探测器有限的开放面积,从样品蒸发出来的一定分数的原子在分析中被随机地忽略掉了。在传统的直离子飞行路径的原子探针中,此分数至少达到 40%,在配备反射器的原子探针中约为 60%。尽管它们被排除出了数据,但在层析重构中需要考虑未探测到的原子,这样探测到的原子仍可保持高度精确的原子间距。此外,实验中积累了大量的原子($10^6 \sim 10^9$)可使成分统计更准确,甚至子体积中也同样准确。为了探讨有限探测器效率的重要性,图 8.5 以二维方式提供了该状况的简单图示。

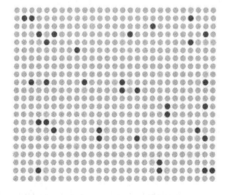

(a)　　　　　　　　　　　　　　(b)

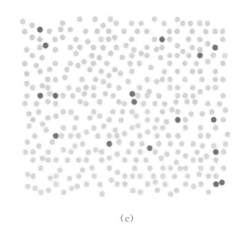

(c)

图 8.5　APT 数据的二维示意图

(a)代表原始样品的完美二维晶体;(b)有限检测效率,40%的原子因检测不到而被排除,因而
在最终重构中缺失;(c)有限空间分辨率的作用使原子位置轻微偏离其真实晶体位置

此处引入 TEM 和 APT 的类比,在高分辨透射电镜图像中,虽然不是多元材料中所有的物种实际上都得到成像,但每个不同种类的原子都对产生相衬度的散射有贡献。这是因为散射的电子出射波函数的强度是卷积的,使得特定的物种是不可检测的。此效应并非限于弹性散射(布拉格散射)电子;对于非弹性散射(卢瑟福散射)产生的衬度也是正确的,如大角环形暗场像(HAADF)。类似地,在 APT 中,因为原子不能全被检测到,所以实际上并非所有原子都能被成像,但来自样品的每个原子对其净场蒸发有贡献,且所有原子发生了场蒸发。此处,由于当前 MCP 的物理设计,其中仅有限的探测器面积分数约 55%处于活动状态。幸运的是,在收集的离子能量范围内,可通过偏转 MCP 使其饱和,检测效率对所有物种都是相等的,极大地简化了定量计算形式。

2. 空间分辨率(另见 7.6 节)

APT 的空间分辨率极高,测量深度(z)精度为 0.04nm、横向(x 和 y)精度为 0.2nm[10-14]。这可与写本书时最新一代的像差校正 TEM 仪器相媲美。例如,考虑一下像差校正透射电镜(TEAM)[15,16],结合实施像差校正电子光学将该技术的信息极限扩展到 0.05nm。特定的 APT 实验中空间分辨率的值取决于在 7.6 节讨论的几个因素。

在晶体材料的分析中,重构中原子并不分布在真实晶格的格点上而是轻微偏离它们实际的晶格位置。这种效应以二维形式描绘在图 8.5(c)中。典型情况下,大部分原子面间距小于(x,y)横向分辨率,导致该晶面内重要晶体学信息丢失。

这种局限的产生是以下因素的综合作用：①由样品表面上局域几何和成分变化引起的离子飞行路径的轨迹像差[17]；②样品表面上原子的热扰动；③潜在的滚升或者表面扩散相关的效应；④三维重构中蒸发几何采用了简化模型[18]。检测效率和不完美空间分辨率的共同作用显示在图 8.5(c)中。这些因素在特定实验中的结合方式将最终控制得到的数据集内结构信息的数量。

3. 质量分辨率（另见 6.2.4 节）

高压模式和激光脉冲模式中有限质量分辨率的来源在第 6 章做了详细讨论。有限的质量分辨率导致质谱上峰的拖尾及离子种类间峰的重叠。如先前该章中所讨论的，这些拖尾可与其他峰重叠，在某些情况下，一个大峰的拖尾可完全使更小的峰模糊化。这会导致一定比例的离子被错误识别。8.1 节讨论了为恢复有限质量分辨率中丢失的信息而发展的实际方法。

4. 质谱中的背底噪声（另见 6.2.3 节）

在每次原子探针实验中，质谱中将包含时间无关的背底噪声，如 8.1.1 节所讨论。考虑到赋予化学身份的方式，即质谱的范围划分，这会导致有限数目的原子被误识别为来自样品，而实际上它们是噪声，这会影响从简单的块体成分测定到更复杂的偏析测量的统计分析。幸运的是，在现代仪器中噪声基线通常很低。

5. 有限的分析体积

现代仪器持续地探测越来越大的分析体积，然而，重构仍然只代表整个系统极其有限的部分，在任何分析结果的解释中必须加以考虑。对微观组织不均匀样品的分析中，情况尤其如此。在这样的情况中，必须要理解 APT 重构包含的体积性质，如块体成分测量或第二相体积分数，未必是整个系统的代表。

8.2.2　随机对比器

解释 APT 数据的一个关键方式是将其与来自具有指定假想微观组织的等价系统的模拟数据进行对比。最基础或许是最重要的，对比器是理论上的随机原子分布。准确计算原子实际分布与相同成分下的随机分布之间的差别提供了一种评估以下现象的精确方法，如团簇化、调幅分解、偏聚及其他现象。在此段文字中，随机对比器是与正在分析的系统完全相同的一个系统，但其中不同组元的原子按照相同的比例在整个系统中进行了随机再分布。将数据集与随机对比器进行对照，甚至可将重构中原子分布的轻微关联辨识出来。随机对比器应用在以下典型场合，需要统计对比来说明实验测量的固溶体中原子分布（或原子团簇）不同于预期的原子随机排列，并量化这种差别的意义。

此处讨论和对比三种分析 APT 数据的随机对比器。

1. 随机标注

在此方法中,从分析的数据中产生一个随机标注的对比器,方法是保持原始数据的空间坐标,即数据文件的前三列,但通过随机化数据第四列的顺序来随机交换化学身份。这种方法去除了起源于合金中溶质原子间交互作用的优先排列,但保持了 APT 重构的物理实质,如图 8.6 所描绘。这种方法的主要优点是随机标注的数据集保留了由原始原子探针实验中场蒸发过程引起的轨迹像差信息,所以,在任何对比分析中保留了这些效应的本征贡献。

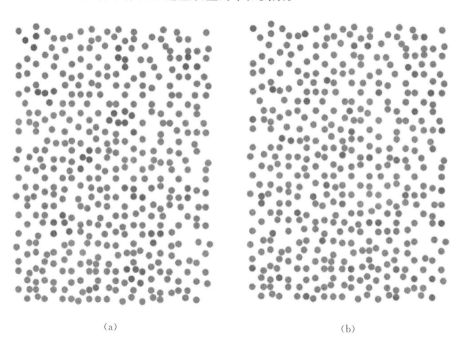

(a)   (b)

图 8.6   显示随机标注效果的二维示意图

(a)原始数据集,其中基体原子为浅灰色而溶质原子为深灰色;(b)相应的随机标注的数据集,
其中通过随机交换原子的身份消除了显著的溶质分布的团簇化

2. 人工退化[19]

在这种技术中,首先由溶剂和溶质原子随机排列的完美晶格产生随机对比器。为模拟数据中轨迹像差的效应,在对原子探针实验的空间分辨率估计的基础上,使每个原子在一个随机方向上偏离其原始位置一个随机距离。此外,从数据集内随机去除原子以模拟实验检测效率。这种随机模型近似再现了特定 APT 实

验的方式,并得到了已有实验测量的空间分辨率[20-23]和检测效率[21,24]的验证。

3. 完全空间随机性[25]

这里,原子在基于实验数据集相应的平均原子密度的理论体积内的空间上随机分布。然后,随机地赋予原子化学身份而保持相应的成分不变。这种类型的随机比较器最大限度地去除了实际 APT 实验数据集的信息,于是,尤其当需要 x、y、z 的完全随机分布时这是很有用的对比器。

8.3　基于网格的计数统计

基于网格的计数统计是一种评估组分在重构体积内分布的有效途径。这种技术相对简单易行且极有指导意义。然而,仍需小心地选择适当的用于分析的块尺寸,数据边缘的表面效应也必须予以考虑。

8.3.1　体元化

体元化涉及将三维数据划分为离散的立方体、长方体或体元的网格中,如图 8.7 所示。依赖于所采用的分析类型,块的尺寸通常按以下两种方式中的一种来定义:

体积,即第 i 个块的几何尺寸,$l_{xi}l_{yi}l_{zi}=V_i$;

布居数,即占据第 i 个块的原子数目,n_i。

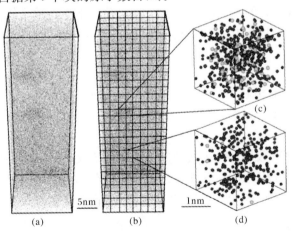

5nm　　　1nm

(a)　　　(b)　　　(c)　　　(d)

图 8.7　重构体积的体元化

(a)Al-Mg-Zn 原子探针重构的子体积,Al、Mg、Zn 原子分别表示为黑、浅灰和深灰色;(b)数据体元化为等尺寸块的三维网格;(c)数据中包含富溶质区域的一个体元的特写;(d)贫溶质基体区域的一个体元的特写(数据由 Peter Liddicoat 博士提供)

最常见的数据划分方式是根据两种定义中的一个保持块的尺寸恒定,然后表征每个体元内的原子含量。从所有体元中收集这些信息可生成频率分布和其他相关的统计结果,这些结果以关键物理属性的形式(如密度、浓度及共偏析或反向偏析)描述整个数据集内的原子排列。此外,随机比较器和/或理论频率分布模型的应用可以更深刻地解释意义测试。

成功分析的最关键参数可能是选择适于特定问题的恰当块尺寸。网格尺寸的选择涉及在位置误差和统计误差间的平衡。更大的网格尺寸会导致位置误差。这可通过采用更小的网格尺寸减轻;然而,太小的网格尺寸导致更大的统计误差[26]。例如,假定应用基于网格的方法分析非常稀的溶质在某个合金系统的分布。如果块太小则可能大部分体元不含有该种原子,这转而导致在最终的分析中得到更差的统计结果。相反地,如果体元太大,精细的细节如非常细微的团簇化效应可能在分析中丢失,从而得出误导性结果。

在大部分情况中,理想上块应尽可能接近立方形。应用这个约定以保证样品中存在的空间关联在分析中得到反映。在某个块中一个原子的位置离另一个原子越远,在重构中它们之间存在任何关联的可能性越低。作为例子,考虑体元为细长的长方体的情况。在此情况中,出现在块相对的两端的原子有关联的可能性远低于相同体积的立方体内的原子。由于频率分析的基本目标是测量(特定类型的)原子间的任何关联,因此在分析中必须避免额外的块几何的各向异性。

8.3.2　密度

重构整体或部分的原子密度的分布 ρ_i,可简单地通过单个体元中特定原子的数目 n_i 除以体元的体积 V_i 计算出来:

$$\rho_i = \frac{n_i}{V_i}$$

在此情况下,在分析中典型做法是块体积而不是每个块中的原子数目保持恒定。结果表示为每个块密度的频率分布的形式,但三维可视化常常是更有深刻见解的。

当然,在 APT 数据分析中仅使用一种密度定义。体元化是最简单且计算最容易的密度分析方法,然而,块数目有限的本质产生的影响会限制准确度。一种替代方法是基于最近邻间距详细考察的密度分析,这将在 8.4.1 节给出。

8.3.3　浓度分析

给定元素 A 相对于体元 i 的含有量的浓度可定义为

$$X_{Ai} = \frac{n_{Ai}}{n_i}$$

式中,n_{Ai} 是 A 原子的数目;n_i 是该块中原子的总数。这是一个非常普遍的定义。事实上,A 不必代表单个原子类型,也可以是多个元素的卷积,如 B 和 C,此处有

$$n_{Ai} = n_{Bi} + n_{Ci}$$

更进一步,不仅可以分析相对于总体的浓度,也可分析 A 原子相对于 B 原子的分布,在此情况中,有

$$X_{A/Bi} = \frac{n_{Ai}}{n_{Bi}}$$

这些定义对识别和凸显数据中 A 元素的浓度显著高于或低于 B 元素的特定区域是有用的。

8.3.4 去局域化平滑法

对于更小的块尺寸,在某个或邻接的体元包含或排除个别原子会导致测量的原子密度在相邻的体元间出现更多的突然起伏。为了抑制这种效应,商用软件采用了去局域化算法[27],其作用示意性显示在图 8.8 中。不是每个原子对三维网格的某个点的计数统计产生单一的贡献,而是基于原子和每个节点的接近程度对每一个相邻网格节点中做了加权贡献,也就是说,因为现在每个原子对表面上多个节点做出更小的贡献,所以好像它不再占有三维空间的单个节点而是以去局域化扩展的形式出现。

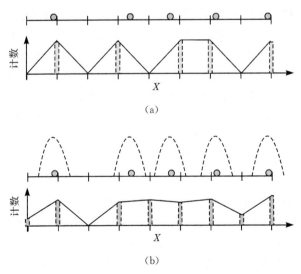

（a）

（b）

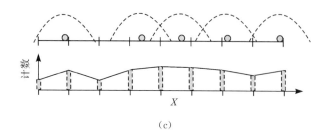

(c)

图 8.8　一维网格上的原子(上面的线)及其相应的频率分布(下面的线)的去局域化平滑
(a)计数统计的应用意味着每个原子对网格中的单个节点产生离散的贡献;(b)原子被去局域化并
表示为概率分布而不是离散的点,因而可以对多个节点产生计数贡献;(c)通过伸展概率分布
原子被进一步去局域化,因而平滑了所得的计数统计

当去局域化与适当的平滑函数结合应用时,可显著改善局域密度和浓度值的计算,且可在这些块的可视化过程中平滑三维表面上的起伏。这样的方法可由重构原子位置的空间分辨率极限说明其合理性。换句话说,原子出现在给定体元不是精确定位的,而是以一定概率出现的,因而在重构中应该与相邻的体元有关联。

8.3.5　基于等浓度和等密度的可视化技术

可视化是解释原子探针数据有指导意义的第一步。最简单的可视化方法是在三维空间以彩色的点或球的形式描绘出每个原子或者一定分数的每种原子。利用等浓度或等密度分析经常可揭示附加的信息,或者提供数据集内元素分布或密度的清晰图像。等浓度分析隔离出特定组成范围内的块。类似地,对于某种给定的元素或元素集合,等密度分析隔离出含有特定范围原子密度的块。当出现在数据集内的这些块被显示出来时,通过重构生成了三维可视化的成分波动图像。在定义的浓度或密度范围内,相邻块的排布结合起来生成了等表面。在重构中应用的等表面以高亮区域出现。可以执行等表面技术来识别分析的样品中不同物相、晶界和/或沉淀的存在。

图 8.9 是一个三维等浓度表面应用于热处理态 Al-1.7Cu-0.01Sn(at%)合金的 APT 重构的例子。在图 8.9(b)中,含有 6.5at%Cu 的块(尺寸为 1nm³)用浅灰色显示出来,在数据中形成一系列包围富 Cu 的 θ' 相的等表面。类似地,含有 3.0at%Sn 的体元用深灰色显示出来,得出的等浓度表面揭示出在每个 Cu 沉淀上附着一个 β-Sn 沉淀。这些技术与频率分布分析密切相关,可将观察到的成分分布与理论模型联系起来。

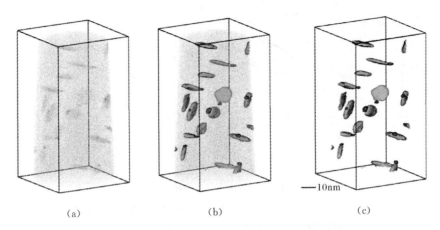

(a)　　　　　　　　　(b)　　　　　　　　　(c)

图 8.9　应用于 Al-1.7Cu-0.01Sn(at.%)的等浓度面
(a)浅灰点是 Cu 原子而深灰点是 Sn 原子,Al 原子未显示;(b)浅灰色等浓度面代表 Cu 浓度
为 6.5at%的体元,深灰色表面显示 Sn 浓度为 3.0at%的体元;(c)仅凸显等浓度
面的同一分析区域(数据蒙 Tomoyuki Honma 博士慨允)

8.3.6　一维谱线

1. 一维浓度和密度谱线

一维谱线是沿着截面积小于感兴趣特征的圆柱或长方体的长度方向的局域成分或密度的绘图,如图 8.10(a)所示。最初为传统的一维原子探针发展的算法[28],调适于三维情况后可提供有用的成分波动信息,尤其在界面的附近。这是因为在数据集内可沿任意方向计算出谱线。图 8.10(b)是一个一维成分谱线的例子,分析了调幅分解的 Fe-Ni-Mn-Al 合金中 Fe 和 Ni 的浓度[29]。

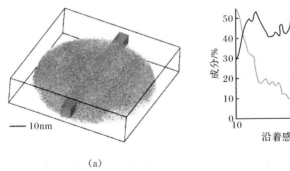

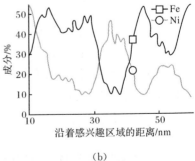

(a)　　　　　　　　　　　　　　　(b)

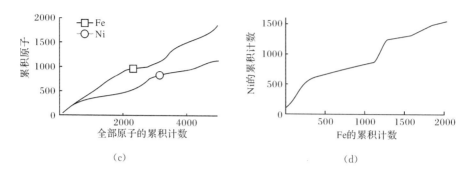

图 8.10　Fe-Ni-Mn-Al 合金分析的一维谱线

(a)显示了选择的兴趣区域,Fe 显示为深灰色,Ni 为浅灰色;(b)显示了测定的贯穿

分析区域的一维成分谱线;(c)累积分布曲线;(d)阶梯图

2. 一维累积谱线

已经发展了多种对一维谱线的简单扩展。从分析体积的一端开始,也可以绘制出某种元素 A 的原子数目相对于在感兴趣区域移动时遇到的原子总数的累积增加量,如图 8.10(c)所示。第二相、晶界或其他纳米级结构特征的存在可从图线斜率的变化观察出来。图 8.10(c)中给出的累积分布图线上斜率的增大暗示着 Fe 或 Ni 浓度显著增大的区域。相反地,斜率的减小暗示着 Fe 或 Ni 贫化的区域。Krakauer 和 Seidman 发展了一种基于累积分布的方法来计算偏聚到晶界或其他界面的溶质原子的界面过剩吉布斯自由能[30]。这种方法仍然广泛应用,然而,随后发展的近邻柱状图(见 8.3.6 节)提供了一种替代界面过剩吉布斯自由能的方法。

3. 阶梯图

图 8.10(d)中的阶梯图是本主题的一种变化形式,其中分析了沿着一维体积 A 原子相对于 B 元素原子的累积。图 8.10(d)中的阶梯图在此重构中识别不同的物相方面特别有效,因为高 Fe 浓度的区域与低 Ni 区域一致,反之亦然,此图也强调了分布斜率表现出的改变。

4. 一维谱线的其他应用

累积成分谱线和阶梯图的另一种应用是研究材料中某些相中存在的长程有序结构。早期,Blavette 和 Bostel 使用这些技术的研究表明,一维原子探针场离子显微镜可用于凸显在 Ni 基高温合金有序沉淀中的富 Al 的(001)面和富 Ni 的面交替排列[31]。这可用于识别优先占据 Al 位或 Ni 位的难熔元素。

在许多情况中,原子探针层析的分辨率足以处理以下问题,在沿着一个晶体极的感兴趣区域内存在晶体学平面时将会清楚地出现在一维密度谱线上,如图 8.11 所示。此图显示的例子是从 Ni 基高温合金的重构中沿着(001)晶体极的感兴趣区域计算出来的。由图可见,与 Ni 占据每个晶面的分布相反,Al 原子仅占据间隔的晶面。此外,一维密度谱线暗示 Cr 原子倾向于占据贫 Al 晶面内的位置。最近通过空间分布图进行了类似的分析工作(见 8.6.2 节)。解释这样的结果时必须非常谨慎。实验中的优先场蒸发效应会强烈地影响重构中元素彼此间的相对分布[32]。

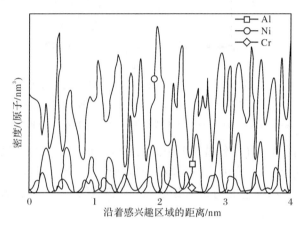

图 8.11　Ni 基高温合金的某有序相(图 8.40)中沿(001)面
的感兴趣区域的一维密度谱线
谱线表明 Al 和 Cr 原子仅交替占据晶面

5. 一维成分谱线的校正

原子探针数据中界面的重构可以代表对这种技术的一个重大挑战,尤其是当界面代表富集低场元素(在相对低的电场下场蒸发的元素)的区域和含有高场元素区域的分界线时的情况。这种情况会导致局域放大效应(即在界面附近,尖端表面上曲率高或低的局部区域,将会导致轨迹像差,从而损害重构的精度,如第 7 章所描述)。局域放大效应会以宽度和成分的方式对重构界面产生负面影响,这将反映在得到的一维成分分析中。

人们已经提出了进行这些分析的一个简单扩展方法,在某些情况中将提供更真实的界面宽度的表征。以图 8.12 中的内容为例,其中显示了穿过 Al-1.68%Cu-4.62Li-0.33%Mg-0.1%Ag(at%)合金中 T_1 沉淀的一维成分谱线。T_1 相是具有 Al_2CuLi 成分的片状沉淀,其蒸发场高于基体。因此,T_1 的原子密度显著低于周围的基体,也显示在图 8.12 中,重构中片层的表观厚度因像差而变大。

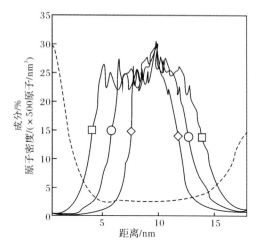

图 8.12　峰时效 Al-1.68％Cu-4.62Li-0.33％Mg-0.1％Ag(at％)合金
分析中得到的跨越 T_1 沉淀的原子密度(虚线)

校正前的 Cu 浓度谱线(方形),与密度成线性比例的谱线(菱形),与密度平方根成比例的谱线(圆圈)

　　Sauvage 等提出一维成分谱线上距离的划分应该基于在每个区间测得的相对原子密度,此测量是为了校正这种局域放大效应[33]。当使用这种方法时,其中沿着感兴趣区域每个取样仓的初始宽度是 Δx,在谱线第 i 个区间的校正深度由下式定义:

$$x_i = x_{i-1} + \Delta x \frac{\rho_i}{\rho_{average}}$$

式中,ρ_i 为在第 i 个区间测得的原子密度;$\rho_{average}$ 为整个数据集内的平均原子密度。结果为在高场沉淀内测得宽度谱线的压缩形式,如图 8.12 中的菱形线所表示。

　　这种方法假设在局域放大效应和密度间存在线性关系。因为在很多情况中局域放大对重构中的横向坐标具有决定性影响,后来提出原子密度实际上更确切与界面宽度放大倍数的平方成比例。在此情况下,沿着谱线在第 i 个区间的修正深度由下式给出:

$$x_i = x_{max} \times \frac{\sum_{j=1}^{i} \sqrt{\rho_j}}{\sum_{j=1}^{n} \sqrt{\rho_j}}$$

式中,x_{max} 为最初分成 n 个相等区间的谱线总长度;ρ_j 为在第 j 个仓测得的原子密度[34]。这种方法在图 8.12 中对 T_1 沉淀的同一分析中做了说明(圆圈线)。可以看出,后一种方法对一维谱线长度比例的修正更适中。

　　应该注意到,后一种修正仅适用于界面长度近似沿着实验分析方向延伸(即 z 方向)的情况。当界面垂直于这一方向时,最初由 Sauvage 等提出的方法更为适用[35,36]。

6. 二维成分图

成分图是上述一维谱线的二维对应物。这种分析的一个典型例子表示在图 8.13 中，显示了从 Al-Cu-Sn 合金中获得的数据。图 8.13(a) 显示的感兴趣区是在整个重构内的一个 xy 横截面切片。图 8.13(b) 显示了此区域中 Al 的二维密度图。此图通过将感兴趣区划分为横向 (xy) 平面内块的二维网格计算出来。图中的每一点代表一个这样的块，其颜色表示在此 $x\text{-}y$ 坐标测得的原子密度。在此情况中，二维图表明在 Al 的分布中存在源于晶体极和带线的密度波动。

图 8.13(c) 显示了同一感兴趣区内 Sn 分布的二维成分图。高浓度的离散区域表明由于原子团簇产生的富 Sn 区，或者离散的 Sn 沉淀。图 8.13(c) 中的每个特征代表了与整个基体成分相比含有大量 Sn 的单个团簇或沉淀。

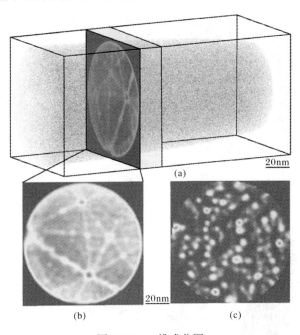

图 8.13 二维成分图

(a) 显示了 Al-Cu-Sn 合金中选取的感兴趣区；(b) Al 的二维密度图显示了晶体极和带线周围的起伏；
(c) Sn 的二维成分图显示了具有高 Sn 浓度的沉淀和团簇。数据蒙 Leigh Stephenson 博士慨允

需要调整感兴趣区的厚度以优化每个分析的对比度从而强调特殊的特征。例如，在图 8.13(c) 中，如果感兴趣区的厚度太小，那么将不能包含进所有的 Sn 原子团簇，分析可用的原子数目有限会对统计的质量产生负面影响。然而，如果感兴趣区太厚，那么体积内出现在不同深度 z 的团簇可能会在 xy 平面上进而在二

维图上重叠。于是,单个纳米结构的形状和元素组成可能是不可分辨的。

7. 近邻柱状图(近邻图)

近邻柱状图或近邻图算法的发展允许在三维图中测量成分谱线。它们利用APT 重构中可用的三维数据大大简化了复杂的显微结构和界面表征[26]。此技术的第一步,将等浓度(或等密度)表面用于重构,如图 8.14(a)所示。第二步,分离出含有显微结构特征(如沉淀或晶界)的特定等表面,如图 8.14(b)所示。第三步,测定靠近界面的局域原子近邻。原子位置与它们到等表面的局域法线距离有关联,使得算法不依赖界面的几何形状。可以认为算法产生一幅度量从等表面处距离递增的一系列壳层内的原子数目近邻图,如图 8.14(c)所示。第四步,产生表征界面的本质及其局域环境的任何组成元素的浓度分布图。

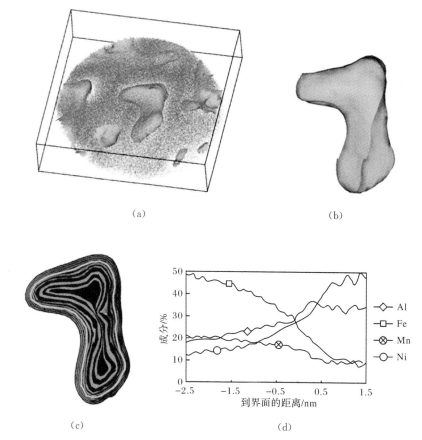

(a)　　　　　　　　　　(b)

(c)　　　　　　　　　　(d)

图 8.14　Fe-Ni-Mn-Al 合金的近邻图分析

(a)25%Ni 的等浓度面;(b)选取分析用的特定表面;(c)近邻图怎样测定平均成分的二维示意图,该平均成分是与表面距离的函数;(d)得到的近邻图成分谱线

　　近邻图受到用于表征界面的参考等表面选取的影响[37]，因而受到用以定义等表面的网格参数的影响。已有报道表明，当沿着浓度梯度最陡的点选取等表面时，在二元体系中近邻图测定对等表面的依赖是最弱的[26]。近邻图算法非常复杂且计算量大于简单的一维成分谱线算法。然而，与一维浓度谱线相比，近邻图是一种分析界面的优越方法。这是因为近邻图汇集了界面在所有方向上的信息。如果界面不平直和/或不直接垂直于成分谱线所沿的方向，那么一维成分谱线的结果会是不准确的，而近邻图技术在垂直于定义的三维等浓度表面上解析地计算了原子的位置而不计表面形状。此技术有许多重要的应用，包括在偏聚体系中估算界面的过剩吉布斯自由能[38]。

8.3.7　基于网格的频率分布分析

　　1. 二项式分析

　　二项式分析是基于网格的频率分布技术，其中每个体元包含恒定的原子总数 n_b。这种分析获取某些特殊元素 A 的原子居于每个块的频率，并将其与当原子随机地居于整个数据集时所预期的理论分布相对比；后者可通过二项式概率分布 P_b 来描述。对于元素 A 的比例为 X_A 的材料体系，相应的二项式分布由下式定义：

$$f_b(n) = NP_b(n) = N\,\frac{n_b!}{n!\,(n_b-n)!}\,X_A^n(1-X_A)^{n_b-n}$$

式中，假设重构共划分为 N 个块；$f_b(n)$ 是预期的含有 n 个 A 原子的块的数量[39,40]。

　　二项式分布 $f_b(n)$ 可通过与实验频率分布 $e(n)$ 直接对比的形式绘成曲线，如图 8.15 所示。实验分布显著偏离二项式分布暗示原子以非随机方式排列。这可能说明体系中存在多种物相，或者更精细的纳米尺度的微结构现象，如原子团簇化。图 8.15(a)～(c)提供了 APT 实验中经过多种热处理 Al-1.7Cu(at%)合金的一系列 Cu 原子图，或者层析图。图 8.15(d)给出了相应的 Cu 原子的频率分布与随机固溶体的理论二项式分布的对比。每个数据集划分成相同数目的块，每个块均含有 200 个原子(n_b)。在淬火条件下(AQ)，虽然图 8.15(a)未明显表现出 Cu 原子分布的空间关联性，但图 8.15(d)中的频率分布分析暗示实际情况并非如此。可见从该重构中计算出的实验分布发生了相对于相应二项式分布的宽化和向左平移。可以从图 8.15(b)、(c)中预见这个现象，当热处理的持续时间延长时，相应的分布分析偏离随机性的程度增大了。相对于二项式分布，这些实验频率分布的峰显著地向左(即向着低 Cu 浓度的方向)平移，这暗示更多的块含有比预期值少的 Cu 原子。然而，这起因于过多的块含有比预期值多的 Cu 原子，因为每个块中的平均原子数必须守恒。这些分布的长拖尾代表含有高浓度 Cu 的块数目更少。

换句话说,此分析揭示了数据集内 Cu 的偏析效应和贫 Cu 的基体。

2. χ^2-统计法量化对随机的偏离

实验频率分布显示的对随机性的偏离可通过将 χ^2 准则应用于分析过程来量化:

$$\chi_e^2 = \sum_{n=0}^{n_b} \frac{[e(n) - f_b(n)]^2}{f_b(n)}$$

其中,$e(n)$ 是共 n_b 个可选的元素 A 的原子时测得的含有 n 个原子的体元数;$f_b(n)$ 是相应的根据二项式频率分布估算的数目。

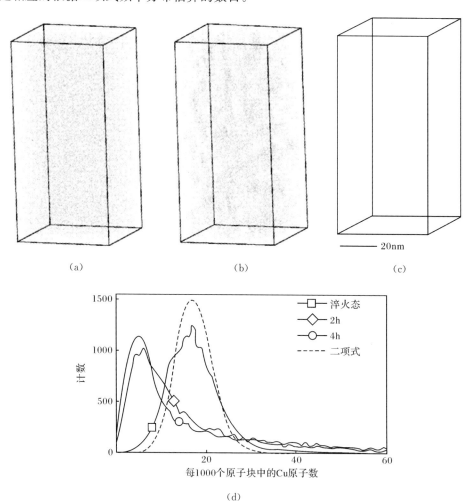

(a)　　　　　　　　　　(b)　　　　　　　　　　(c)

(d)

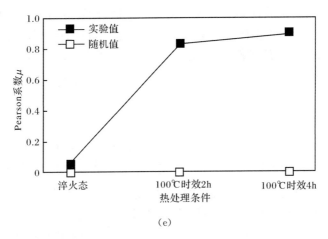

（e）

图 8.15　对应于热处理三个阶段的 Al-1.7Cu 数据集内 Cu 的分布

（a）淬火态；（b）100℃时效 2h；（c）100℃时效 4h；（d）相应的 Cu 的频率分布；（e）二项式 χ^2 分析

χ^2 统计也允许进行偏离随机性的意义测试。上述 χ_c^2 的方程近似符合具有 n_b 个自由度的 chi 平方概率分布。因此，可形成如下的零假说 H_0：元素 A 的原子随机地分布在整个材料中。

这通过检验测定的 χ_c^2 值处于适当 chi 平方概率分布的位置来评价，这在附录 A 中有详述。这个表给出了描述分布对零假说符合程度的相应概率值 P。P 小于 0.05 或 0.01 通常作为弃用零假说的标准值，并且暗示数据集内原子的排列显著偏离随机性。

χ^2 统计可以提供有用的洞察，但基于以下原因必须谨慎应用。

（1）非常小的 $f_b(n)$ 值会对计算产生不成比例的贡献并且使分析发生扭曲：包含数目稀疏的类别 n 会在统计中引入有害的波动并降低 χ_c^2 作为 chi 平方概率分布的近似合理性。然而，此问题是可以解决的。作为纯经验方法，进入给定类别 n 的可接受数目的最小值通常取作 $f_b(n) \sim 5$。如果认为 $f_b(n)$ 的贡献太小，那么在实验和二项式分布中可将第 n 个类别与第 $n+1$ 个或第 $n-1$ 个类别结合在一起，但会付出相应的自由度降低的代价[39,41]。

（2）χ_c^2 的值随着所分析重构尺寸的增大而增大：已知 χ_c^2 的上限随着 N 的增大是无界的，即 χ_c^2 将会随着样品尺寸的增大而增大[42]。此外，随着样品尺寸的增大，意义测试弃用零假说的可能性增加；即意义测试更可能暗示数据集内存在关联效应，而实际上是随机的[43-45]。

这种对样品尺寸的依赖性会进一步被以下两个因素放大，即 APT 产生的非常大的数据和每次实验间数据体积相对大的差异性。在这些情况下，χ_c^2 值的分析不能用于不同大小的数据集间做直接对比。然而,此类分析的基本目标是:对比热历史不同的两个或更多样品间团簇化或偏聚水平,目的在于发现这些结果和每个样品展示的不同宏观性能间的关联。因此,Pearson 系数 μ 法得到了发展[42,46,47],以便归一化 χ_e^2 对划分的块数目 N 的依赖性,其定义由下式给出:

$$\mu = \sqrt{\frac{\chi_e^2}{N + \chi_e^2}}$$

这产生了一个不依赖于样品尺寸的 μ 值,且处于 0 和 1 之间。此处 0 表示随机分布,而 1 表示溶质原子的出现具有完全的关联性。利用 μ 值,可在一系列不同大小的数据集间追踪团簇化程度的变化。注意到以下情况也非常重要:如同 χ_e^2 一样,μ 值依赖于分析中使用的块尺寸 n_b,所以,如果要做直接对比,那么该参数必须在所有分析中保持恒定[43,48]。对图 8.15(a)~(d)中提供的频率分布案例研究也计算了这些值,μ 值绘制在图 8.15(e)中,其中块尺寸 n_b 是 50 个原子。该图表明在合金中 Cu 偏聚随着时效时间的增加而增加。

μ 值提供了追踪存在于不同重构中纳米结构数量定性变化的方法。不幸的是,μ 值并不总是方便地以其代表的偏聚水平来解释。因此,推荐应用随机对比器来验证分析结果[43,44]。在许多情况中,最好的方法是结合应用 χ^2 意义值和 μ 值来识别纳米结构的存在和量化此结构在不同数据集间的变化。例如,χ^2 意义测试度量对应于图 8.15(e)中的淬火条件,具有七个自由度的 χ_e^2 等于 1096,意味着 Cu 原子在重构中随机分布的"零假说"必须弃用,其统计置信系数 P 大于 0.9999。作为对比,然后随机标注的同一数据集产生的具有七个自由度的 χ_e^2 值为 5.37,可以弃用零假说的统计置信系数仅为 0.62。

3. 相依表

在原子探针重构中,相依表可用来研究一种元素相对于另一种元素的分布,以识别在两种元素间精细尺度的共偏聚或反偏聚效应[49]。相依表取二维直方图的形式列出同时含有 i 个 A 元素原子和 j 个 B 元素原子的块的总数 n_{ij}。在 Al-1.1Cu-1.7Mg(at%)合金中 Mg 原子相对于 Cu 原子的分布显示在图 8.16 的上表中。例如,上表中第二行第三列的值 n_{23} 说明在数据集内有 978 个含有原子数 $n_b =$ 100 的块,其中恰好同时含有 1 个 Cu 原子和 2 个 Mg 原子。

Cu \ Mg	0	1	2	3	≥4	总计
0	4241	2505	1017	368	145	8276
1	2660	1965	978	392	178	6173
2	1230	1066	612	260	135	3303
3	467	496	316	135	81	1495
4	183	204	116	74	43	620
≥5	69	104	73	66	39	351
总计	8850	6340	3112	1295	621	20218

Cu \ Mg	0	1	2	3	≥4
0	3622.6	2595.2	1273.9	530.1	254.2
1	2702.1	1935.7	950.2	395.4	189.6
2	1445.8	1035.8	508.4	211.6	101.5
3	654.4	468.8	230.1	95.8	45.9
4	271.4	194.4	95.4	39.7	19
≥5	153.6	110.1	54	22.5	10.8

Cu \ Mg	0	1	2	3	≥4
0	+	−	−	−	−
1	−	+	+		
2	−	+	+	+	+
3	−	+	+	+	+
4	−	+	+	+	+
≥5	−	−	+	+	+

图 8.16　Al-Cu-Mg 合金中 Mg-Cu 关联性的相依表分析（块尺寸为 100 个原子）

上面的表为实验表；中间的表为随机表；下面的表为趋势表

　　当把数据集分配到 N 个离散的块时，分析相依表需要特别注意。就图 8.16 中的例子来说，其中研究了 Cu 和 Mg 原子间的相互作用，如果某个特别的块中计数的 Cu 原子数目太多，那么块尺寸不能超过 n_b 的约束条件表明块内只有更小的空间来容纳 Mg 原子。如果 Cu 和 Mg 原子对块尺寸 n_b 有贡献，那么在分析中引入了相关性假象，从而限制了测定同时含有很高浓度的这些元素的块数目的能力。这种假象可以通过在确定块的总尺寸时不计入 Cu 和 Mg 原子的贡献来消除。对于图 8.16 分析的 Al-1.1Cu-1.7Mg(at%)合金中,除了 Mg 和 Cu 原子,每个块现在含有 100 个 Al 原子(n_b),而每个块的原子数目将会变化[39,41]。

为探测 Mg 和 Cu 间任何可能的关联性,将实验表与相应的理论表进行了对比,理论表是在 Mg 原子的分布不依赖于 Cu 原子出现在何处的前提下建立的。这种理论或预期的表可从实验表导出。如果 Mg 和 Cu 之间不存在关联,那么在试样表的行和列间就不存在相关性(图 8.16)。所以在随机分布的材料中,某特定的块属于表的第 i 行和第 j 列的概率为

$$p_{ij} = p_{i0} p_{0j}$$

其中,p_{i0} 为该块属于第 i 行的概率;p_{0j} 为其属于第 j 列的概率。预期同时属于第 i 行和第 j 列的块的数目为

$$f_{CT}(n_{ij}) = N p_{i0} p_{0j} = N \frac{\sum_{i=1}^{r} n_{ij}}{\sum_{i=1}^{r} \sum_{j=1}^{c} n_{ij}} \frac{\sum_{j=1}^{c} n_{ij}}{\sum_{i=1}^{r} \sum_{j=1}^{c} n_{ij}} = \frac{\sum_{i=1}^{r} n_{ij} \sum_{j=1}^{c} n_{ij}}{N}$$

其中,n_{ij} 为实验表中同时属于第 i 行和第 j 列的块的数目;r 和 c 分别为行和列的数目[41]。因此,预期表 $f_{CT}(n_{ij})$ 可根据实验表的边际总数及 Mg 和 Cu 原子随机分布在整个材料中的论断而生成。例如,继续考虑图 8.16 中的例子,预期 n_{23} 的随机值可通过以下过程计算出来,第二行各条目的和(6173)乘以第三列各条目的和(3112)再除以整个表中块的总数(20218)就可得到表中给出的 950.2。

实验表和预期表间最简单的对比方法是图 8.16 显示的趋势表。在趋势表中,"+"代表实验值大于溶质随机分布的预期值的情况,类似地,"−"表示实验值小于预期值的那些类别。如果在 Cu 和 Mg 原子的出现方式上不存在关联性,那么可以预期"+"和"−"排列成随机形式。然而,图 8.16 中的趋势表显然不是这种情况。各块表现出含有相近数目的 Mg 和 Cu 离子的趋势。也就是各块含有的两种原子同时多于或同时少于假定离子随机分布时的预期值。这是共偏聚的线索,即 Cu 原子更可能出现在 Mg 原子附近而不太可能在 Mg 原子缺乏的地方被观察到。对于反偏聚的情况在趋势表中会观察到相反的效应,"−"成群地沿表的对角线向下分布而"+"成群地分布在左下角和右上角。

像二项式分析一样,χ_e^2 统计可用作在实验表和随机表间数值差的定量衡量,可给出 Mg 和 Cu 原子在合金中关联出现而偏离随机性的度量:

$$\chi_e^2 = \sum_{i=1}^{r} \sum_{j=1}^{c} \frac{\left[e(n_{ij}) - f_{CT}(n_{ij}) \right]^2}{f_{CT}(n_{ij})}$$

式中,$e(n_{ij})$ 为实验表;$f_{CT}(n_{ij})$ 为相应的随机表;分析中 i 行和 c 列的自由度为 $\nu = (r-1)(c-1)$。图 8.17 给出了相依表分析用于研究不同热处理的系统中特定元素的团簇化演化的例子。很明显,在该例子中,随着时效时间的延长,Mg 和 Cu 原

子的空间分布的关联性逐渐增加。

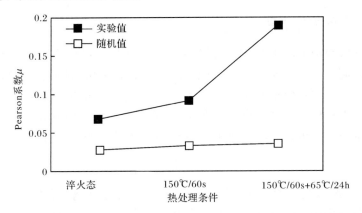

图 8.17　相依表分析显示的 Al-1.1Cu-1.7Mg(at%)合金在时效处理中
Mg 和 Cu 原子间共偏聚的发展
为便于对比也提供了相应的随机标注的数据集所得出的结果

如 8.3.7 节所述,在二项式频率分布分析中非常小的 $f_b(n)$ 值会对计算产生不成比例的贡献并会扭曲 χ_e^2 度量。类似地,随机表中含有稀疏占据的单元格会在统计中引入不希望的波动并破坏其在相依表分析中作为 chi 平方概率分布近似的合理性。这个问题可以很容易解决。如果 $f_{CT}(n_{ij})$ 太小,那么在每个表中(实验表、随机表和趋势表)第 i 行可与第 $i+1$ 行或第 $i-1$ 行合并,或者与其类似,相邻的列也可同时合并,其目的在于消除这种不足。这种缩减相依表的操作可以重复迭代直至所有的异常从随机表中消除[39,41]。在图 8.16 提供的例子中,块尺寸是100 个原子并且行和列分别潜在地在 0～100 变化(甚至超过 100,因为 Mg 和 Cu 对 n_b 没有贡献)。然而,在很低的概率下会出现以下情况:某单个块会含有这样大数目的 Mg 和/或 Cu 溶质原子。所以,5～100 行的所有贡献合并进每个表的最下行,该行代表含有 5 个或更多 Cu 原子的所有块。类似地,4～100 的所有列也要合并。于是,图 8.16 中的随机表的最小值是 10.8,高于纯经验方法的最小值 5,因而不需要对表进一步缩减。

4. 非随机数学模型

二项式分布 $f_b(n)$ 假设给定元素的原子取自概率 p 决定的单一数目,此概率仅取决于其在材料中含量 X_A。然而,常见的一维成分谱线的例子显示在图 8.10中,表明分析的材料不能简单地模拟为单一物相。尤其是表征材料中调幅分解过程产生的相分离,该现象作为在整个微观组织中成分周期起伏的例子,需要更复杂的分析。按更实际的理论模型拟合的 APT 数据的频率分布分析开始识别和解卷积材料中存在的物相。

5. P_a(正弦曲线)模型

正弦曲线模型也称作 P_a 模型,是指假设两相共存于数据集内并且频率分布分析中测得的起伏可近似为简单的正弦模型[40,50];该模型可以描述如调幅分解后的微观组织。与二项式分布不同,该模型假设原子均匀分布在整个数据集内,P_a 模型假设实际上重构包含许多离散的布居区(或具有不同平均成分的区域)。仅考察重构中的第 j 个布居区,从该区任取一个 A 元素原子的概率由下式给出:

$$p_j = p_0 + P_a \sin \frac{2\pi j}{m}$$

式中,p_0 为元素 A 的平均成分,即 $p_0 = X_A$;m 为将正弦波离散化的任意整数;$2P_a$ 为成分起伏的峰与峰的幅度差。通过合并此概率定义和一个计入每个这些不同布居区内原子分布的随机统计起伏的项,频率分布可以写作

$$f_{P_a}(n) = NP_{P_a}(n) = \frac{1}{m} N \sum_{j=1}^{m} \frac{n_b!}{n!(n_b-n)!} p_j^n (1-p_j)^{N-n}$$

式中,n 是在含有总数为 n_b 的原子的块内预期的 A 原子数目。

由于 P_a 是唯一的未知参数,因此通过优化该参数可获得 $f_{P_a}(n)$ 对实验频率分布的最佳拟合。已表明使用最大可能性方法可获得 P_a 的最佳值,即选取 P_a 值使下面的函数取得最大值:

$$S = \sum_{i=0}^{N} e(n) \lg |f_{P_a}(n)|$$

式中,$e(n)$ 为 APT 数据集内观察到的含有 n 个 A 类型原子的块数目[40,51];$f_{P_a}(n)$ 对 $e(n)$ 的最终拟合的好坏可通过 χ^2 分析来衡量。

图 8.18(a)显示了 Fe-Ni-Mn-Al 系统经历调幅分解的重构。图 8.18(b)显示了实验导出的 Fe 原子的频率分布和相应的 f_{P_a} 模型对此分布的拟合。

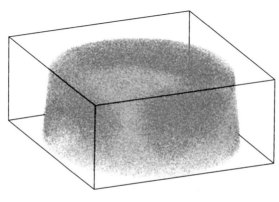

(a)

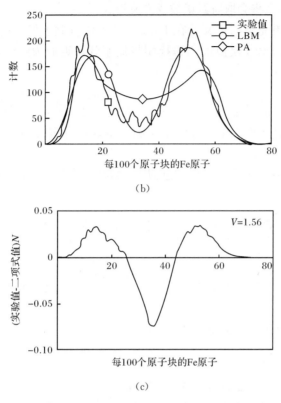

(b)

(c)

图 8.18　调幅分解的重构和频率分布分析

(a)Fe-Ni-Mn-Al 体系发生调幅分解时的 APT 重构;(b)实验频率分布与拟合的 P_a 和
LBM 模型的对比,P_a 模型:$\chi^2=1018$ 且自由度为 66,LBM 模型:$\chi^2=503$ 且自由度为 68;
(c)变异分布 $V=1.56$

6. 方波和 Langer-Bar-on-Miller 模型

方波模型假设有两个共存物相,且 A 元素的频率分布可定义为两个移位的二
项式分布的和:

$$f_{Sq}(n) = N \frac{n_b!}{n!(n_b-n)!} [a_1 p_1^n (1-p_1)^{n_b-n} + a_2 p_2^n (1-p_2)^{n_b-n}]$$

式中,a_1 和 a_2 是描述共存相的相对原子分数的权重;p_1 和 p_2 等价于每种相内 A 元
素的含量[40,50]。对实验频率分布分析进行方波模型拟合时需要估计三个参数:
p_1、p_2 和 $a_1(a_1+a_2=1)$。这些参数的值可使用最大可能性算法来优化。

该模型假设重构纳入两个共存相,除仅有少量统计起伏外其成分是恒定的。
不考虑任何显著变化,如实际材料中可预期的界面处的成分梯度。换句话说,此
理论模型假定分隔两相的界面是完全突变的。如果这样的系统存在跨越界面的

一维成分谱线,那么将会取阶跃函数或方波形式。

一个相似但更完善的定义是在 Langer 等工作基础上发展的 Langer-Bar-on-Miller 模型(简称 LBM 模型)[52],该模型将概率分布近似为两个移位的高斯分布之和[51]:

$$P(c) = \frac{a_1}{\sigma_1 \sqrt{2\pi}} \exp\left[-\frac{(c-\mu_1)^2}{2\sigma_1^2}\right] + \frac{a_2}{\sigma_2 \sqrt{2\pi}} \exp\left[-\frac{(c-\mu_2)^2}{2\sigma_2^2}\right]$$

此表达式描述了两个中心分别在 μ_1 和 μ_2 的高斯分布,相关的宽度分别为 σ_1 和 σ_2,权重分别为 a_1 和 a_2。

已对此定义发展了多种扩展和近似[53],Miller 等概述了相应的频率分布模型的近似表达式[54]:

$$f_{LBM}(n) = \frac{1}{n_d} \sum_{j=0}^{n_d-1} N \frac{n_b!}{n_b!(n_b-n)!} p_{1j}^n (1-p_{1j})^{N-n} \frac{4a_1}{0.9544 \sqrt{2\pi}} \exp\left(\frac{-u^2}{2\sigma^2}\right)$$
$$+ \frac{1}{n_d} \sum_{j=0}^{n_d-1} N \frac{n_b!}{n_b!(n_b-n)!} p_{2j}^n (1-p_{2j})^{N-n} \frac{4a_2}{0.9544 \sqrt{2\pi}} \exp\left(\frac{-u^2}{2\sigma^2}\right)$$

在此情况中:

(1) 假设各高斯分布的宽度相等;即 $\sigma_1 = \sigma_2 = \sigma$。

(2) $u = \frac{4\sigma_j}{n_d} - 2\sigma$。

(3) $p_1 = X_A + b_1 + u$ 且 $p_2 = X_A - b_1 + u$。

(4) μ_1 和 μ_2 代替为 b_1 和 b_2,后者分别代表元素 A 在各相中的含量与重构中总含量的差值,因而有

$$b_1 = X_A - \mu_1 \text{ 和 } b_2 = \mu_2 - X_A$$

(5) 权重 a_1 和 a_2 保证了此模型使重构的平均成分守恒,其值由杠杆法则确定:

$$a_1 = \frac{b_2}{b_1 + b}, \quad a_2 = \frac{b_1}{b_1 + b}$$

因此,存在单个需要确定的独立参数:σ、b_1 和 b_2。对 P_a 方法来说,这些值可通过使用最大可能性算法对实验分布进行 LBM 模型最佳拟合来优化。

高斯分布的间距 $|u_1 - u_2|$ 类似于 P_a 方法的 $2P_a$。图 8.18(b) 显示了 LBM 模型拟合图 8.18(a)的 Fe-Ni-Mn-Al 合金重构中 Fe 原子的实验频率分布。可以看出,LBM 模型比 P_a 模型更接近于实验频率分布,可通过 χ^2 分析得到验证。

7. 变异法

变异分布 $f_v(n)$ 是实验分布和二项式分布之差[50]:

$$f_v(n) = e(n) - f_b(n)$$

此分布的峰与峰间距差值作为相分解的衡量尺度。此外,有人提出此分布下的归一化面积可用于评价 P_a 值。图 8.18(c)显示了 Fe-Ni-Mn-Al 合金调幅分解的变异分布。

8.4　描述原子堆垛结构的技术

上述基于网格的技术提供了对 APT 数据集内精细尺度的原子频率分布的完美洞察,并可用于测试细微的团簇化现象的起始或相关的分解效应,也可用于量化原子尺度微结构的演化。然而,APT 的主要优势是测量原子相互作用距离的能力。这开启了真正揭开材料中三维原子堆垛细节的可能性。今天,研究原子与原子距离的分布形成了能够处理非常大数据集内多组元、多壳层分析复杂性的系列高超算法的基础。这些涌现的方法正成为强有力的定量数据挖掘工具并将 APT 确立为表征技术。

8.4.1　最近邻分布

在 APT 重构中原子分布最基础的研究是最近邻(NN)研究[25,55,56],NN 技术测试围绕每个原子紧邻处的原子间距。分析可包含所有的原子或限制在特定类型的原子间距,如 NN_{A-A}、NN_{A-B} 和 NN_{B-C}。

可生成的分布用于分析分隔每个原子的距离及其最近邻。图 8.19(a)显示了在 Al-1.7Cu-0.01Sn(at%)合金数据集内分隔每个 Sn 原子和最近邻其他 Sn 原子距离的分布,并与原子在固溶体内随机分布的预期距离做了对比。图 8.19(b)显示了同一系统中分隔每个 Cu 原子和最近邻 Cu 原子的距离分布。该系统中 Sn 原子的排列明显是非随机的。NN 分布的双模式本质表明 Sn 原子形成聚集(即团簇或沉淀)。实验曲线上左边的峰代表显著数量的 Sn 原子处于其他 Sn 原子的近邻处,而分布曲线的剩余部分对应于 Sn 原子随机地弥散分布在合金基体中,在统计上更可能是原子彼此间以更大的距离分隔开。

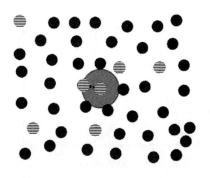
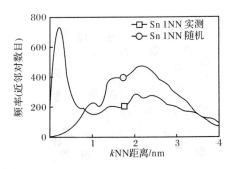

(a)

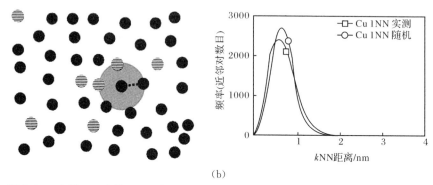

图 8.19　在图 8.9 中曾经显示的 Al-1.7Cu-0.01Sn(at%)合金重构中间隔距离的分布
(a)每个 Sn 原子与其最近邻的 Sn 原子;(b)每个 Cu 原子与其最近邻的 Cu 原子。与随机
系统中预期的 Sn 或 Cu 原子的分布做了对比

1. 第 k 阶最近邻(kNN)分布

该研究也可扩展到"高阶"最近邻分析(kNN)。也就是测定每个原子及其第二最近邻(2NN)、第十最近邻(10NN)甚至第一百最近邻(100NN)等的原子间距[25,55],如图 8.20 所示。kNN 分析的值在研究用于产生图 8.9 的 Al-1.7Cu-0.01Sn(at%)合金的同一数据集内 Cu 出现的规律时得以说明。注意:Cu 实验分布的 1NN 分析偏离相应的随机分布。分布的宽化及其峰向小距离的平移表示 Cu 原子的聚集或团簇化。然而,与非常稀薄的 Sn 不同(图 8.19(a)),Cu 的 1NN 分布不易分割成 Cu 原子团簇的贡献和随机分布在基体中的 Cu 原子的贡献。这是因为系统中的 Cu 浓度很高,两个有关联的 1NN Cu 原子间的平均距离非常接近于不形成偏聚的两个 1NN Cu 原子的平均间隔。有效的 1NN 实验分布是这两种贡献叠加的结果。然而,检验更高阶的 kNN 分布揭示了分布的双模式本质。例如,在团簇或沉淀中被许多其他 Cu 原子包围的一个 Cu 原子和其第十最近邻的间隔远小于存在于贫 Cu 基体中一个单独 Cu 原子的情况。于是,随着 k 的增大,这两个亚布居区变得越来越分明。

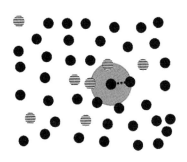
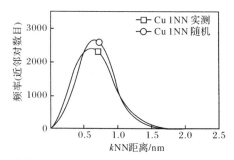

(a)

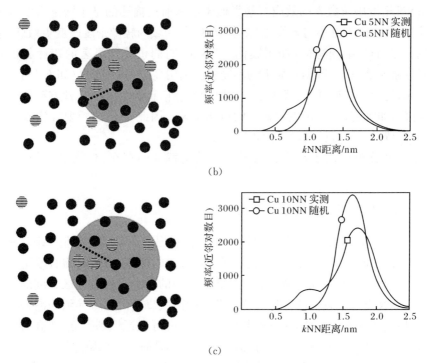

(b)

(c)

图 8.20   Al-1.7Cu-0.01Sn(at%)合金 kNN 密度分析的重构(示于图 8.9)
中 Cu 原子的高阶 kNN 分布

与实验分布同时提供了相应的随机对比器。(a)1NN;(b)5NN;(c)10NN

2. kNN 密度分析

kNN 距离可转换为重构中一个原子周围附近处原子密度的度量并随着 NN 阶数的升高沿径向往外延伸。某个原子和其 k 阶最近邻的距离 $d_{k\text{NN}}$ 隐含着存在一个半径为 $d_{k\text{NN}}$ 的参考球,其中心为参考原子并含有 $k+1$ 个原子,即"这个"原子加上它的 k 个最近邻原子。在此球内的 kNN 密度可写为[25]

$$\rho_{k\text{NN}} = \frac{3}{4\pi d_{k\text{NN}}^3} \times \frac{\Gamma\left(k+\frac{1}{3}\right)^3}{\left[(k-1)!\right]^3} \approx \frac{3}{4\pi d_{k\text{NN}}^3}(k-0.5)$$

式中

$$\Gamma(\alpha) = \int_0^\infty x^{\alpha-1}\mathrm{e}^{-x}\mathrm{d}x = (\alpha-1)!$$

测量的 kNN 密度值,也称作点密度,并非赋予参考球内的所有点,而仅属于中心点——中心原子的坐标。重复这种测量遍及系统内与研究相关的所有原子就会产生涵盖整个重构的密度分布图。

　　kNN 密度中阶数 k 的效应有些类似于本章前面描述的基于网格密度分析中体元尺寸的选择。更小的 k 值(如 k 小于 10)对局域的轻微密度改变更敏感,适用于识别小的纳米结构特征(如团簇化)。然而,它们也受到显著的统计起伏的影响,部分原因是 APT 数据本质上的不完善。利用高阶 kNN 密度(如 k 大于 50)可把较小的起伏平均掉,但其代价是中心原子局域信息的丢失。这种方法适于识别大的特征,如沉淀、第二相或者显著的重构假象。因此,k 的选择要在实现良好的统计和保持足够的分析灵敏度间进行折中。

　　点密度分析可用于识别大量不同微结构特征的存在,包括第二相、晶界和沉淀。

3. 通过 kNN 密度消除晶体学假象

　　已发展了基于 kNN 点密度的技术用于在数据集内确认和消除 APT 重构中常见的晶体学假象[25]。尺寸显著地具有低或高原子密度的区域的假象是可以识别的。在图 8.21(a)、(b)中做了说明,Al 合金中的极和贯通重构区长度的带线凸显为 100NN 点密度较低的区域。这些低密度区域直接由像差导致的高密度区域包围。使用高阶 kNN(如 100NN 或 200NN)密度可保证识别出低(或高)密度点,这些点是极大的低(或高)密度体积的一部分而不是简单的局域起伏。

　　Stephenson 等概述了能识别低于某给定的门槛密度 ρ_{filter} 所有原子的技术。下一步,识别出在某低密度原子给定距离 r_{filter} 内的所有原子并将其从重构中去除。过滤的结果显示在图 8.21(c)、(d)中。某 Al 合金在 57% 的检测效率时重构的预期平均点密度是 $\rho \approx 60.2 \times 0.57 = 34.3$ 原子/nm³。所以,在图 8.21 中使用低密度门槛值 $\rho_{filter} = 15$ 原子/nm³ 来识别晶体极附近的原子,且使用 $r_{filter} = 2$nm 来去除这些区域内的原子。调整 r_{filter} 值可以有效控制晶体学特征附近需要去除数据的体积。

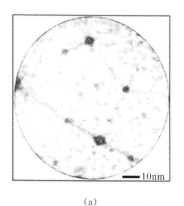

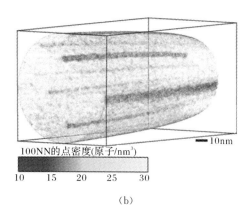

100NN的点密度(原子/nm³)

10　　15　　20　　25　　30

(a)　　　　　　　　　　　　　　　　　　(b)

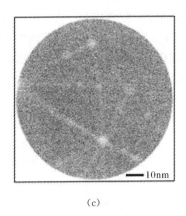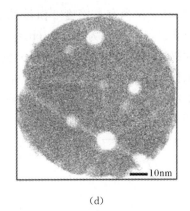

(c)　　　　　　　　　　　　　　　　(d)

图 8.21　为消除假象所做的 kNN 密度过滤

图像(a)和(b)是 Al 合金重构的投影,显示了根据 100NN 距离计算的数据中低点密度原子的分布。仅显示了点密度低于 30 原子/nm³ 的原子。图(c)和(d)显示了使用 15 原子/nm³ 的门槛密度过滤密度假象和周围数据的效果。(c)消除假象前 20nm 厚的切片含有的数据,(d)消除假象后 20nm 厚的切片含有的数据

与极或带线有关的像差性高或低密度区域会对多种数据挖掘分析产生有害作用。例如,在围绕极密度非常高的区域,原子靠得很近使它们的空间出现情况显得更紧密相关。这可能会导致模糊化的 kNN 和原子团簇化统计(见 8.4.2 节)。此外,有些实验的效应会影响晶体极周围的数据质量。例如,当受到强电场作用时,有些合金中的某些溶质会优先向着极迁移(见 7.4.2 节)。在此情况下,由于存在溶质团簇化,因此即使这纯属假象,频率分布和其他溶质分布分析也会错误地解释结果。因此,消除这些像差区域经常是应用数据分析和解释随后得到的结果之前的重要步骤。

4. 物相解卷积的最近邻分析

在溶质密度为 ρ 的单相系统中,第 k 阶最近邻溶质原子的概率分布可表达为如下解析式:

$$P_k(r,\rho)\,\mathrm{d}r = \frac{3}{(k-1)!}\left(\frac{4\pi}{3}\rho\right)^k r^{3k-1}\mathrm{e}^{-(4\pi/3)\rho r^3}\,\mathrm{d}r$$

式中,r 为参考溶质原子和其 kNN 溶质原子间的距离。在由 M 种不同物相组成的系统中,实验 kNN 分布可拟合为混合的概率分布函数:

$$P_k(r,\rho,\alpha) = \sum_{i=1}^{M}\alpha_i P_k(r,\rho_i) = \sum_{i=1}^{M}\frac{3\alpha}{(k-1)!}\left(\frac{4\pi}{3}\rho_i\right)r^{3k-1}\mathrm{e}^{-(4\pi/3)\rho_i r^3}$$

式中,α_i 为描述由溶质点密度 ρ_i 定义的第 i 个相中原子分数的权重。已发展了几种方法来拟合 kNN 分布的参数 ρ_i 和 α_i,如采用期望最大化方法[25,57,58]。结果是 kNN 的理论解卷积,该 kNN 分布包含了每个组成相对原始实验分布的贡献。图

8.22(a)显示了在含有高密度 θ' 沉淀的 Al-Cu-Sn 合金中(图 8.9)Cu 的 1NN 分布。此分布已经解卷积为图 8.22(b)中描述 Cu 团簇化或在 θ' 沉淀内的 1NN 分布(实线)和描述在贫 Cu 基体中的 1NN 分布(虚线)。如上所述,这些相的 1NN 分布可用来估算 Cu 在每相中的平均密度。此外,分析每个分布下的相对面积给出与每个组成相中 Cu 的原子分数,在此例中沉淀和基体相中 Cu 的原子分数分别为29.6% 和 70.4%。

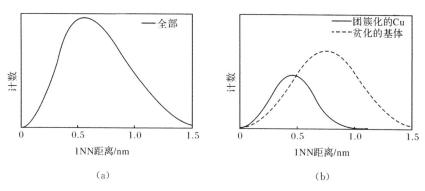

图 8.22 kNN 分布的物相解卷积
(a)含有 θ' 沉淀的 Al 合金中 Cu 的 1NN 分布;(b)将 1NN 分布解卷积为团簇化
Cu 的 1NN 分布和贫 Cu 基体中的分布

这种方法表明,系统中存在的相的数目在分析前是已知的(或假定的)。de Geuser 和 Lefebvre 基于 1NN 发展了另一种方法,可以准确地仅提取基体的成分而不需要在分析开始定义相的数目[59]。这种方法使用了"隔离的"溶质原子的分布以确定基体的成分。

8.4.2 团簇识别算法

从固溶体中识别和表征可能仅含一小撮原子的原子团簇的能力将 APM 方法(如 APT)与其他表征技术区别开来。对研究者来说,在此长度尺度上的三维化学信息在以前是不可获取的,丢失在不可恢复的散射电子、X 光或中子的波强度卷积中。如今,对纳米尺度的团簇化效应的研究是 APT 研究中一个热门的主题[60-72]。

1. 团簇定义

以尺寸、成分、形貌、分布的形式来表征单个原子团簇需要精确和有效的算法。然而,在其表征的核心上存在一个窘境,就是并无团簇概念的普适定义。这里,认为团簇化的概念是指两个或多个原子彼此间在某种意义上存在本征的关联。已发展了多种团簇识别算法将团簇化的原子从更大基体一部分的那些原子中区分出来[73]，图 8.23 显示了这方面的一个例子。这些算法利用的多种原子尺度定义包括原子间距离、局域密度和局域原子浓度，可表征从细微团簇到更大的沉淀及第二相的微观组织特征。

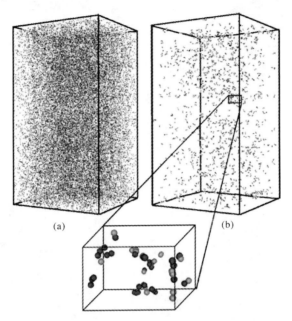

图 8.23　Al-Cu-Mg 合金的 APT 子体积

(a)显示所有溶质原子的分布；(b)根据团簇识别算法定义为团簇化的溶质原子。

数据蒙 Ross K. W. Marceau 博士慨允

1）最大间距

在 APT 数据中最常用的团簇识别算法是最大间距算法[56,74,75]。这种方法基于以下假设：形成团簇的两个溶质原子间的距离小于样品中其他任何位置发现的两个溶质原子的距离。此算法将间隔距离小于 d_{max} 的原子聚集成群，即如果溶质原子 p 和 q 的间隔距离为 $d(p,q)$，则当 $d(p,q) \leqslant d_{max}$ 时，原子 p 和 q 被定义为在同一个团簇中。

参数 d_{max} 是最大间距算法控制团簇化过程的唯一参数，其方法是基于 1NN 距离将团簇化原子从非团簇化原子中过滤出来。此概念示于图 8.24，其中围绕每个溶质原子画出了一个半径为 d_{max} 的球。如果另一个溶质原子出现在此球内，那么就认为该原子与原始原子有关联。算法中对所有其他溶质原子重复这一步骤。最后，通过常用的关联网络将原子连接在一起，集合成团簇。

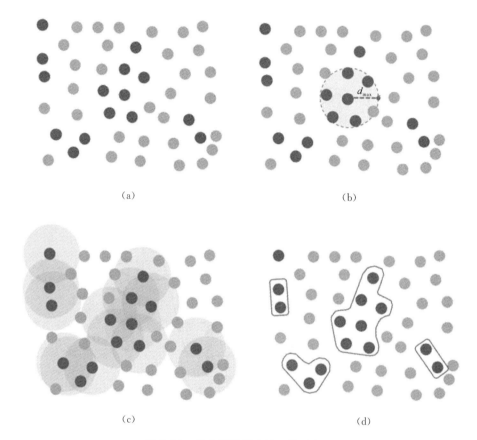

(a)　　　　　　　　　　　　　　(b)

(c)　　　　　　　　　　　　　　(d)

图 8.24　最大间距算法的二维示意图

(a)含有两种原子的 APT 数据；(b)围绕深色原子画出的半径为 d_{max} 的球，当任何其他深色原子出现在该球内时，定义此原子处于同一个团簇内；(c)对数据内的每个深色原子重复这一过程；(d)通过结合处于同一球内的原子可定义分明的团簇

以 1NN 距离为基础的最大间距法是一种非常局域化的方法，优势在于识别精细尺度的团簇化。然而，相应的对局域密度变化的敏感性结合源自 APT 分辨率极限(轨迹像差、局域放大和晶体学假象周围的高密度)引起的原子位置偏移会导致错误的结果。

2) 基于密度的团簇化

基于密度的扫描算法(DBSCAN)利用了以下原理：在分析中考虑到高阶最近邻距离，团簇原子区域内的溶质原子密度高于基体[25,76]。对于第 k 阶 DBSCAN，溶质原子 p 定义为团簇的核心原子，如果其 kNN 溶质原子 p^{kNN} 在距离 d_{max} 以内，即 $d(p,p^{kNN}) \leqslant d_{max}$，那么溶质原子 p 定义为团簇的核心原子。

在发现核心原子后，DBSCAN 将距核心原子 d_{max} 以内的所有原子集合在一起。对于核心原子 p_{core}，若 $d(p_{core}, q) \leqslant d_{max}$，则溶质 p_{core} 和 q 定义为处于同一团簇内。

对于第 k 阶 DBSCAN，该算法的功能非常类似于最大间距法，其关键例外是在直径 d_{max} 内的原子连接成 $k+1$ 个原子的群（包括中心原子），而不是原子对。所以该算法不能检测任何小于 $k+1$ 个原子的团簇。

核心连接是该算法的一个扩展。首先，如果满足以下条件就被识别为核心团簇原子：$d(p, p^{kNN}) \leqslant d_{link}$，那么连接步骤就将任何满足下述条件的原子 q 包含进群中：$d(p_{core}, q) \leqslant d_{link}$。间距 d_{link} 和 d_{max} 的定义允许灵活地定义团簇化，预期可以优化其对同时含有精细尺度的溶质团簇和更大的沉淀或微结构系统的适应性。

DBSCAN 分析可以限制少量密度起伏对分析的影响。然而，现在有两个定义该算法的参数 d_{max} 和 kNN，这会使其正确应用变得复杂。在核心连接算法中引入 d_{link}，使这个问题进一步加剧了。

3）基于浓度的团簇化识别

基于浓度的团簇化识别与基于密度的算法相类似[77]。原则上，在重构中一个半径为 d_{max} 的球移动经过每个原子，即可测量溶质或掺杂原子等元素的浓度。如果分析中围绕原子 p 的球内的溶质浓度 C_p 大于某个门槛浓度 C_x，那么该原子定义为核心团簇原子。如果原子 p 和 q 都被识别为核心原子，那么当它们之间的距离小于球的直径时就将它们团簇在一起。

其他研究也已表明了基于网格的等浓度面法在发现团簇方面的优点[78]。首先需要执行复杂的等浓度算法，包括适当的平滑和去局域化功能[26,27,38]。然而，初始前提基本保持不变：团簇化原子可定义为浓度 C_p 大于某个门槛浓度 C_x 的网格块的含量。浓度高于此门槛的两个相邻块就合并构成更大的结构。与上述最大间距法和基于密度的方法不同，基于网格的浓度法通常在团簇中包含基体原子。然而，为保证准确的成分测量，分析需要一个称作"腐蚀"的第二阶段处理过程，这将在后面描述。

4）Delaunay 方格镶嵌

团簇表征的 Delaunay 方格镶嵌法[79]实际上是一个基于密度（$kNN=4$）的团簇化定义。然而，与传统的基于密度的团簇搜寻算法相比，Delaunay 方格镶嵌法还提供了计算效率和团簇成分定义方面的附加便利。在三维空间中，Delaunay 方格镶嵌通过生成四面体网格来定义。每个四面体的顶点由四个溶质原子的坐标来定义。Delaunay 方格镶嵌的准则是：包围每个四面体的球不含有任何其他溶质原子。运行 Delaunay 方格镶嵌的软件非常高效且容易获得[80]。确实这样的算法在 APT 中获得许多应用，如在解吸图像中识别晶体极[81]和在重构中测量团簇或沉淀间的距离[82]（见 8.4.2 节的"团簇形貌"部分）。

如果球面的半径 R_c 小于某个门槛参数 R_{max}（类似于 d_{max}），那么构成相应四面体四个顶点的溶质原子被认为团簇在一起。因此,溶质原子的网络可以渐进地连接形成团簇和沉淀。此概念示于图 8.25。在文献[79]中提供了对此算法的细化和关于 R_{max} 选择的讨论。Delaunay 方格镶嵌对团簇的定义也十分适合对含有基体原子的团簇分析(此概念将在 8.4.2 节的"包络和腐蚀算法"部分讨论)。

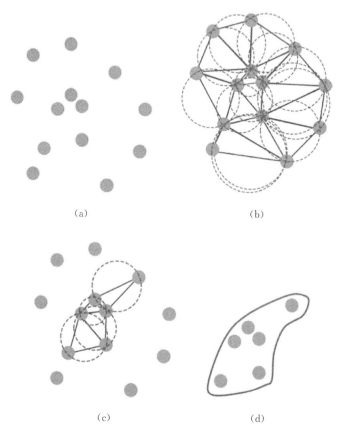

(a)　　　　　　　　　　　　　　　　(b)

(c)　　　　　　　　　　　　　　　　(d)

图 8.25　使用 Delaunay 方格镶嵌法识别团簇的二维示意图

(a)溶质原子的分布;(b)Delaunay 方格镶嵌(二维情况下为三角形镶嵌);(c)识别所有半径小于
R_{max} 的外接圆;(d)图(c)中位于定义三角形的顶点上的原子被识别为团簇

2. N_{min}:小团簇的过滤

对上述某种算法的应用将系统中的所有溶质原子分为两类——与其他溶质原子完全无关联或者属于两个或多个原子的团簇。研究者经常选择应用一个过滤器来表征数据,在分析中去除所有包含原子数小于 N_{min} 的团簇。

过滤器 N_{min} 的应用是基于多种原因,例如,将分析集中在感兴趣的更大的特征,或仅为了改善可视化而从数据中去掉单独的原子。然而,与去除小团簇通常最相关的仅是分析中那些在随机系统中在统计上不太可能出现的尺寸的团簇[56,75]。在此情况中,N_{min}的选取与系统的成分和用来定义团簇化算法的参数值有关。

当分析团簇分布频率时,N_{min}的一种替代方法是从实验得到的团簇分布中减去从相应的随机标注的数据集得到的分布。当仅研究对随机分布系统的轻微偏差时,重构中检测到的极小团簇(甚至小到仅有两个原子的团簇)数目的变化逐渐变得显著。在此情况下,选取大于 2 的 N_{min} 值会制约对轻微偏离随机分布的检测能力,因此,从实验团簇频率分布减去随机标注分布是一种更有效的方法。

3. 团簇算法的参数选择

上述技术得到的结果对定义算法参数的选择非常敏感。例如,在最大间距法中,选择太大的 d_{max} 会导致以下情况,两个或更多离散的团簇被识别为单个超大且非实体的团簇。相反地,如果选择的 d_{max} 太小,那么算法会错误地将大团簇破碎成许多非常小的离散的团簇。

不幸的是,这个问题没有独特或理想的解决方案;每个 APT 数据集都是各不相同的,采用的分析需要适应于每个数据集的具体情况。最合适参数的选择依赖于所分析系统的类型,即系统的成分,甚至数据中存在的团簇数量和类型。在同一数据集内,选择的某个 d_{max} 值可能会最准确地识别小团簇(如小于 20 个原子),却未必是分析大结构(如大于 100 个原子)的最佳选择[83]。人们已提出了多种方法来优化团簇算法参数的选择,将在后面讨论。

1) 最近邻

对于溶质极稀薄的系统,最近邻分布可清晰描绘区分团簇内和一般基体中两个原子的特征距离,于是可提供一个清晰的 d_{max} 定义[56],如图 8.19(a)所示。然而,可从图 8.20(a)看出,团簇和基体内原子间距的区别会随着溶质浓度的增加迅速模糊化,因此,这种方法很快就不起作用了。

如图 8.20(c)所示,通过检查高阶 kNN 距离的分布,就可经常从随机排列在系统内的溶质原子中分辨出团簇的存在。因此,kNN 分析可用作基于密度的团簇算法参数化的指导。应当注意的是,使用的 kNN 阶数也代表了利用此方法可识别别的最小团簇(见 8.4.2 节"团簇定义"部分)。

2) 随机分布的校正

Cerezo 和 Davin 在给定成分下溶质是随机分布的基础上,提出了一个基于理论表达式的选择过程来估算所观察的尺寸大于 N_{min} 团簇的频率[84]。最大间距算法可用于相应的随机标注的实验 APT 数据集和可测量团簇尺寸频率分布。d_{max} 值可重复调整直至找到最佳值,可使团簇尺寸频率分布的理论预测和模拟的测量结果符合得最好。

　　Stephenson 等扩展了此种方法,发展了理论表达式来预测多种晶体类型(如bcc、fcc 和 hcp)中溶质随机分布时的团簇尺寸频率分布[85]。进一步来讲,这些模型分布可以变形以考虑实验固有的有限探测器效率。无需使用模拟的随机分布,理论预测的团簇尺寸频率分布可直接与相应的随机标注的 APT 数据集获得的分布进行对比。d_{max} 的值可通过最小化此分布与理论结果的偏差来校正。

　　另一种方法是,不使用理论推导的表达式来预测团簇尺寸频率分布,一个补充的模拟随机数据集可用来预测此分布。模拟可纳入探测器效率和空间分辨率的简单模型,以产生更接近于实际 APT 重构中观察结果的原子分布。因为模拟系统中纳米结构的确切本质是可获知的,此系统可用来校正实际实验中团簇分析的参数选择。

　　解析随机性校正 d_{max} 值的主要关心之处在于为优化随机化系统中预期出现的更小尺度结构而选择的参数是守恒的(即更小的 d_{max} 值),且在具有更多团簇化的补充系统中无需定义更大尺度的结构。

　　3) 团簇数目 vs. d_{max} 值

　　Kolli 和 Seidman 推进了绘制系统中识别的团簇总数作为 d_{max} 的函数的方法[78],图 8.26 提供了这方面的一个例子。在第一个局域最小值的位置取得正确的 d_{max} 值,即对此值来说,可以假设 d_{max} 大得足以不会将单个大团簇定义为许多更小的团簇,且小得足以不会将非团簇化的原子连接在一起。

　　这种方法更适于含有更大团簇或沉淀的系统而不是精细尺度的团簇化效应。例如,在图 8.26 中,图线上将不会存在最小值,除非在分析中施加 $N_{min}=20$ 原子的过滤器以从总的团簇计数中排除小团簇。在参数校正中使用这样的过滤器,可能导致选择更大的 d_{max} 值,而将分隔的小团簇连接在一起并表征为单个更大的结构。

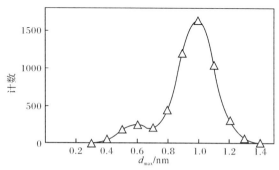

图 8.26　在 Al-1.7Cu-0.01Sn 合金中取过滤器 $N_{min}=20$ 原子时,通过最大间距算法识别的溶质团簇的数目与 d_{max} 的函数关系

在 $d_{max}=0.7nm$ 处的局域极小值暗示了此特定系统选择的理想参数

　　4) 三维马尔可夫场

　　马尔可夫(Markov)链是一个事件序列,其中下一个事件的出现概率仅依赖于前一次实验的结果[86]。马尔可夫链最初在原子探针数据分析中的应用是为了确定团簇化或偏聚效应[39,87,88]。当用于一维原子探针时,马尔可夫链是一个以其从样品蒸发和随后的探测为序的长原子序列。该分析法研究了以下假定,出现在系列中任何原子的原子身份在某种程度上与序列中前一个原子的种类有关系。为保证在两个依次检测到的离子的初始三维原子位置存在强空间关联,将带有小孔的屏幕放置在样品和探测器之间。这使得只有来自样品上非常局域化区域的离子能够成功地到达探测器[39,89,90]。

　　由 Ceguerra 等[91]发展的三维马尔可夫场(3DMF)方法是马尔可夫链分析团簇算法的扩展,其中 d_{max} 值的选择是基于已知的晶体学距离。团簇的定义是基于围绕每个原子的直接三维近邻关系。在系统中所有原子排列在晶格中的情况下,存在一个与参考原子等距离的原子壳层,定义了最小原子间距。沿径向向外扩展分析,于是存在与参考原子等距离的第二原子壳层,其半径更大且依赖于晶格属性。这种对原子在壳层结构内的想法可向外无限扩展至整个晶格。3DMF 模型仅将最近原子壳层定义为参考原子的直接近邻。

　　在理论系统中,d_{max} 可假设为到第一原子壳层的距离,例如,在 fcc Al 中此距离为 0.286nm。然而,因为原子探针是不完美的,所以原子不会处于它们原来的格点上以形成围绕某参考原子的完美壳层;相反地,它们轻微偏离这些位置从而不再能清晰无疑地识别为第一还是第二壳层的组成原子。因此,d_{max} 值的选择应尽可能包括最可能源于第一壳层的原子而尽可能排除来自第二壳层的贡献;例如,在 fcc Al 中最近邻的第一壳层位于 0.286nm 而第二壳层位于 0.405nm,d_{max} 可选在两个壳层的中点,约为 0.35nm。

　　如同基于理论随机系统的参数校正,3DFM 是一种更保守的方法,使用了更小的 d_{max} 值。这可能是准确识别小团簇最有效的方法;然而,未必是表征更大结构的最好方法。

　　4. 包络和腐蚀算法

　　应用了最大间距法、DBSCAN 或核心关联团簇搜索算法以后,就确定了溶质交互作用的关联性,并将原子分配到单个的团簇中。然而此时,没有基体原子与团簇有关联,团簇是仅以溶质原子方式来定义的。包络方法[56,75]是一种将基体原子纳入团簇的方法,并能以成分和形貌方式对纳米结构实现更有洞察力的表征。

　　包络方法在数据上叠加了极其细密的三维网格。例如,如果使用最大间距来定义系统中的团簇化,那么网格间距的典型选择是小于 d_{max} 值。如果基体原子与团簇化的溶质原子同时出现在同一格室中,那么它们可与某个团簇存在关联,如

图 8.27 所示。因为网格如此细密,所以有可能存在以下情况:虽然基体原子存在于团簇内部,但它仍然不能与溶质原子共用一个格室[75]。因此,必须非常小心地改写算法以保证包含进这样的原子。

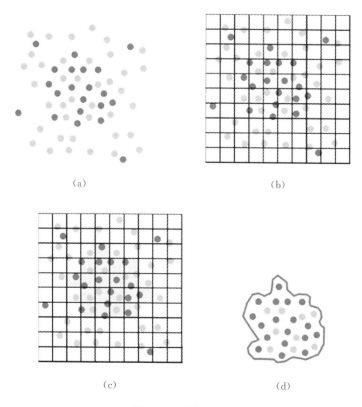

(a)　　　　　　　　　　　　　　　(b)

(c)　　　　　　　　　　　　　　　(d)

图 8.27　包络方法

细密的网格(b)叠加到数据(a)上;(c)灰色阴影显示的是含有定义为属于某团簇的溶质原子的格室;

(d)出现在灰色格室的任何基体原子被包含进团簇中

一种替代方法是在团簇内的每个溶质原子上放置一个半径为 L_{erode} 的球,该半径大于 d_{max}。于是出现在一个分析球内的基体原子就与此团簇建立了关联[56]。此方法和上述基于网格的方法有一个共同的缺点:对新围出的团簇表面上添加了一个人为的基体原子薄壳。将这些多余的基体原子从分析中去除的过程常称作腐蚀[56]。

如同名称所隐含的,腐蚀算法逐渐磨掉包覆团簇的这种非本质的表面。更大的团簇和沉淀与基体的界面可用近邻图方法来定义。在这些情况中,按定义处在团簇中的原子以离表面越来越近的顺序逐个地去除。当每一个原子从团簇的外层去除时,该团簇的整体成分需要随之不断地再计算[56,77]。团簇内溶质原子浓度随着原子不断从表面腐蚀掉,当团簇因溶质原子含量出现局部最大值时常常表示腐蚀过程已到达实际的团簇/基体界面。

在主要由许多小尺度团簇构成的系统中,这种方法是不可行的。相反地,可应用一种相对于上述逐个团簇腐蚀的分析法更为全面的方法。在此算法中,可定义一个腐蚀参数 d_{erode},任何包围在距离 d_{erode} 以内的团簇原子中每个外围的非团簇化的基体原子自动从分析中去除[25]。

5. 团簇形貌

在许多研究中出现在数据中的纳米结构的尺寸和形状是非常重要的。定义每个团簇质心的坐标由下式给出:

$$\boldsymbol{r}_{COM}(x_{COM},y_{COM},z_{COM}) = \frac{\sum_{i=1}^{N_C} m_i\boldsymbol{r}_i(x_i,y_i,z_i)}{\sum_{i=1}^{N_C} m_i}$$

式中,m_i 和 $\boldsymbol{r}_i$ 为团簇中每个原子的质量和坐标;N_C 为团簇的尺寸[75]。

可以直接根据下式由组成原子的坐标[75]计算出回转半径 l_g:

$$l_g = \sqrt{\frac{\sum_{i=1}^{N_C}(\boldsymbol{r}_{COM}-\boldsymbol{r}_i)^2}{\sum_{i=1}^{N_C} m_i}}$$

在假定团簇为球形的情况下,可用回转半径来估算此球的半径:

$$r_{sphere} = \sqrt{\frac{5}{3}}\, l_g$$

然而,用 APT 分析的大多数系统并不含有完美对称的球形纳米结构特征。因此,Karnesky 等[92]发展了一个更普遍的方法,采用最佳拟合的椭球来表征任意形状的团簇。在此方法中,分析的主轴由笛卡儿空间变换到椭球的长轴和短轴,如图 8.28 所示。由团簇内原子相对于团簇质心的位置定义了特征长度矩阵,当给出沿着变换后的轴 L_1、L_2 和 L_3 的椭球范围时,就可对角化此矩阵。

结构特征的形状可由椭球的范围之比定义,假设 $X_1 \geqslant X_2 \geqslant X_3$,在此可以定义如下参数[83,93]:

$$扁平度 = \frac{最短特征长度}{居中特征长度} = \frac{L_3}{L_2}$$

$$宽长比 = 居中特征长度/最长特征长度 = L_2/L_1$$

总之,这些参数可以解释为与它们相似的形状:球、棒、板条和圆盘。这类分析的一个例子显示于图 8.29 中。此分析测定了 Al-Cu-Sn 合金中,当 Cu 显微结

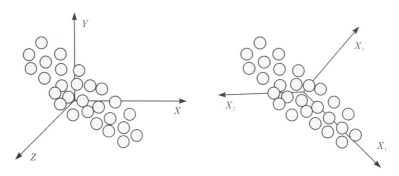

图 8.28　在重构的笛卡儿坐标空间中定义的非球形团簇
最佳拟合椭球法定义的团簇的主轴

构特征的尺寸从纳米级的团簇增大到如图 8.29(a)中显著的 θ' 沉淀时的形状转变。此外,最佳拟合椭球方法提供了团簇相对于整体重构的取向,进而得到相对于系统晶体结构的取向。

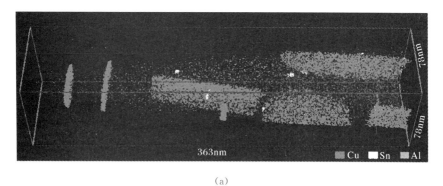

(a)

(b)   (c)

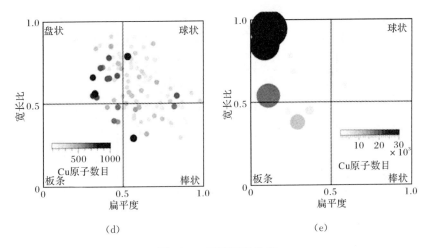

图 8.29　团簇形貌分析

(a)热处理态 Al-Cu-Sn 样品的 APT 重构;(b)~(e)显示了团簇形貌的转变与尺寸(原子数目)的函数;(b)小于 50 个原子的团簇形貌的分布;(c)大于 50 个原子且小于 100 个原子的团簇形貌的分布;(d)大于 100 个原子且小于 1000 个原子的团簇形貌的分布;(e)大于 1000 个原子且小于 30000 个原子的团簇形貌的分布。数据和分析蒙 Ross Marceau 博士和 Leigh Stephenson 博士慨允

通过识别每个团簇的质心,研究者可以表征数据集内团簇的整体空间分布。然而在某些情况下,团簇间边界到边界的间距是重要的。这方面一个特别有效的方法是使用文献[94]所提供的 Delaunay 三角测量法。

6. 团簇尺寸频率分布

团簇分析结果的典型报告形式是团簇尺寸频率分布。传统团簇尺寸的定义方式为:其含有的原子数目,或者其空间范围的某种测量,如回转半径。

图 8.30 显示了团簇研究的种类,除了原子探针,其他技术难以进行这些研究。其中显示了热处理 Al-1.7Cu-0.01Sn(at%)合金中溶质团簇(Sn 和 Cu)的演化。通过最大间距法识别的团簇,$d_{max}=0.7nm$,$N_{min}=4$ 个原子。图 8.30 中的每个子体积可被认为是热处理过程中该点上纳米结构的快照。如图 8.30(d)~(f) 所示的每个重构中 Cu 的团簇化,在图 8.31 中以团簇尺寸频率分布的形式进行了量化。

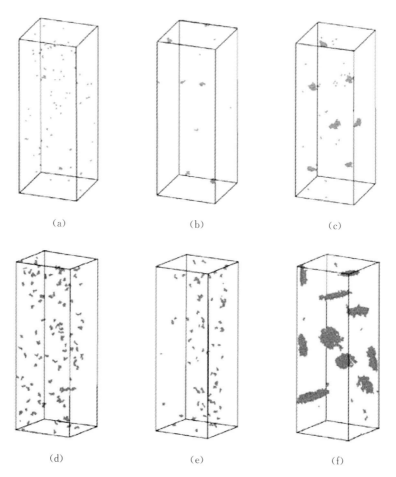

图 8.30　热处理 Al-1.7Cu-0.01Sn 合金(at%)中团簇演化的原子探针研究

(a)和(d)淬火态；(b)和(e)200℃下时效 30s；(c)和(f)200℃下时效 180s，通过最大间距法识别的团簇，$d_{max}=0.7nm$；(a)～(c)中 $N_{min}=2$ 个原子；(d)～(f)中 $N_{min}=10$ 个原子，子体积为 $40nm\times40nm\times100nm$；(a)～(c)Sn 团簇；(d)～(f)Cu 团簇

8.4.3　检测效率对纳米结构分析的影响

1. 检测效率对 kNN 分析的影响

原子探针数据的任何后处理分析必须牢记解释该技术的局限：有限的空间分辨率，尤其是有限的检测效率。如 8.2.1 节所讨论的，有限空间分辨率的影响是使晶格结构模糊化。这解释了晶体样品分析中近似高斯形式的 1NN 分布，而不是预期出现在具有完美重现的原子间距的理想系统中无限尖锐的峰形。

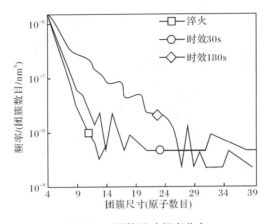

图 8.31　团簇尺寸频率分布

曲线图描述的三种热处理条件下 Al-1.7Cu-0.01Sn(at%)合金中 Cu 团簇的频率。

曲线图直接对应于图 8.30 的(d)～(f)

　　有限的检测效率也会以两种方式显著影响分析结果。首先,有限检测效率导致 NN 分布的峰位右移,原因是分析中原子显著减少,所以原子对间的平均距离增大。其次,它将会导致分布的宽化。这源自以下事实:在效果上有限检测效率去除了一定比例的某原子的最近邻。原子探针数据集内识别出的 kNN 事实上可能代表了实际样品中第 k 阶、第 $k+1$ 阶、第 $k+2$ 阶等最近邻。因此,来自这些更高阶近邻的更宽特征范围距离的贡献导致分布宽化。

　　这些效应在图 8.32 中进行了说明。这里采取了最近邻分析法来研究模拟系统中的溶质分布。原始模拟代表了完美的 100% 效率的假想情况。为模拟检测效率 57% 时的效果,从系统中随机去除了 43% 的原子。最近邻分析随后再应用于得到的数据集。类似地,图 8.32 也提供了 37% 效率的相应结果。

　　2. 探测器效率对团簇表征的影响

　　检测效率对 APT 重构中团簇识别及它们测得的尺寸频率分布的影响甚至更显著。将上述的团簇算法用于重构,而其中由于有限的检测效率丢失了大量的数据(即原子),所以 APT 数据集内识别的团簇数目将少于原始样品中实际存在的数目。此外,原子探针中识别的团簇将仅含有一定比例的组成原始团簇的原子。

　　此概念在图 8.33(a)、(b)中做了可视化说明,在模拟的 Al-1.1Cu-1.7Mg(at%)系统中,通过最大间距法已经识别出了溶质团簇(至少含有 4 个原子)。对于上述的 kNN 分析,从原始模拟结果中去除 43% 的原子以模拟 APT 探测器效率的影响,随后再次应用团簇识别算法。可见对测得的团簇密度的影响是显著的。

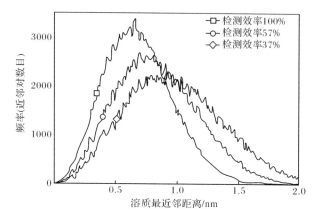

图 8.32　模拟的 Al-1.1Cu-1.7Mg(at%)系统中溶质分布的最近邻分析

曲线图给出了三种情况下的 1NN 溶质分布,即原始系统(100%检测效率);从系统中随机去除 43%的
原子(57%检测效率);从系统中随机去除 63%的原子(37%检测效率)

在探测器效率典型值为 37%和 57%时,其对团簇分析的影响更为定量地显示为团簇尺寸频率分布,如图 8.33(c)所示。现在可清晰地看出有限的探测器效率怎样极大地减少测得的团簇频率,尤其对于更大的团簇。

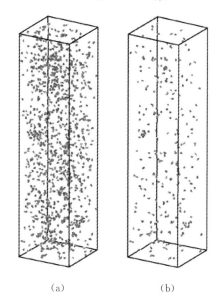

(a)　　　　　　　　　　(b)

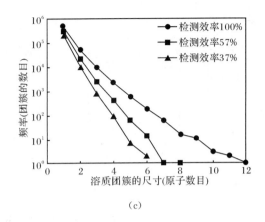

(c)

图 8.33　模拟的 Al-1.1Cu-1.7Mg(at%)系统

(a)模拟的子体积中识别的团簇(至少包含 4 个原子);(b)从原始系统中随机去除 43%的原子后再次
应用团簇算法;(c)定量描述三种情况下团簇数目的团簇尺寸频率分布:原始模拟;
去除 43%的原子;去除 63%的原子

3. 探测器效率对频率分布分析的影响

探测器效率更惊人的影响描绘在图 8.34 中,将二项式频率分布分析应用于模拟的 Al-1.1Cu-1.7Mg(at%)数据集。随后对数据中两个更小的子体积重复运用该分析,其中包含原始系统 57% 和 37% 的原子数,如图 8.34(a)所示。测得的相依系数 μ 的值示于图 8.34(c)中,由图可见其对三个体积的分析是恒定的。这正是预期的情况,因为 μ 是对样品尺寸归一化进行有效 χ^2 测量的结果。所以,除非原始系统非常不均匀(例如,含有大沉淀或第二相),否则 μ 在检验更小的子体积时应保持恒定。

当从系统的整个体积中随机去除一定比例的原子而不是更小的离散数据子体积时,这模拟了有限的探测器效率,对这种情况的分析也可以预期得到相似的结果,如图 8.34(b)所示。然而,实际情况并非如此。如图 8.34(c)所绘的曲线,当原子从系统中随机去除时,μ 值呈显著的下降趋势。换句话说,当采用二项式频率分布分析进行表征时,在更多的原子从系统中去除的情况下,溶质原子分布的随机性增强。前面对原始系统子体积的分析可以确定这并不仅仅依赖于样品尺寸。这个简单的说明隐含着以下推论:因为有限的检测效率,与原始样品的分布相比,APT 数据的二项式频率分布分析将显得更随机[45]。

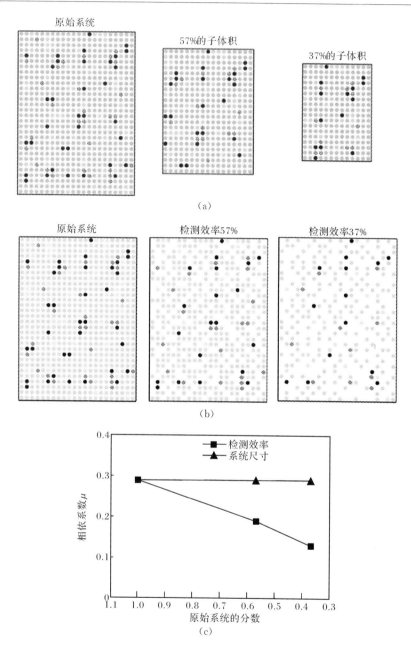

图 8.34 检测效率对频率分布分析的影响

(a)对模拟的 Al-1.1Cu-1.7Mg(at%)系统的简单二维描绘,频率分布分析应用于原始系统和含有原始模拟
的 57%与 37%的子体积,结果在图(c)中以三角符号画出;(b)在下述情况中,重复应用频率分布分析,不是
建立更小尺寸的分立的子体积,而是从分析中随机去除一定分数的原子以模拟有限的检测效率,结果在
图(c)中以方形符号画出

4. 探测器效率对团簇尺寸频率分布影响的模拟

假定样品中有一个尺寸为 N_{spec} 个原子的团簇,原子探针重构相应的团簇中含有 N_C 个原子的可能性根据二项式统计可近似为[95]

$$b_{N_{spec}}(N_C) = \begin{pmatrix} N_{spec} \\ N_C \end{pmatrix} \varepsilon^{N_C} (1 - N_C)^{N_{spec} - N_C}$$

此模型假设有限检测效率的影响仅减小了团簇尺寸,并不考虑将某结构特征分裂成两个或多个不同团簇的情况。因此,如果在原子探针分析中探测到了 N_C 个原子的团簇,那么在原始样品中团簇的确切尺寸是未知的。所以,团簇频率分布图必须极其谨慎地加以解释。例如,图 8.35(a) 测试了以下假想情况,用 APT 分析来自原始样品的 1000 个恰好含有 10 个原子的团簇。在所获重构中预测的团簇尺寸分布画出了检测效率分别为 57% 和 37% 时的情况。极其显著的是,随着检测效率的降低,分析中可识别出团簇分布中更小尺寸者增加。此外,许多团簇将根本不会被探测到。这些效应阻碍了对材料中实际团簇分布的直接定量测量。

在描述检测效率对团簇分析影响的二项式模型基础上,Stephenson 等[95] 提出了一种方法来估算原始材料中实际的团簇尺寸分布,使用了通过 APT 分析实验测得的团簇尺寸频率分布信息。该方法假设团簇尺寸频率分布的实验结果可近似为移位的加权二项式分布之和。相关的权重告知了团簇尺寸频率分布的实际值,因而提供了一种根据 APT 重构准确计算团簇密度值的途径。此方法的应用显示在图 8.35(b) 中,其中再次检测了受退化为 57% 检测效率影响的模拟系统,已显示于图 8.33 中。由于这是对模拟系统的研究,估算的 100% 检测效率下的频率分布可直接与原始模拟中测定的实际频率分布对比,此原始模拟就是在按成分

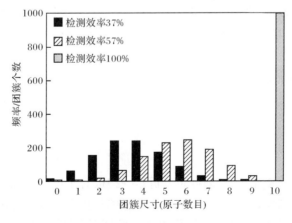

(a)

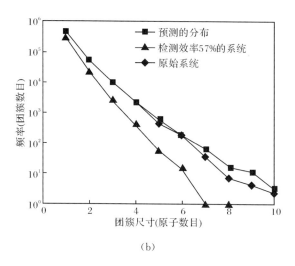

图 8.35　探测器效率对原子团簇分布的影响

(a)当利用探测器效率为 37% 或 57% 的原子探针分析时预测的 10 原子团簇的分布;(b)图 8.33 中模拟的
团簇尺寸频率分布(圆点)和相应的 57% 检测效率时的分布(三角形)。方形为基于模拟的检测效率为
57% 时预测的 100% 效率时的频率分布

比例去除原子以模拟检测效率的影响之前的情况。图 8.35(b)显示了实际的团簇尺寸频率分布和团簇退化二项式模型的预测结果之间吻合很好。

最后必须注意到,尽管 APT 存在局限,原子探针实验产生的大量统计数据结合高精度的空间分辨率及产生随机对比器的能力仍然可探测形成非常小团簇的非随机分布的发生,并可在多种类型的材料中追踪团簇演化趋势。这种信息是 APT 独有的。原子探针数据集内团簇的分析会低估原始样品中存在的原子尺度的结构和关联的数量,更倾向于得出随机分布的趋势。对于原始系统中团簇化效应很轻的情况,可能超出了原子探针分析的灵敏度;这样的情况可能会暗示样品中溶质的随机分布,但人们可能对这样的情况兴趣有限。然而,由于有限检测效率的影响,高质量原子探针分析不应错误地显示溶质实际随机分布的系统中存在关联。

8.5　径向分布

与大量显微技术相比,径向分布分析是一种极有价值的方法。径向分布分析可识别材料中的结构,方法是检测平均局域近邻与数据集内的每个原子沿径向向外延伸距离间的函数关系(或在偏径向分布的情况下特定元素的每个原子)。其结果可有效地构建系统内溶质或掺杂原子短程序的图像。

8.5.1　径向分布和对相关函数

径向分布函数（RDF）建立了对平均局域原子近邻关系的描述。已导出了 RDF 的多种定义和应用[96-99]；然而，每一种方法的核心都是测定每个原子的身份及周围近邻的原子间距。最常见的是，每个原子周围的体积分割成一系列同心球壳。每个球壳具有递增的半径 r 和厚度 Δr，如图 8.36 所示。该算法建立了每个球壳中原子数目的直方图，然后重复这一过程，以数据集内的每个原子为中心进行分析。归一化的 RDF 可定义为

$$\text{RDF}(r) = \frac{1}{\bar{\rho}} \frac{n_{\text{RDF}}(r)}{(4/3)\pi[(r+\Delta r/2)^3 - (r-\Delta r/2)^3]}$$

式中，$\bar{\rho}$ 为数据集的平均原子密度；$(4/3)\pi[(r+\Delta r/2)^3 - (r-\Delta r/2)^3]$ 代表了每个球壳的体积；$n_{\text{RDF}}(r)$ 为距离每个原子周围 r 处球壳的平均原子数。

在纯 Al 系统的研究中，Haley 等[97] 显示了可从原子探针重构中获取理论对距离，如 RDF 中的峰所示。如此清晰的晶格分辨率结果仅在特例下是可能的，通常要采用被研究合金的理论晶体学知识对结果进行解释。

偏径向分布与对关联函数经常有指导意义且给出平均化学分布的洞察。词语"偏径向分布"通常是指 RDF 限定于分析系统中一种或几种特定元素的分布。在偏 RDF 的情况下，分析在某种意义下是卷积的，即它检测了元素 A 和 B 相对于 A 或 B 原子的结合分布，即它不对 A 和 B 加以区分。相反地，对关联的定义是非常详细的，它表征了特定元素（或一组元素）原子的分布，称作 B，在另一种元素（或一组元素）的原子附近的分布，称作 A。de Geuser 等提供了对关联函数的一个表达式[99]：

$$g_{\text{AB}}(r) = \frac{1}{\bar{\rho}_{\text{B}}} \frac{n_{\text{AB}}(r)}{(4/3)\pi[(r+\Delta r/2)^3 - (r-\Delta r/2)^3]}$$

(a)　　　　　　　　　　(b)

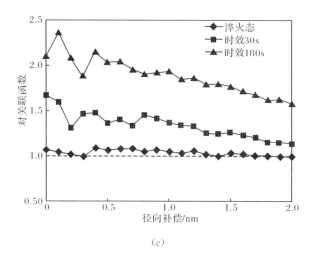

(c)

图 8.36　RDF 分析的简单二维示意图

(a)APT 数据集内的原子分布;(b)围绕每个原子的体积划分成一系列厚度为 dr 的同心壳层,并计数
每个壳层内的原子数目;(c)Al-1.7Cu-0.01Sn(at%)合金经 200℃ 热处理时,Sn 原子周围 Cu 原子
的对关联函数的分布,图 8.30 对其做了团簇化分析

式中,$\bar{\rho}_{B}$ 为 B 原子的密度;$n_{AB}(r)$ 为距离 A 原子周围 r 处的球壳内 B 原子的平均数。在此分析中,对所有的 r 值来说,$g_{AB}(r) \approx 1$,表明数据集内这些元素的出现不存在关联。另一种情况,$g_{AB}(r) > 1$ 表明在原子 A 周围半径 r 处出现了比预期值更多数目的 B 原子。在大多数情况下,这种关联可解释为 A 促进了 B 的团簇化。然而,做出这样的解释必须极其谨慎,而且必须参照整体分布情况。

图 8.36(c)提供了应用对关联函数的一个例子。该例子追踪了在 Al-1.7Cu-0.01Sn(at%)合金热处理的三个不同阶段中,Sn 原子附近 Cu 原子分布的演化,这三个阶段分别是淬火态、在 200℃ 时效 30s 和 180s。图 8.36(c)显示了对 Cu 与 Sn 交互作用的关联演化的研究,是对图 8.30 中的 Cu-Cu 和 Sn-Sn 团簇化的补充。在淬火态,对于所有 r 值,$g_{SnCu}(r) \approx 1$,表明这两个元素间无显著关联。然而,很清晰地看到时效 30s 后的分布中存在显著的团簇化。还可看出,这种关联的强度及其出现的半径在时效 180s 时显著增加了。

1. 有限重构体积引起的表面效应

与参与重构的原子数目的不完全性相对的是重构体积的有限性,其结果是边缘效应。这些效应最明显的证明可在离散的微结构特征与数据表面的交截中看到。然而,数据边缘的影响还有更微妙的效应。例如,数据边缘的原子仅部分地被近邻原子包围,因而其点密度虚假地降低了。依赖于重构的尺寸和几何,来自这些假象的贡献会对多种分析产生显著影响。

以最近邻和 RDF 算法为例,二者的计算方法是在某半径 r_{max} 以内测定围绕参考原子的原子间距,然后对数据集内的每个原子重复此过程。当某参考原子到表面的距离在 r_{max} 以内时,围绕此点的分析体积超越了重构的界限。这会引入测量误差。应简单地排除可能对计算产生贡献的作为参考原子的这些原子。在数据集表面已知范围内确切定义的简单几何体(如长方柱)中,这样的约束相对易于实行。然而,APT 重构中存在形状更复杂且表面位置很难用解析法描述的情况。对此,已经执行了一种可标度的凸壳算法来识别靠近表面的原子[97]。

另一种排除表面原子对计算的贡献的方法是执行周期边界条件[99]。采用周期边界条件是计算机模拟中一种常用的简单技术,其目的是抵消表面效应的影响,使得小体积更能代表无限大的系统。这种方法假设包围分析体积的每个侧面与对侧完全相同。在此条件下,可有效地观察到表面上的原子被重构的对侧表面上原子的镜像近邻包围。执行周期边界条件时必须极其小心,可能该条件并不适合非常小的系统或重构所包含区域内有显著显微组织变化的情况。

2. 高效的搜索算法

如同 Haley 等所描述到的那样,处于 RDF 分析核心的求和需要表征 $N(N-1)/2$ 原子对的间距,而在更大的数据集内对此计算的蛮力方法迅速变得不可行。对于每个原子,算法必须搜索重构中在距离 r_{max} 以内所有会对测量有贡献的近邻。然而,对此搜索更高效的算法可显著节省计算时间,进而可表征数据的量。

已有一个这样的算法,称作体元化算法[91]。此方法简单地将数据集分割成等体积的三维网格。对于每个特定的体元,其周围最近邻体元的身份是确定的。为表征某特定原子的局域近邻,算法首先检验同一体元中的其他原子。随后分析扩展到近邻体元中的原子,再扩展到下一壳层的体元,然后依此向外类推。此算法研究最近原子到参考点的距离,并尽可能少地计算因超出分析范围 r_{max} 而不必测量的原子间距离,因此增加了计算效率。

以前执行的一种替代算法是利用 k 尺寸树(kd 树)数据结构[97,100]。kd 树的生成过程分两步,首先基于数据相对于其 x 值最接近此群(在此情况中为整个重构)中点的原子(或节点)的 x 坐标,将数据分成左和右两群。然后将这两个群沿着 y 轴分裂成自身的左群和右群。在此情况中,y 值小于最接近 y 值中点的原子的点被认为属于左群,而那些 y 值高于此原子的点处于右群。类似地,这些群然后沿着 z 轴分裂。此分裂过程按 x、y、z 轴顺序反复循环直至所有原子被指定到 kd 树上的一个单独位置。这种树结构能通过快速排除搜索空间的很大体积,实现对距离某特定原子 r_{max} 内所有原子的高效定位。

8.5.2　溶质短程有序参数

20 世纪 50 年代,Cowley 提出了一种二元合金基体中溶质原子分布的描述方

法[101]，即广为人知的 Warren-Cowley 短程有序参数（WC-SRO）法，其定义式为

$$\alpha_{\mathrm{BA}}^m = 1 - \frac{p_{\mathrm{BA}}^m}{X_\mathrm{A}}$$

式中，p_{BA}^m 为发现围绕 B 种溶质原子的第 m 原子层中发现 A 种基体原子的概率；X_A 为 A 原子在系统中的平均浓度。在 $m=1$ 的最简单情况中，α_{BA}^m 描述了在二元合金中发现某种类型的最近邻原子键的概率，已对名义浓度做了归一化。此定义可渐进地扩展到更高阶的晶体学壳层，以衡量随 m 增大时渐增的长程有序结构。

de Fontaine 扩展了 Warren-Cowley 的定义[102]，使其适用于多元系统。例如，在 A-B-C 三元合金中描述 B 种原子和 C 种原子交互作用的 WC-SRO 可表达为

$$\alpha_{\mathrm{BC}}^m = \frac{p_{\mathrm{BC}}^m - X_\mathrm{C}}{\delta_{\mathrm{BC}} - X_\mathrm{C}}$$

式中，若 B＝C，则 δ_{BC} 等于 1，否则等于 0；p_{BC}^m 为在 B 种原子周围发现 C 种原子的平均概率。此参数不仅与多元系统相关（即三元及以上系统），而且测量了不同种类的原子对；在二元系统中此参数就退化为 WC-SRO。Ceguerra 等对此定义做了进一步扩展，对每个系数考虑两组物种而不是对每个参数仅考虑两个单独的物种。通过这种方式，可根据壳层的浓度来研究多个物种的有序化或共团簇化。这种一般化的多元短程有序参数（GM-SRO）基于在某种原子周围发现特定几种原子的概率，由下式定义：

$$p_{\{\mathrm{B}_j\}_{j=1}^k \{\mathrm{B}_l\}_{l=0}^h}^m = p_{\{\mathrm{B}_1 \cdots \mathrm{B}_k\}\{\mathrm{B}_1 \cdots \mathrm{B}_h\}}^m = \frac{\sum\limits_{j=1}^k N_{\mathrm{B}_j} \sum\limits_{l=h}^u p_{\mathrm{B}_j \mathrm{B}_l}^m}{\sum\limits_{j=1}^k N_{\mathrm{B}_j}}$$

此式代表了标识为 B_j 的任何物种的一个原子周围第 m 壳层发现一个标识为 B_l 的任何物种的一个原子的概率。有了此 GM-SRO 概率项的表达式，de Fontaine 公式现在可扩展到考虑在任何特定的第 m 壳层内的两组多个物种：

$$\alpha_{\{\mathrm{B}_j\}_{j=1}^k \{\mathrm{B}_l\}_{l=0}^h}^m = (-1)^{(1+\delta_{\{\mathrm{B}_j\}_{j=1}^k \{\mathrm{B}_l\}_{l=0}^h})} \frac{(p_{\{\mathrm{B}_j\}_{j=1}^k \{\mathrm{B}_l\}_{l=0}^h}^m - X_{\{\mathrm{B}_l\}_{l=0}^h})}{(\delta_{\{\mathrm{B}_j\}_{j=1}^k \{\mathrm{B}_l\}_{l=0}^h} - X_{\{\mathrm{B}_l\}_{l=0}^h})}$$

式中，若两组恰好含有相同的原子物种，则 $\delta_{\{\mathrm{B}_j\}_{j=1}^k \{\mathrm{B}_l\}_{l=0}^h}$ 等于 1，否则等于 0；$X_{\{\mathrm{B}_l\}_{l=0}^h} = X_{\mathrm{B}_0} + \cdots + X_{\mathrm{B}_l}$ 是相邻物种的综合浓度。

在完美晶格中，每个原子的近邻以离散半径或壳层方式排列，如图 8.37（a）所示。根据晶体类型和系统的理论晶格参数的知识，可以预测出这些半径。在完美系统中，可认为壳层是无限薄的理论表面；然而在 APT 数据的情况中，原子将不会恰好出现在这些表面上。相反，为了 SRO 执行计算调整了原子壳层的定义，现在它具有有限的宽度，如图 8.37（b）中的阴影所示。第 m 壳层的厚度由理论完美晶体的第 $m-1$、m 和 $m+1$ 壳层表面的半径即 r_{m-1}、r_m 和 r_{m+1} 决定。因此，如果分

隔它们的距离 r_{ij} 满足下式,那么原子 j 被定义为原子 i 的第 m 壳层近邻:

$$\frac{r_{m-1}+r_m}{2} < r_{ij} < \frac{r_m+r_{m+1}}{2}$$

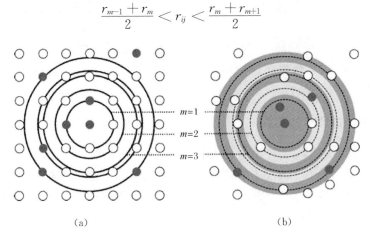

(a)　　　　　　　　　　　　(b)

图 8.37　SRO 计算需要定义的原子壳层

(a)完整晶格中由离散的半径分隔开原子,因而容易定义壳层;(b)包含进有限检测效率和空间分辨率效应的原子探针数据的二维说明图。同一壳层中的原子不再准确地限定在距中心原子单一半径的圆上。相反地,壳层通过图中阴影所示的有限宽度来定义

　　这种方法通过基于壳层的 SRO 分析可实现不完美晶格的表征。

　　此外,当前的研究显示,在许多情况下有限检测效率(约 57%)对 SRO 参数计算的影响可忽略。这种程度的影响将由可利用的统计的质量来决定,其质量由以下因素定义:检测效率及假定此过程具有成分比属性、数据集的大小及相关溶质或掺杂原子的浓度。其隐含的信息是,不同于许多其他的分布分析,如最近邻分布和团簇算法,这些方法受到检测效率的显著制约,APT 重构中测定的 SRO 可仿真原始样品中的真实 SRO。

8.6　结构分析

　　结构分析指的是表征和使用数据中存在的晶体学信息。在 APT 重构中不能获得直接可用的完整晶体信息。然而,也并未完全丢失。原子面经常很容易地显现在数据中,且应用统计技术揭示出:即使单个原子轻微偏离了它的理想晶格位置,重构中原子仍保持原始试样的晶体结构。在此节中,原子探针晶体学指的是表征存在于 APT 数据集的晶体结构和针对重构中识别的纳米结构解释这些信息。在 APT 研究中结构分析得到了大量应用,具体包括如下方面:

　　(1) 为更精确地进行 APT 重构而发展的校正技术[21,24,81](见 7.3 节)。

　　(2) APT 空间分辨率的研究和量化,以及其如何受到晶体学和温度的影

响[13,36,104,105]（见 7.6 节）。

（3）金属间化合物材料的占位研究[21,32,106]；估算多晶材料中晶粒的取向差[107-109]。

（4）表征纳米结构特征，如沉淀和扩展位错的晶体取向。

（5）为在 APT 数据中还原原始样品的完美晶格构型而发展的扩展重构算法[20,110,111]（见 7.7 节）。

8.6.1　APT 的傅里叶变换

傅里叶变换（FT）已在所有种类的科学探索中得到了广泛应用。FT 能实现对周期性的识别；在显微学中，对周期性的兴趣通常基于晶体材料重复的原子晶格或晶面。如 Warren 等表明[112]，即使 APT 重构仅保留了一定比例的原始晶格分布，仍可通过 FT 探测和表征足够强的周期性。从三维实空间的 $\boldsymbol{r}(x,y,z)$ 转换为倒易空间的 $\boldsymbol{R}(X,Y,Z)$ 由下式给出：

$$F(\boldsymbol{R}) = \iiint f(\boldsymbol{r}) \mathrm{e}^{-2\pi\mathrm{i}(\boldsymbol{r}\cdot\boldsymbol{R})} \mathrm{d}x\mathrm{d}y\mathrm{d}z$$

应用此方程需要将数据划分成极细的网格，其间距小于空间分辨率尺寸的 1/2 才能成功表征晶体结构。这样计算的代价很快就变得不可承受。

Vurpillot 等[12]提出了一种替代的结构函数 $f(\boldsymbol{r})$，可表达为以测定的原子网格位置为中心的狄拉克 δ 函数之和：

$$f(\boldsymbol{r}) = \sum_{i=1}^{N} \delta(\boldsymbol{r} - \boldsymbol{r}_i)$$

因此如下的 FT：

$$F(\boldsymbol{R}) = \sum_{i=1}^{N} \iiint \delta(\boldsymbol{r} - \boldsymbol{r}_i) \mathrm{e}^{-2\pi\mathrm{i}(\boldsymbol{r}\cdot\boldsymbol{R})} \mathrm{d}x\mathrm{d}y\mathrm{d}z$$

可写作

$$F(\boldsymbol{R}) = \sum_{i=1}^{N} \mathrm{e}^{-2\pi\mathrm{i}(\boldsymbol{r}_i\cdot\boldsymbol{R})}$$

且强度的表达式为

$$I(\boldsymbol{R}) = \sum_{i=1}^{N} \mathrm{e}^{-2\pi\mathrm{i}(\boldsymbol{r}_i\cdot\boldsymbol{R})} \times \sum_{i=1}^{N} \mathrm{e}^{-2\pi\mathrm{i}(\boldsymbol{r}_i\cdot\boldsymbol{R})}$$

仅通过考虑离散的原子位置，这样的表达式可实现快速计算 FT 和逆 FT。

与衍射有关的技术类似，FT 技术能实现对数据集几乎全部的晶体学研究。图 8.38 提供了一个 FT 分析的例子。此图显示了纯 Al 重构的一薄层 xy 切片。此切片的横截面显示了很多族晶体学平面。图 8.38 底部的 FT 分析应用于重构的整个切片，且显示了三维倒易空间的很多斑点。倒易空间中这些斑点间的距离是那些特定晶向的原子面间距。此外，斑点的相对位置揭示了实空间中晶面间的实际夹角[113]。应注意到 FT 分析过滤掉了噪声。

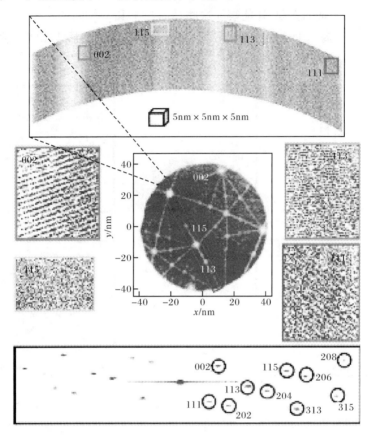

图 8.38　重构图像与 FT 的关系

中心：xy 平面内薄切片的重构，面心晶体(fcc)空间分布图中显出了极结构。顶部：标出感兴趣区域的切片横截面，该区域内显出了几个晶面。凸显的晶面进行了放大。底部：根据整个重构切片计算的 FT 分析，FT 点显示了特定晶面组的存在；它们到中心的距离与面间距有关，且其位置代表了它们在重构中的取向

　　人们对逆 FT 也很感兴趣，因为它可以实行"明场"或"暗场"成像[11,12]。通过选择倒易空间的单个斑点或一组斑点，逆 FT 的计算可揭示仅对选取的倒易空间斑点有贡献的实空间的原子位置。FT 技术也应用于合金中的溶质，揭示团簇分布的平均尺寸或直接识别团簇[12]。

8.6.2　空间分布图

　　空间分布图(SDM)效果上是一个测量特定晶向上平均原子分布的修正三维 RDF[4,21,32]。三维 RDF 分析在根本上分解成两部分：分辨率最好的接近深度方向的一维(或 z 向)原子分布分析；垂直于此方向的平面内的二维(或 xy 平面)原子

分布图。特别地,在重构中,SDM 能实现识别和准确表征深度方向上原子面 $d^{\langle hkl \rangle}$ 及其与重构的 z 轴的夹角,还能表征这些晶面与 x 和 y 轴间的夹角 $\theta^{\langle hkl \rangle}$ 和 $\phi^{\langle hkl \rangle}$ 。横向 SDM 分析揭示了这些平面内局域原子近邻,并保留了某些晶体学信息,如图 8.39 所示。

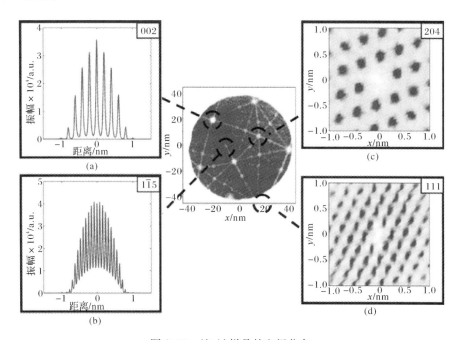

图 8.39　纯 Al 样品的空间分布

中心:xy 平面内薄切片的重构,显出了面心极结构。(a)、(b)提供了 z-SDM 的示例,分别对应图(a)和(b)中的{002}和{115}原子面族。每个 z-SDM 是在横截面半径为 4nm 的圆柱内计算的,其位置与相应的极的位置一致。(c)、(d)提供了 xy-SDM 的示例,分别对应图(c)和(d)中的{204}和{111}原子面族。每个 xy-SDM 是在整个重构体积内计算的

1. 一维(z 方向)空间分布图

如果一个数据集分别先后绕着 x 和 y 轴旋转角度 θ 和 ϕ,那么原子 i 和 j 在变换的 z 方向($z'(\theta,\phi)$)上的空间偏离为

$$\Delta z'_{ij}(\theta,\phi) = -\sin\theta\Delta x_{ij} + \cos\theta\sin\phi\Delta y_{ij} + \cos\theta\cos\phi\Delta z_{ij}$$

当分析的方向垂直于特定晶向时,通过以相对小的增量独立调整 θ 和 ϕ 而产生 $\Delta z'(\theta,\phi)$ 值的分布,可揭示晶面的存在。重构中,晶体极附近深度方向的晶面的分辨率是最好的。因此,一维分析通常计算沿截面半径为 4nm 的长圆柱状感兴趣区内的原子,例如,以某晶体极为中心。图 8.39 中峰与峰间的距离代表了原子面间距。峰的宽度表示了沿此晶向对晶面分辨率的好坏,并允许如 7.6 节所详述

的直接估算空间分辨率。

在许多晶体材料的 APT 重构中,对数据绕 x 和 y 轴进行多种旋转可实现对不同晶面族的清晰分辨。每个晶向所需的 x 和 y 轴旋转角度 θ_{hkl} 和 ϕ_{hkl},可通过相应的晶面族得到最佳分辨时的旋转角度来定义,即在 SDM 具有最佳信噪比的旋转角度。因此,由各自的旋转角度 θ_{hkl} 和 ϕ_{hkl} 所决定的两个极的夹角,也可以直接利用三角学关系式推导出来。

2. 二维(xy 平面)空间分布图

xy-SDM 是一个原子在垂直于 z' 的平面内偏离量的简单直方图,偏离量由旋转后的坐标 x' 和 y' 定义:

$$\Delta x'_{ij} = \Delta x_{ij} \cos\phi_{hkl} + \Delta y_{ij} \sin\theta_{hkl} \sin\phi_{hkl} + \Delta z_{ij} \cos\theta_{hkl} \sin\phi_{hkl}$$
$$\Delta y'_{ij} = \Delta y_{ij} \cos\theta_{hkl} + \Delta z_{ij} \sin\theta_{hkl}$$

二维图上的信噪比通过施加取舍点得到明显改善,因而在 z 方向上间距大于取舍点的原子对最终直方图内的交互作用距离无贡献。在图 8.39 中,采用的取舍点为 0.1nm,从根本上保证了对二维图原子间距的贡献最可能来自存在同一晶面内的原子。经验还显示,使用更大尺寸的样品可改善信噪比。在图 8.39 中,斑点代表某特定晶向的 xy 平面内的原子的平均近似位置。斑点的宽度表明此晶向上 xy 平面内的空间分辨率(见 7.6 节)。

3. 特定物种的一维(z 方向)SDMs

类似于偏 RDF 分析,特定原子种类的 z-SDM 分析可测试特定元素沿特定晶向的分布或相对于其他元素的分布。例如,图 8.40(a)是 Ni 基高温合金重构的小的子体积,显示了 Ni 和 Al 原子在沿 {001} 取向平面内的分布。这种特定物种的 z-SDM 分析证实了以下事实:与出现在所有平面内的 Ni 原子不同,Al 原子仅居于此方向上交替的平面内。因此,这样的分析可用来研究物种是否优先占位于特定晶向上的某平面内[32]。

具体物种的 z-SDM 也可作为原始实验中场蒸发进程的提示。这些分析可表明特定元素的优先蒸发和在表面上的保持力,并有助于解释重构中由时常的非均匀蒸发引起的局域放大效应[36]。

8.6.3　霍夫变换

三维霍夫变换将笛卡儿坐标系的 x、y 和 z 值变换为三维平面表示系统。在许多方面,APT 重构中表征平面的霍夫变换方法兼有 FT 和 SDM 方法的要素。Yao 等发展的霍夫变换法将实空间原子分布的测量和倒空间分析结合起来[114]。

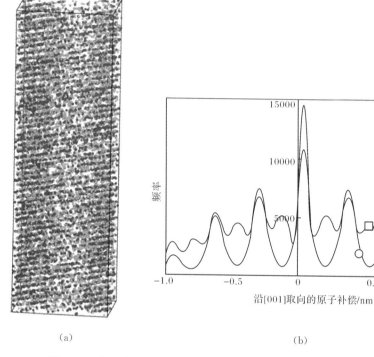

（a）　　　　　　　　　　　　　　　（b）

图 8.40　高温合金 APT 分析的小子体积（10nm×15nm×100nm）显示的

Ni 原子（浅色）和 Al 原子（深色圆球）在[001]方向上的分布

相关的 SDM 分析凸显了在(001)面上的相对占位。注意：为了清晰度对振幅的分布做了归一化处理

　　首先，在整个数据集长度内，霍夫变换检测三维原子坐标并产生原子位置绕 z 和 y 轴的所有可能的旋转组合（分别以角 ζ 和 ψ 表示）的直方图列 $d(\zeta, \psi)$，这与一维成分谱线类似。原则上，该变换预测并记录了所有可能的平面，这些平面从任何可能的方向囊括了每个单点。然而，由于 APT 有限的视场，只有某个高角 ψ 范围内的平面可以存在。出于效率目的，最佳 ψ 值的搜索可限制在 45°～90°，而 ζ 值从 0°扫描到 360°。

　　然后，沿 d 轴应用一维快速傅里叶变换（FFT）来表征直方图中单个距离的特征峰任何可能存在的周期性。利用在每个 FFT 频谱中探测到的最强峰的值可构建一幅强度图，该图可描绘三维空间中原子分布相对于晶面角 ζ 和 ψ 的周期性。在可探测到原子分布周期性的角度，即晶面的取向，显示为图中的高强度区。

　　图 8.41 提供了霍夫变换分析的一个例子。图 8.41(a)中凸显了纯 Al 重构中的三个感兴趣区 ROI-x、ROI-y 和 ROI-z。在每个 ROI 中，沿着由 ζ 和 ψ 定义的每个可能的方向产生一个一维谱线。FFT 应用于每个一维谱线。随后，利用每个 FFT 频谱中检测到的最强峰的幅度构建如图 8.41(c)所示的强度图。垂直于晶面

取向所对应的角度在图上显示为高强度区。在图 8.41(c) 中的 ROI-x 和 ROI-z 两幅图中,仅观察到一个显著的峰,分别对应于主要的局域极 (113) 和 (002)。有趣的是,在 ROI-y 强度图上出现了三组不同的平面。其中之一对应于主要的局域极 (115)。通过与 ROI-x 和 ROI-z 图对比可见,ROI-y 强度图上的另两个峰是由在此区域存在的额外的 (113) 和 (002) 平面产生的。这表明对应于低指数极区域的晶面会比该极的直接区域扩展得更远。

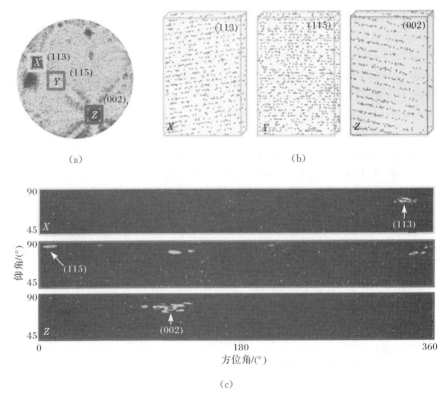

(a)　　　　　　　　　　　　　　　　　　(b)

(c)

图 8.41　霍夫变换分析

(a) 原子探针分析纯 Al 的场解吸图。方框虚线显示了尺寸为 5nm×5nm×10nm 的三个长方体感兴趣区,ROI-x、ROI-y 和 ROI-z 分别以 (002)、(113) 和 (115) 晶体极为中心;(b) 显示了每个感兴趣区中可见的晶面;(c) 显示了周期强度图与旋转角度的函数关系;ROI-x(上)、ROI-y(中) 和 ROI-z(下)

参 考 文 献

[1] Kelly T F. Microsc. Microanal. ,2011,17(01):1-14.

[2] Oltman E,Ulfig R,Larson D J. Microsc. Microanal. ,2009,15(S2):256-257.

[3] Morhac M,Kliman J,Matousek V,et al. Nucl. Instrum. Methods Phys. Res. Sect. A,1997,

401(1):113-132.

[4] Moody M P,Gault B,Stephenson L T,et al. Ultramicroscopy,2009,109(7):815-824.

[5] Gault B,Marquis E A,Saxey D W,et al. Scr. Mater. ,2010,63(7):784-787.

[6] Ronsheim P,Flaitz P,Hatzistergos M,et al. Appl. Surf. Sci. ,2008,255(4):1547-1550.

[7] Yao L,Gault B,Cairney J M,et al. Philos. Mag. Lett. ,2010,90(2):121-129.

[8] Saxey D W. Ultramicroscopy,2011,111(6):473-479.

[9] Müller M,Saxey D W,Smith G D W,et al. Ultramicroscopy,2011,111(6):487-492.

[10] Gault B,Moody M P,de Geuser F,et al. Appl. Phys. Lett. ,2009,95(3):3.

[11] Vurpillot F,Da Costa G,Menand A,et al. J. Microsc. ,2001,203:295-302.

[12] Vurpillot F,de Geuser F,Da Costa G,et al. J. Microsc. ,2004,216:234-240.

[13] Gault B,Moody M P,de Geuser F,et al. Microsc. Microanal. ,2010,16(1):99-110.

[14] Cadel E,Vurpillot F,Larde R,et al. J. Appl. Phys. ,2009,106(4):1-6.

[15] Kisielowski C,Freitag B,Bischoff M,et al. Microsc. Microanal. ,2008,14(5):469-477.

[16] http://ncem. lbl. gov/TEAM-project/.

[17] Vurpillot F,Bostel A,Blavette D. Appl. Phys. Lett. ,2000,76(21):3127-3129.

[18] Bas P,Bostel A,Deconihout B,et al. Appl. Surf. Sci. ,1995,87(88):298-304.

[19] Hyde J M, Miller M K, Hetherington M G, et al. Acta Metall. Mater. , 1995, 43(9):
3403-3413.

[20] Vurpillot F,Renaud L,Blavette D. Ultramicroscopy,2003,95(1/2/3/4):223-229.

[21] Geiser B P,Kelly T F,Larson D J,et al. Microsc. Microanal. ,2007,13(6):437-447.

[22] Gault B,Moody M P,de Geuser F,et al. Appl. Phys. Lett. ,2009,95(3):034103.

[23] Gault B,Moody M P,de Geuser F,et al. Microsc. Microanal. ,2010,16:99-110.

[24] Gault B,de Geuser F,Stephenson LT,et al. Microsc. Microanal. ,2008,14(4):296-305.

[25] Stephenson LT, Moody M P, Liddicoat P V, et al. Microsc. Microanal. , 2007, 13(6):
448-463.

[26] Hellman O C, Vandenbroucke J A, Rusing J, et al. Microsc. Microanal. , 2000, 6(5):
437-444.

[27] Hellman O C,du Rivage J B,Seidman D N. Ultramicroscopy,2003,95:199-205.

[28] Muller E W,Panitz J A,McLane S B. Rev. Sci. Instrum. ,1968,39(1):83-86.

[29] Baker I,Zheng R K,Saxey D W,et al. Intermetallics,2009,17(11):886-893.

[30] Krakauer B W,Seidman D N. Phys. Rev. B,1993,48(9):6724-6727.

[31] Blavette D,Bostel A. Acta Metall. ,1984,32(5):811-816.

[32] Boll T,Al-Kassab T,Yuan Y,et al. Ultramicroscopy,2007,107(9):796-801.

[33] Sauvage X,Renaud L,Deconihout B,et al. Acta Mater. ,2001,49(3):389-394.

[34] Gault B,de Geuser F,Bourgeois L,et al. Ultramicroscopy,2011,111(6):683-689.

[35] Vurpillot F,Larson D,Cerezo A. Surf. Interface Anal. ,2004,36(5-6):552-558.

[36] Torres K L,Geiser B,Moody M P,et al. Ultramicroscopy,2011,111(6):512-517.

[37] Yoon K E,Noebe R D,Hellman O C,et al. Surf. Interface Anal. ,2004,36(5-6):594-597.

[38] Hellman O C,Seidman D N. Mater. Sci. Eng. A,2002,327:24-28.

[39] Miller M K,Cerezo A,Hetherington M G,et al. Atom Probe Field Ion Microscopy. Oxford: Oxford Science Publications-Clarendon Press,1996.

[40] Godfrey TJ,Hetherington M G,Sassen J M,et al. J. Phys. ,1988,49(C6):421-426.

[41] Kendall M G,Stuart A. The Advanced Theory of Statistics. London:Griffin,1961.

[42] Pearson K. Biometric Series No. 1. London:Drapers' Co. Memoirs,1904.

[43] Moody M P, Stephenson LT, Liddicoat P V, et al. Microsc. Res. Tech. , 2007, 70(3): 258-268.

[44] Gault B,Moody M P,Saxey D W,et al. Advances in Materials Research:Frontiers inMaterials Research,vol. 10. Berlin Heidelberg:Springer,2008:187-216.

[45] Moody M P, Stephenson L T, Ceguerra AV, et al. Microsc. Res. Tech. , 2008, 71(7): 542-550.

[46] Camus E,Abromeit C. Zeitschrift Metall. ,1994,85(5):378-382.

[47] Camus E,Abromeit C. J. Appl. Phys. ,1994,75(5):2373-2382.

[48] Miller M K,Cerezo A,Hetherington M G,et al. Surf. Sci. ,1992,266(1/2/3):446-452.

[49] Hetherington M G,Cerezo A,Hyde J M,et al. J. Phys. ,1986,47(C7):495-501.

[50] Auger P,Menand A,Blavette D. J. Phys. ,1988,49(C6):439-444.

[51] Hetherington M G,Hyde J M,Miller M K,et al. Surf. Sci. ,1991,246(1/2/3):304-314.

[52] Langer J S,Baron M,Miller H D. Phys. Rev. 1975,A 11(4):1417-1429.

[53] Danoix F,Deconihout B,Bostel A,et al. Surf. Sci. 1992,266(1/2/3):409-415.

[54] Miller M K,Bowman K O,Cerezo A,et al. Appl. Surf. Sci. ,1993,67(1/2/3/4):429-435.

[55] Shariq A,Al-Kassab T,Kirchheim R,et al. Ultramicroscopy,2007,107(9):773-780.

[56] Vaumousse D,Cerezo A,Warren P J. Ultramicroscopy,2003,95:215-221.

[57] Philippe T,de Geuser F,Duguay S,et al. Ultramicroscopy,2009,109(10):1304-1309.

[58] Wanderka N,Lazarev N,Chang C S T,et al. Ultramicroscopy,2011,111(11):701-705.

[59] de Geuser F,Lefebvre W. Microsc. Res. Tech. ,2011,74(3):257-263.

[60] Pereloma E V,Shekhter A,Miller M K,et al. Acta Mater. ,2004,52(19):5589-5602.

[61] Mao Z G,Sudbrack C K,Yoon K E,et al. Nat. Mater. ,2007,6(3):210-216.

[62] Isheim D,Gagliano M S,Fine M E,et al. Acta Mater. ,2006,54(3):841-849.

[63] Heinrich A,Al-Kassab T,Kirchheim R. Mater. Sci. Eng. A,2003,353:92-98.

[64] Miller M K,Pareige P,Burke M G. Mater. Charact. ,2000,44(1/2):235-254.

[65] Miller M K,Russell K F. J. Nucl. Mater. ,2007,371(1/2/3):145-160.

[66] Sha G,Cerezo A. Acta Mater. ,2004,52(15):4503-4516.

[67] Galtrey M J,Oliver R A,Kappers M J,et al. Appl. Phys. Lett. ,2007,90(6):061903.

[68] Al-Kassab T,Kirchheim R. Mater. Sci. Eng. A,2002,324(1/2):168-173.

[69] Marquis E A,Seidman DN. Surf. Interface Anal. ,2004,36(5/6):559-563.

[70] Thompson K,Booske J H,Larson D J,et al. Appl. Phys. Lett. ,2005,87(5):3.

[71] Marceau R K W,Sha G,Ferragut R,et al. Acta Mater. ,2010,58(15):4923-4939.

[72] Marceau R K W,Sha G,Lumley R N,et al. Acta Mater. ,2010,58(5):1795-1805.

[73] Marquis E A,Hyde J M. Mater. Sci. Eng. R,2010,69(4/5):37-62.

[74] Hyde J M,English C A//Lucas R G E,Snead L,Kirk M A J,et al. MRS 2000 Fall Meeting,Symposium R:Microstructural Processes in Irradiated Materials. vol. 650. Boston, 2000:R6. 6. 1-R6. 6. 12.

[75] Miller M K,Kenik E A. Microsc. Microanal. ,2004,10(3):336-341.

[76] Ester M,Kreigel H P,Sander J,et al//Simoudis E,Han J,Fayyad U. 2nd International Conference on Knowledge,Discovery and Data Mining. 1994.

[77] Lefebvre W,Danoix F,Da Costa G,et al. Surf. Interface Anal. ,2007,39:206-212.

[78] Kolli R P,Seidman D N. Microsc. Microanal. ,2007,13(4):272-284.

[79] Lefebvre W,Philippe T,Vurpillot F. Ultramicroscopy,2011,111(3):200-206.

[80] Barber C B, Dobkin D P, Huhdanpaa H. ACM Trans. Math. Software, 1996, 22 (4): 469-483.

[81] Gault B,Moody M P,de Geuser F,et al. J. Appl. Phys. ,2009,105(3):34913-34913.

[82] Karnesky R A,Isheim D,Seidman D N. Appl. Phys. Lett. ,2007,91(1):013111.

[83] Marceau R K W,Stephenson L T,Hutchinson C R,et al. Ultramicroscopy,2011,111(6): 738-742.

[84] Cerezo A,Davin L. Surf. Interface Anal. ,2007,39(2-3):184-188.

[85] Stephenson LT,Moody M P,Ringer SP. Philos. Mag. ,2011,91(17):2200-2215.

[86] Markov A A. Sci. Context,2006,19(04):591-600.

[87] Johnson C A,Klotz J H. Technometrics,1974,16(4):483-493.

[88] Tsong T T,McLane S B,Ahmad M,et al. J. Appl. Phys. ,1982,53(6):4180-4188.

[89] Danoix F,Bouet M,Pareige P,et al. Appl. Surf. Sci. ,1993,67(1-4):451-458.

[90] Hetherington M G,Miller M K. J. Phys. ,1989,50:535-540.

[91] Ceguerra A V,Moody M P,Stephenson LT,et al. Philos. Mag. ,2010,90(12):1657-1683.

[92] Karnesky R A,Sudbrack C K,Seidman D N. Scr. Mater. ,2007,57(4):353-356.

[93] Stephenson LT. PhD Thesis,Sydny:University of Sydny. 2009.

[94] Karnesky R A,Isheim D,Seidman D N. Appl. Phys. Lett. ,2007,91(1):3.

[95] Stephenson LT,Moody M P,Gault B,et al. Microsc. Res. Tech. ,2011,74(9):799-803.

[96] Marquis EA. Northwestern University,2002.

[97] Haley D,Petersen T,Barton G,et al. Philos. Mag. ,2009,89(11):925-943.

[98] Sudbrack C K,Noebe R D,Seidman D N. Phys. Rev. B,2006,7321(21):2101.

[99] De Geuser F,W. Lefebvre,D. Blavette,Philos. Mag. Lett. ,2006,86(4):227-234.

[100] Lee D T,Wong C K. Acta Inform. ,1977,9(1):23-29.

[101] Cowley J M. Phys. Rev. ,1950,77(5):669-675.

[102] de Fontaine D. J. Appl. Crystallogr. ,1971,4:15-19.

[103] Ceguerra A V,Powles R C,Moody M P,et al. Phys. Rev. B,2010,82(13):132201.

[104] Gault B,La Fontaine A,Moody M P,et al. Ultramicroscopy,2010,110(9):1215-1222.

［105］ Gault B, Moody M P, de Geuser F, et al. Appl. Phys. Lett. ,2009,95(3):1-3.

［106］ Rademacher T, Al-Kassab T, Deges J, et al. Ultramicroscopy,2011,111(6):719-724.

［107］ Moody M P, Tang F, Gault B, et al. Ultramicroscopy,2011,111(6):493-499.

［108］ Sha G, Yao L, Liao X, et al. Ultramicroscopy,2011,111(6):500-505.

［109］ Liddicoat P V, Liao X-Z, Zhao Y, et al. Nat. Commun. ,2010,1(6):63.

［110］ Camus P P, Larson D J, Kelly T F. Appl. Surf. Sci. ,1995,87-8(1-4):305-310.

［111］ Moody M P, Gault B, Stephenson L T, et al. Microsc. Microanal. ,2011,17(02):226-239.

［112］ Warren P J, Cerezo A, Smith G D W. Microsc. Microanal. ,1998,5:89-90.

［113］ Gault B, Moody M P, De Geuser F, et al. J. Appl. Phys. ,2009,105:034913.

［114］ Yao L, Moody M P, Cairney J M, et al. Ultramicroscopy,2011,111(6): 458-463.

第9章 原子探针显微学和材料科学

材料科学是一个多学科交叉领域,致力于探究材料性能的根本来源,以期更好地了解怎样应用材料和改善其性能。原子探针显微学能表征材料中许多重要的微观组织特征,这些特征涵盖了不同的长度尺度。这种显微技术能实现对材料实际上怎样工作的科学和工程方面的新洞察。APM 技术能表征材料的结构和化学特征,这些因素在建立组织和性能的关系中是至关重要的,因而具有重大意义。本章简短地解释如何应用先前描述的方法获得材料学家关心的特定信息。

本章是根据材料学家感兴趣的典型组织层次进行描述的,如图 9.1 所示。认识到 APM 技术能可靠地用来测量特定物相的精确元素组成是非常重要的。材料表征的首要目标是识别材料中存在的相,因此是极为重要的。成分信息在整个相的三维方向上是平均的或者限制在局域特征内。原子探针层析测定相成分的能力使材料学家不仅能进行相识别,还能定量分析特定相的体积分数和弥散度。此外,该技术的高空间分辨率意味着数据可以进行分割以提供高度局域化的成分信息。例如,APT 提供了独特的诸如原子团簇化、短程有序和逆向团簇化现象的有力洞察。对元素偏聚或特殊物种在特定位置如某些孪晶界、晶界、相界、反相畴界和相变前沿的局域富集可进行类似的定量化分析。对经历长程有序化的相,APT 可对亚点阵成像以确定依赖于特殊亚点阵的合金化元素或掺杂原子的精确分数。材料通常含有晶体缺陷,如点缺陷、位错环和/或不同构型的位错线。对于溶质原子,以位于或靠近缺陷核心的"气团"形式在这些缺陷上偏聚,APT 可提供偏聚本质的准确细节和缺陷的弥散状况。

许多有技术价值材料的组成相包含弥散的第二相,这些相通过沉淀过程形核并长大。APT 不仅能够测定这些第二相的成分,还能测定沉淀和基体界面的浓度谱线,虽所争议,但其空间分辨率和化学分辨率与其他任何表征技术相比都是最高的。

新兴的趋势是 APM 也能揭示详细的结构信息。当与显微分析数据相结合时,此晶体学信息能实现对微观组织的全新洞察。例如,可获得晶界形状、曲率和拓扑关系等晶体或晶粒形貌的精确细节。近期出现的原子探针晶体学能实现每个晶粒精确取向的独特测定并导出取向分布函数。尤其在纳米材料中,任何其他技术都难以进行这些微观特征的测量。类似地,可以评定第二相沉淀的取向和形貌。

这些微观组织的每个方面都对材料的性能产生影响。例如,溶质(掺杂)原子

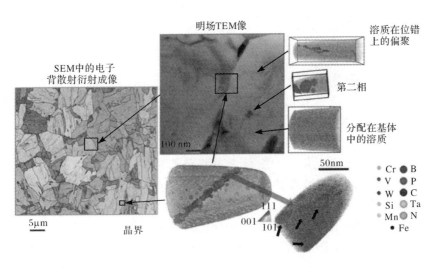

图 9.1　复杂的微观组织和相应的代表不同微结构特征的不同区域的原子探针层析重构

此材料是一种 CLAM 钢（HEAT-0912），由中国科学院等离子物理研究所的 FDS 小组提供；

透射电镜图片蒙 ANSTO 的 Dhriti Bhattacharyya 博士慨允

团簇化能强烈影响材料的强度、硬度、导电性、光学和磁学性能。合金化元素或残存（杂质）物种在晶界的偏聚将极大地影响腐蚀行为，晶界上的沉淀经常会对材料的损伤容限和断裂韧性产生有害影响。这些不同显微结构特征的原子探针显微学研究需要多种工具来实现可视化和数据分析。后面的节次总结了第 8 章中描述的可用于详细分析这些微结构特征的工具并对其结果的本质给予评价。

9.1　相　成　分

原子探针层析实验很容易获得一种重要类型的信息，即相成分。这可以直接从质谱中计算出来。利用质量范围（见 6.2.6 节）测定来自每个物种的原子数目以得出成分信息（见 6.2.7 节）。人们已采用数据分析方法来实现或改善成分测定的质量，包括质峰范围确定方法（见 6.2.6 节）、质峰重叠解卷积法（见 8.1.2 节）、背底扣除法（见 8.1.1 节）、质峰解卷积和拖尾拟合过程（见 8.1.1 节）。近来，基于撞击多样性的数据过滤和分析技术已显示出能极大地增强微量元素的信噪比（见 8.1.4 节），而且允许研究探测器事件间的特定关联，从而根据分析特定场蒸发趋势获取特定元素的系统丢失趋势的信息（见 8.1.4 节）。所有这些方法只是利用了质谱中的可用信息。利用三维坐标的方法也得到了发展，主要通过计算原子间的距离及其围绕第一壳层的近邻（如 1NN 分析，见 8.4.1 节），随后导出基体、粒子或沉淀的成分（见 8.4.1 节）。

9.2　晶 体 缺 陷

FIM 是第一种用于研究晶体缺陷的 APM 技术，如空位[1]、堆垛层错和位错（见第 2 章）[2]。确实，研究辐照损伤形成的空位是 FIM 在材料学中某些先驱性的尝试[3,4]。FIM 已用来确定位错的本质（刃型或螺型）及其 Burgers 矢量[5,6]。

主要由于检测效率的限制，APT 不具有分辨某元素如一种金属中的单个晶格空位、位错环和位错线的能力。然而，宽视场仪器的出现已部分解决了此问题，因为在这些不同缺陷周围经常发生化学偏聚，在具有技术重要性的材料中尤其如此[7-13]。这种偏聚在 APT 中可清晰分辨出来，并能提供溶质分布及缺陷密度和弥散状况的信息。Miller 等指出了纳米尺度孔洞形式的缺陷聚集[12]。

采用表征局域成分的典型方法获得的 APT 数据可以很好地表征这些不同的缺陷：成分谱线（见 8.3.6 节）、等浓度或等密度面（见 8.3.5 节）、近邻柱状图（见 8.3.3 节）和/或团簇搜寻算法（见 8.4.2 节）。Hyde 等近期提出了沿曲线计算成分谱线的方法以获得沿位错的偏聚谱线[13]。与其并列的分析技术可提取和利用结构信息，如空间分布图（见 8.6.2 节）或霍夫变换（见 8.6.3 节），利于确定扩展缺陷的取向。

9.3　溶质原子团簇化和短程有序

确定多元固溶体中三维原子堆垛的需求迄今已成为对间接技术来说具有极大实验难度的领域，这些技术包括量热法、基于电阻的方法和基于散射的方法，其中后者又包括基于电子显微镜技术、同步辐射 X 光或中子衍射技术。这是对非周期分布的溶质物种感兴趣的问题，许多当代前沿技术，如半导体掺杂就属于这样的情况。此问题对时效过程具有极端重要性，其被用来提高许多重要的金属和合金，如轻金属和钢的性能，而且也可用于半导体器件。在这样的材料中，溶质在沉淀之前的时效早期形成非随机分布或"团簇"。认为此团簇化控制着沉淀路径并且其自身可直接影响合金性能[14,15]。溶质团簇化的关键信息包含在 APM 数据中，现在已有强大的、复杂的算法可提取这些信息。

目前，原子间距分布的研究或基于网格的仿真方法构成了一系列复杂数据分析的基础，可揭示多元材料中溶质物种交互作用的复杂性。基于网格的技术中最常用的是频率分布和相依表法（见 8.3.7 节）。实验观察到的溶质分布和特定统计分布（如二项式和 Langer Bar-on Miller）的对比研究可揭示溶质间微妙的交互作用。

数据中的原子间距是极其重要的。例如，某原子和其连续的最近邻壳层的距离可作为定义原子是否属于某特定原子团簇的度量标准。已发展了几种方法来辨别材料中的溶质原子团簇,包括最大间距法(见 8.4.2 节)、基于密度的扫描法(见 8.4.2 节)、核心连接法(见 8.4.2 节)和随机的马尔可夫场法(见 8.4.2 节)。这些方法产生的新数据集为原始数据集的子集,仅含有那些显示出溶质-溶质最近邻关系的溶质原子。这对于可视化以及团簇形貌、间距和成分的定量分析非常有价值。例如,包络和腐蚀技术类的方法(见 8.4.2 节)通过考虑团簇和周围基体间的边界能实现对团簇成分的精确测量。近年来,将实验观察到的 APT 数据与随机对比器进行对比的技术,将这类分析的确定性和严谨性提高到一个新水平。这些结果可以与溶质原子团簇化的理论模型进行比较[16],也建立了研究溶质间特定交互作用的原子最近邻距离分布(见 8.4.1 节)或径向分布函数(见 8.5 节)的方法。

评估材料中溶质团簇化的一个关键工具是短程有序(SRO)参数,有时称作Warren-Cowly 参数。原子探针显微学不仅能够提供短程有序参数的测量,也能区分特定溶质物种的团簇化趋势。测量短程有序参数的方法,以及原子探针中短程有序的多元一般化理论的应用在 8.5.2 节做了详细讨论。

9.4　沉　淀　反　应

沉淀是一个用来调整材料物理性能的关键现象。对设计材料以使其性能适合特定的应用来说,详细了解第二相的本质是极为关键的。作为 APM 的工具,选择 APT 技术来研究沉淀。如上所述,通过对中间亚稳相和平衡相的成分、形貌及弥散性质的研究,该技术对任何前驱性团簇化反应的本质提供了独特洞察。等浓度面(见 8.3.5 节)早已用于凸显沉淀相,其成分与周围基体显著不同。根据等浓度面,近邻柱状图或近邻图可用来计算此界面两侧的成分(见 8.3.3 节)。否则,沉淀成分经常根据沿感兴趣区域计算的成分谱线来测量,感兴趣区域常为圆柱状或立方状,且其方向垂直于沉淀和基体的界面。近年来,已提出了利用原子间距推导沉淀成分的方法(见 8.4.1 节)。前述的团簇搜寻算法(见 8.4.2 节)是分析第二相沉淀粒子的理想方法,由于在基体中搜索小尺寸粒子可精确类比于在固溶体中搜索溶质团簇,因此研究者使用这些方法时越来越多地采用多步分析过程。首先,一系列特殊的算法参数用来检测从原始数据中去除的更大沉淀。然后,算法的第二轮是在剩余的数据集中应用优化的算法参数以检测在剩余的固溶体数据中存在的更微妙的溶质团簇化[17]。

9.5　长　程　有　序

APM 早已用于详细研究有序结构。有序化对应着不同种类的原子优先占据晶格结构中的特定位置的过程。这些原子的局域近邻倾向形成精确定义的排列，如占据 fcc 结构中的特定位置(顶点或面心)。具有这种结构的合金称作金属间化合物。FIM 广泛地用于研究此类结构,其通常导致的衬度变化可用来推论出有序化的程度[18,19]。APT 已广泛来研究有序合金中的占位行为[20-26],有可能识别某给定溶质在晶体中是否优先占据特定的亚点阵。利用多种多样的数据处理方法可进行此类研究,包括从简单的成分谱线(见 8.3.6 节)和阶梯图(见8.3.6.3 节)到更先进的方法,如空间分布图或等价于特定物种空间分布图的原子近邻算法(见 8.6.2 节)。

9.6　调　幅　分　解

调幅分解是一种特殊类型的相变,热力学不稳定的固溶体均匀地分离成两种离散的相[27,28]。调幅分解导致长程、共格的成分起伏且其尺寸随着反应的进行而增大。得到的微观组织是互相连接的不同溶质浓度区域的网络。APM 十分适合研究材料中的调幅分解[29-34]。分解不同阶段下不同物相的局域成分和形貌的精确测量可获得此显著过程本质的有价值的信息。成分频率分布的结果可与理论预测的期望成分起伏做对比[35](见 8.3.7 节)。此外,成分不同的区域可通过等浓度面凸显出来,而局域化学组成可利用计算的界面近邻图或成分谱线来估算。当与能量过滤 TEM 结合运用时,APM 可以表征调幅分解起伏的波长和振幅[36]。

9.7　界　　　　面

存在材料学家感兴趣的许多类型的界面,它们经常对材料性能和行为起决定性作用。例如, Hall-Petch 关系[37,38]描述了屈服强度和晶粒尺寸间的平方反比关系,使得晶界密度成为极端重要的组织特征。晶界可以作为缺陷消失的阱,或者作为特定原子偏聚的地点,因而表现出高度局域化的化学活性。例如,在核电厂高度苛刻的环境下,晶界的应力腐蚀开裂已被看做这些结构材料的寿命制约因素之一。具有重要意义的是,APM 是研究界面非常理想的工具,可为基于束的技术补充独有的信息。数据的三维本质能准确无误地测定界面成分和结构。近期制样技术的进展(详见第 4 章)极大地增强了以上所有这些能力。特别地,聚焦离子束显微技术的使用实现了含有特定界面样品的制备。

过去,FIM[39-42]和FDM[43]已用于研究晶界或多层材料[44]。随着时间的推移,APT已带来对元素在界面偏聚不可估量的洞察,给出关于界面粗糙度[45-48]、曲率[49-52]和互扩散[51,53-58]的信息。利用等浓度或等密度面常常可实现界面可视化(见8.3.5节),这些等表面是由可能发生在界面处的特殊化学成分产生的。

　　然而,界面经常是场蒸发过程中强烈轨迹像差的起源地,会导致APT重构中局域原子密度的改变(见7.4.1节)。虽然如此,这样的假象实际上是可利用的,利用等密度面中局域原子密度的起伏可帮助区分数据中的界面区域。根据这些等表面(见8.3.5节)可计算出近邻图(见8.3.6节),进而能计算局域成分和界面剩余吉布斯自由能。成分也可由更传统的浓度谱线导出(见8.3.6节),这会受到界面粗糙度的剧烈影响,因而需谨慎使用。从一维原子探针数据中导出的阶梯图也已被证实在此类界面研究中是非常有用的(见8.3.6节)。

9.8　非晶材料

　　非晶材料,如大块金属玻璃,已成为许多原子探针研究的焦点[59-63]。非晶金属是亚稳结构,其中不存在任何长程有序或周期性[64]。这些"金属玻璃"可显示出卓越的力学性能[65,66],如超塑性[67],使其有希望成为挑战性工程应用中的候选材料[68-70]。

　　可用9.4节描述的方法来研究玻璃材料的非晶基体中纳米晶的析出。非晶材料学中的一个关键问题是短程有序的发展,因为这可以作为纳米晶形成及潜在的完全晶化的前驱。使用X光或电子束技术已能识别晶体,但是,当用于揭示这些纳米晶原子尺度的成分细节时,这些技术存在某些局限。已经认识到将APT用于这些问题的潜力[59,60,62,71]。Haley等充分评估了APM在使用"偏径向分布函数"提供详细的非晶材料的结构信息方面的潜力(见8.5.1节)[72]。此处可以表明:当应用于非晶材料时,这些材料中场蒸发的基础过程结合常规重构方案的假设共同造成APM技术的空间分辨率下降。尽管损失分辨率,但仍可从APM中获得关于物种间交互作用有价值且独特的信息[60,73]。

9.9　原子探针晶体学

　　原子探针晶体学的术语指的是近期发展的用来提取保留在APT数据中的晶体学信息的一套方法。在第2、3、5章已介绍了FIM和FDM用于晶体表征的潜力,读者可直接参考相关主题的优秀教材[6,74-77]。这些技术也与后面的讨论有关,这些讨论专注于根据APT数据确定晶体学信息,但仅限于它们提供的有助于获得精确的层析重构有贡献的信息,因而它们未被明确提及。

　　甚至在进行第一次 APT 重构的 20 世纪 90 年代早期之前,研究者就意识到该技术或许具有分析单个原子面成分的能力[21,78,79]。当它们的取向接近垂直于分析方向时,在 APT 获得的三维原子图中,沿深度方向就可观察到原子面[80-86]。在纯金属中,观察到了几种类型的原子面[85,87,88]。宽视场原子探针显微镜的发展使得有可能在单个数据集内成像多种不同的原子面[89-91]。直到近期,普遍认为只有在纯的导电材料中才能分辨原子面。然而,近来采用配备了反射器的仪器也分辨出了复杂多层结构[50,92-94]、Si 基材料[95,96]和超导材料[97]中的原子面[96]。

　　虽然如此,该技术有限的横向分辨率阻碍了对晶格的直接成像(见 7.5 节),会导致 xy 平面内成像特征的模糊化。除原子晶格平面外,其他晶体学信息,如原子在给定原子面内的局域排列或者不同物种间的特定交互作用可保留在数据中,且可通过多种数据处理揭示出来[20,87,89,98,99]。这样的晶体学信息非常重要,因为它既提供了评估重构质量的基准,又带来前所未有的对材料晶体结构小到原子尺度的洞察。

　　以下方面已有长久的需求,即发展可精确定义晶体特征的取向(如原子面)相对某自洽参照物(如重构的 z 轴取向)的工具。傅里叶变换(见 8.6.1 节)、空间分布图(见 8.6.2 节)、径向分布函数(见 8.5.1 节)及霍夫变换(见 8.6.3 节)技术能以不同的效率和实际可用性实现这些测量。每种方法能确定不同原子面族间的夹角,且能用来评估层析重构的质量[91,100]或者确定成像晶粒相对于探测器的取向,因而得到几组晶粒间的取向关系,如图 9.2 所示。

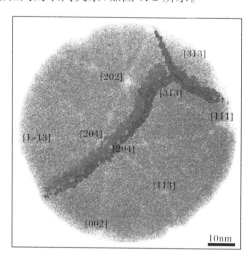

图 9.2　分析纳米晶 Al 涂层的层析重构的俯视图
等密度面凸显出晶界的位置,各个极对应于标注的每个晶粒的主要晶向

　　当 APT 数据包含几个晶粒时这种方法具有重大意义。确定 APT 中成像的

每个单独晶体的晶体取向能计算晶粒间的精确取向差[101-103]。这对纳米材料特别有意义[104]，此处典型的 APT 数据集将含有几个直径仅有几纳米的晶粒，如图 9.3 所示。在这些案例中，对材料成分和结构的定量测量能力几乎超越所有的其他技术，因而为 APM 未来的发展和应用带来极大的希望，尤其在纳米材料的影响变得日渐普遍之后。此外，APM 中的晶体取向信息与成分数据相结合会获得前所未有的微观组织的本质细节，且具有为材料微观过程如晶界工程、沉淀工程和固溶工程提供新见解的潜力。

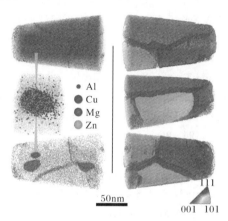

图 9.3 对纳米晶 7136 Al 合金中纳米尺度织构的洞察
表面凸显出不同的纳米晶粒，右侧表面的灰度如反极图所示直接与晶粒相对于探测器的取向有关

参 考 文 献

[1] Southworth H N. Surf. Sci. ，1970，23(1)：160-176.

[2] Gallot J，Smith D A. Rev. Phys. Appl. ，1971，6(1)：11-18.

[3] Berger A S，Seidman D N，Balluffi R W. Acta Metall. ，1973，21(2)：137-147.

[4] Scanlan R M，Styris D L，Seidman D N. Philos. Mag. ，1971，23(186)：1439-1457.

[5] Smith D A，Fortes M A，Kelly A，et al. Philos. Mag. ，1968，17(149)：1065-1077.

[6] Bowkett K M，Smith D A. Field-Ion Microscopy. Amsterdam：North-Holland Pub. Co. ，1970.

[7] Blavette D，Cadel E，Fraczkiewicz A，et al. Science，1999，286：5448.

[8] Miller M K. Microsc. Res. Tech. ，2006，69(5)：359-365.

[9] Williams C A，Marquis E A，Cerezo A，et al. J. Nucl. Mater. ，2010，400(1)：37-45.

[10] Etienne A，Radiguet B，Cunningham N J，et al. J. Nucl. Mater. ，2010，406(2)：244-250.

[11] Etienne A，Radiguet B，Cunningham N J，et al. Ultramicroscopy，2011，111(6)：659-663.

[12] Miller M K，Longstreth-Spoor L，Kelton K F. Ultramicroscopy，2011，111(6)：469-472.

[13] Hyde J M,Burke M G,Gault B,et al. Ultramicroscopy,2011,111(6):676-682.

[14] Ringer S P,Sakurai T,Polmear I J. Acta Mater. ,1997,45:3731.

[15] Ringer S P. Mater. Sci. Forum,2006,519-521:25.

[16] Stephenson L T,Moody M P,Ringer S P. Philos. Mag. ,2011,91(17):2200-2215.

[17] Stephenson LT. PhD Thesis. Sydney:The University of Sydney,2009.

[18] Southworth H N,Ralph B. Philos. Mag. ,1966,14(128):383.

[19] Tsong T T,Müller E W. Appl. Phys. Lett. ,1966,9(1):7-10.

[20] Boll T,Al-Kassab T,Yuan Y,et al. Ultramicroscopy,2007,107:796-801.

[21] Miller M K,Horton J A. Scripta Metall. ,1986,20(8):1125-1130.

[22] Rademacher T,Al-Kassab T,Deges J. Ultramicroscopy,2011,111(6):719-724.

[23] Almazouzi A,Numakura H,Koiwa M,et al. Intermetallics,1997,5(1):37-43.

[24] Hono K,Chiba A,Sakurai T,et al. Acta Metall. Mater. ,1992,40(3):419-425.

[25] Kim S,Nguyen-Manh D,Smith G D W,et al. Philos. Mag. A,2000,80(11):2489-2508.

[26] Murakami H,Harada H,Bhadeshia H. Appl. Surf. Sci. ,1994,76(1/2/3/4):177-183.

[27] Cahn J W. Acta Metall. ,1961,9(9):795-801.

[28] Cahn J W. Trans. Metall. Soc. Aime,1968,242(2):166-180.

[29] Danoix F,Auger P. Mater. Charact. ,2000,44(1/2):177-201.

[30] Danoix F,Auger P,Blavette D. Surf. Sci. ,1992,266(1/2/3):364-369.

[31] Hetherington M G,Hyde J M,Miller M K,et al. Surf. Sci. ,1991,246(1/2/3):304-314.

[32] Hono K,Babu S S,Hiraga K,et al. Acta Metall. Mater. ,1992,40(11):3027-3034.

[33] Miller M K,Hyde J M,Cerezo A,et al. Appl. Surf. Sci. ,1995,87-88(1/2/3/4):323-328.

[34] Danoix F,Auger P,Blavette D. Microsc. Microanal. ,2004,10(3):349-354.

[35] Langer J S,Baron M,Miller H D. Phys. Rev. A,1975,11(4):1417-1429.

[36] Baker I,Zheng R K,Saxey D W,et al. Intermetallics,2009,17(11):886-893.

[37] Hall E O. Proc. Phys. Soc. Lond. Sect. B,1951,64(381):747-753.

[38] Petch N J. J. Iron Steel Inst. 1953,174(1):25-28.

[39] Brandon D G,Ralph B,Ranganathan S,et al. Acta Metall. ,1964,12(7):813-821.

[40] Ishida Y,Smith D A. Scripta Metall. ,1974,8(3):293-298.

[41] Fortes M A,Ralph B. Acta Metall. ,1967,15(5):707-720.

[42] Fortes M A,Smith DA. J. Appl. Phys. ,1970,41(6):2348-2359.

[43] Waugh A R,Southon M J. Surf. Sci. ,1979,89:718-724.

[44] Larson D J,Petford-Long A K,Cerezo A,et al. Appl. Phys. Lett. ,1998,73(8):1125-1127.

[45] Adusumilli P,Murray C E,Lauhon L J,et al. //Narayanan V,et al. Proceedings of Advanced Gate Stack,Source/Drain and Channel Engineering for Si-based CMOS 5:New Materials,Processes and Equipment. vol. 19. ECS Transactions,Pennington, NJ, 2009: 303-314.

[46] Larson D J,Cerezo A,Clifton P H,et al. J. Appl. Phys. ,2001,89(11):7517-7521.

[47] Larson D J,Petford-Long A K,Cerezo A,et al. Phys. Rev. B,2003,67(14):144420.

[48] Petford-Long A K. Int. J. Mater. Res. ,2010,101(1):16-20.

[49] Hellman O C,Vandenbroucke J A,Rusing J,Microsc. Microanal. ,2000,6(5):437-444.

[50] Larson D J,Petford-Long A K,Cerezo A,et al. Acta Mater. ,1999,47(15/16):4019-4024.

[51] Schmitz G,Ene C-B,Nowak C. Acta Mater. ,2009,57(9):2673-2683.

[52] Vovk V,Schmitz G,Kirchheim R. Microelectron. Eng. ,2003,70(2/3/4):533-538.

[53] Ene C B,Schmitz G,Kirchheim R,et al. Acta Mater. ,2005,53(12):3383-3393.

[54] Larde R,Lechevallier L,Zarefy A,et al. J. Appl. Phys. 2009,105(8):084307.

[55] Sauvage X,Wetscher F,Pareige P. Acta Mater. ,2005,53(7):2127-2135.

[56] Cojocaru-Miredin O,Mangelinck D,Blavette D. J. Appl. Phys. ,2010,108(3):033501.

[57] Cojocaru-Miredin O,Mangelinck D,Hoummada K,et al. Scr. Mater. ,2007,57(5):373-376.

[58] Hoummada K,Cadel E,Mangelinck D,et al. Appl. Phys. Lett. ,2006,89(18):181905.

[59] Hono K,Zhang Y,Tsai A P,et al. Scripta Metall. Mater. ,1995,32(2):191-196.

[60] Miller M K,Liu C T,Wright J A,et al. Intermetallics,2006,14(8/9):1019-1026.

[61] Miller M K,Shen T D,Schwarz R B. J. Non-Cryst. Solids,2003,317(1/2):10-16.

[62] Yang L,Miller M K,Wang X L,et al. Adv. Mater. ,2009,21(3):305-308.

[63] Martin I,Ohkubo T,Ohnuma M,et al. Acta Mater. ,2004,52(15):4427-4435.

[64] Wang W H. Prog. Mater. Sci. ,2007,52(4):540-596.

[65] Hofmann D C,Suh J Y,Wiest A,et al. Nature,2008,451(7182):1085-U1083.

[66] Zhang Z F,He G,Eckert J,et al. Phys. Rev. Lett. ,2003,91(4):045505.

[67] Wang G,Shen J,Sun J F,et al. J. Non-Cryst. Solids,2005,351(3):209-217.

[68] Park E S,Kim D H. Metals Mater. Int. ,2005,11(1):19-27.

[69] Schroers J. Adv. Mater. ,2010,22(14):1566-1597.

[70] Zhang Z F,Wu F F,He G,et al. J. Mater. Sci. Technol. ,2007,23(6):747-767.

[71] Miller M K,Schwarz R B,He Y. Bulk metallic glasses//Johnson W L,Inoue A,Liu C T. Mater. Res. Symp. Proc. 1999,554:9-14.

[72] Haley D,Petersen T,Barton G,et al. Philos. Mag. ,2009,89(11):925-943.

[73] Shariq A,Al-Kassab T,Kirchheim R,et al. Ultramicroscopy,2007,107(9):773-780.

[74] Müller E W,Tsong T T. Field Ion Microscopy,Principles and Applications. New York: Elsevier,1969.

[75] Tsong T T. Atom-Probe Field Ion Microscopy:Field Emission,Surfaces and Interfaces at Atomic Resolution. New York:Cambridge University Press,1990.

[76] Miller M K,Cerezo A,Hetherington M G,et al. Atom Probe Field Ion Microscopy. Oxford: Oxford Science Publications-Clarendon Press,1996.

[77] Miller M K,Smith G D W. Atom Probe Microanalysis:Principles and Applications to Materials Problems. Pittsburg,PA:Materials Research Society,1989.

[78] Ng Y S,Tsong T T. Surf. Sci. ,1978,78(2):419-438.

[79] Ng Y S,Tsong T T,McLane S B. Surf. Sci. ,1979,84(1):31-53.

[80] Eaton H C,Lee L. J. Appl. Phys. ,1982,53(2):988-994.

[81] Blavette D,Bostel A,Sarrau J M,et al. Nature,1993,363:432-435.

[82] Blavette D,Deconihout B,Bostel A,et al. Rev. Sci. Instrum. ,1993,64(10):2911-2919.

[83] Bas P,Bostel A,Deconihout B,et al. Appl. Surf. Sci. ,1995,87-88:298-304.

[84] Hyde J M,Cerezo A,Setna R P,et al. Applied Surface Science,1994,76-77:382-391.

[85] Warren P J,Cerezo A,Smith G D W. Ultramicroscopy,1998,73(1/2/3/4):261-266.

[86] Lukaszewski A,Szczepkowicz A. Vacuum,1999,54(1/2/3/4):67-71.

[87] Vurpillot F,Da Costa G,Menand A,et al. J. Microsc. ,2001,203:295-302.

[88] Vurpillot F,Renaud L,Blavette D. Ultramicroscopy,2003,95(1/2/3/4):223-229.

[89] Geiser B P,Kelly T F,Larson D J,et al. Microsc. Microanal. ,2007,13(6):437-447.

[90] Gault B,de Geuser F,Stephenson L T,et al. Microsc. Microanal. ,2008,14(4):296-305.

[91] Gault B,Moody M P,de Geuser F,et al. J. Appl. Phys. ,2009,105:034913.

[92] Marquis E A,Geiser B P,Prosa T J,et al. J. Microsc. ,2011,241(3):225-233.

[93] Larde R,Lechevallier L,Zarefy A,et al. J. Appl. Phys. ,2009,105(8):084307.

[94] Larde R,Talbot E,Pareige P,et al. J. Am. Chem. Soc. ,2011,133(5):1451-1458.

[95] Cadel E,Vurpillot F,Larde R,et al. J. Appl. Phys. ,2009,106(4):044908.

[96] Hoummada K,Mangelinck D,Gault B,et al. Scr. Mater. ,2011,64(5):378-381.

[97] Yeoh W K,Gault B,Cui X Y,et al. Phys. Rev. Lett. ,2011,106:247002.

[98] Warren P J,Cerezo A,Smith G D W. Microsc. Microanal. ,1998,5:89-90.

[99] Moody M P,Gault B,Stephenson L T,et al. Ultramicroscopy,2009,109:815-824.

[100] Gault B,Haley D,de Geuser F,et al. Ultramicroscopy,2011,111(6):448-457.

[101] Moody M P,Tang F,Gault B,et al. Ultramicroscopy,2011,111(6):493-499.

[102] Liddicoat P V,Liao X Z,Zhao Y H,et al. Nat. Commun. ,2010,1:63.

[103] Sha G,Yao L,Liao X,et al. Ultramicroscopy,2011,111(6):500-505.

[104] Gleiter H. Acta Mater. ,2000,48(1):1-29.

附录 A χ^2 分 布

附表 1　具有 ν 个自由度的 χ^2 分布的上临界值[1]

ν	超越临界值的概率				
	0.1	0.05	0.025	0.01	0.001
1	2.706	3.841	5.024	6.635	10.828
2	4.605	5.991	7.378	9.21	13.816
3	6.251	7.815	9.348	11.345	16.266
4	7.779	9.488	11.143	13.277	18.467
5	9.236	11.07	12.833	15.086	20.515
6	10.645	12.592	14.449	16.812	22.458
7	12.017	14.067	16.013	18.475	24.322
8	13.362	15.507	17.535	20.09	26.125
9	14.684	16.919	19.023	21.666	27.877
10	15.987	18.307	20.483	23.209	29.588
11	17.275	19.675	21.92	24.725	31.264
12	18.549	21.026	23.337	26.217	32.91
13	19.812	22.362	24.736	27.688	34.528
14	21.064	23.685	26.119	29.141	36.123
15	22.307	24.996	27.488	30.578	37.697
16	23.542	26.296	28.845	32	39.252
17	24.769	27.587	30.191	33.409	40.79
18	25.989	28.869	31.526	34.805	42.312
19	27.204	30.144	32.852	36.191	43.82
20	28.412	31.41	34.17	37.566	45.315
21	29.615	32.671	35.479	38.932	46.797
22	30.813	33.924	36.781	40.289	48.268
23	32.007	35.172	38.076	41.638	49.728
24	33.196	36.415	39.364	42.98	51.179
25	34.382	37.652	40.646	44.314	52.62

ν	超越临界值的概率				
	0.1	0.05	0.025	0.01	0.001
26	35.563	38.885	41.923	45.642	54.052
27	36.741	40.113	43.195	46.963	55.476
28	37.916	41.337	44.461	48.278	56.892
29	39.087	42.557	45.722	49.588	58.301
30	40.256	43.773	46.979	50.892	59.703
31	41.422	44.985	48.232	52.191	61.098
32	42.585	46.194	49.48	53.486	62.487
33	43.745	47.4	50.725	54.776	63.87
34	44.903	48.602	51.966	56.061	65.247
35	46.059	49.802	53.203	57.342	66.619
36	47.212	50.998	54.437	58.619	67.985
37	48.363	52.192	55.668	59.893	69.347
38	49.513	53.384	56.896	61.162	70.703
39	50.66	54.572	58.12	62.428	72.055
40	51.805	55.758	59.342	63.691	73.402
41	52.949	56.942	60.561	64.95	74.745
42	54.09	58.124	61.777	66.206	76.084
43	55.23	59.304	62.99	67.459	77.419
44	56.369	60.481	64.201	68.71	78.75
45	57.505	61.656	65.41	69.957	80.077
46	58.641	62.83	66.617	71.201	81.4
47	59.774	64.001	67.821	72.443	82.72
48	60.907	65.171	69.023	73.683	84.037
49	62.038	66.339	70.222	74.919	85.351
50	63.167	67.505	71.42	76.154	86.661
51	64.295	68.669	72.616	77.386	87.968
52	65.422	69.832	73.81	78.616	89.272
53	66.548	70.993	75.002	79.843	90.573
54	67.673	72.153	76.192	81.069	91.872
55	68.796	73.311	77.38	82.292	93.168
56	69.919	74.468	78.567	83.513	94.461

ν	超越临界值的概率				
	0.1	0.05	0.025	0.01	0.001
57	71.04	75.624	79.752	84.733	95.751
58	72.16	76.778	80.936	85.95	97.039
59	73.279	77.931	82.117	87.166	98.324
60	74.397	79.082	83.298	88.379	99.607
61	75.514	80.232	84.476	89.591	100.888
62	76.63	81.381	85.654	90.802	102.166
63	77.745	82.529	86.83	92.01	103.442
64	78.86	83.675	88.004	93.217	104.716
65	79.973	84.821	89.177	94.422	105.988
66	81.085	85.965	90.349	95.626	107.258
67	82.197	87.108	91.519	96.828	108.526
68	83.308	88.25	92.689	98.028	109.791
69	84.418	89.391	93.856	99.228	111.055
70	85.527	90.531	95.023	100.425	112.317
71	86.635	91.67	96.189	101.621	113.577
72	87.743	92.808	97.353	102.816	114.835
73	88.85	93.945	98.516	104.01	116.092
74	89.956	95.081	99.678	105.202	117.346
75	91.061	96.217	100.839	106.393	118.599
76	92.166	97.351	101.999	107.583	119.85
77	93.27	98.484	103.158	108.771	121.1
78	94.374	99.617	104.316	109.958	122.348
79	95.476	100.749	105.473	111.144	123.594
80	96.578	101.879	106.629	112.329	124.839
81	97.68	103.01	107.783	113.512	126.083
82	98.78	104.139	108.937	114.695	127.324
83	99.88	105.267	110.09	115.876	128.565
84	100.98	106.395	111.242	117.057	129.804
85	102.079	107.522	112.393	118.236	131.041
86	103.177	108.648	113.544	119.414	132.277
87	104.275	109.773	114.693	120.591	133.512

续表

ν	超越临界值的概率				
	0.1	0.05	0.025	0.01	0.001
88	105.372	110.898	115.841	121.767	134.746
89	106.469	112.022	116.989	122.942	135.978
90	107.565	113.145	118.136	124.116	137.208
91	108.661	114.268	119.282	125.289	138.438
92	109.756	115.39	120.427	126.462	139.666
93	110.85	116.511	121.571	127.633	140.893
94	111.944	117.632	122.715	128.803	142.119
95	113.038	118.752	123.858	129.973	143.344
96	114.131	119.871	125	131.141	144.567
97	115.223	120.99	126.141	132.309	145.789
98	116.315	122.108	127.282	133.476	147.01
99	117.407	123.225	128.422	134.642	148.23
100	118.498	124.342	129.561	135.807	149.449

附表 2　具有 ν 个自由度的 χ^2 分布的下临界值

ν	超越临界值的概率				
	0.9	0.95	0.975	0.99	0.999
1	0.016	0.004	0.001	0	0
2	0.211	0.103	0.051	0.02	0.002
3	0.584	0.352	0.216	0.115	0.024
4	1.064	0.711	0.484	0.297	0.091
5	1.61	1.145	0.831	0.554	0.21
6	2.204	1.635	1.237	0.872	0.381
7	2.833	2.167	1.69	1.239	0.598
8	3.49	2.733	2.18	1.646	0.857
9	4.168	3.325	2.7	2.088	1.152
10	4.865	3.94	3.247	2.558	1.479
11	5.578	4.575	3.816	3.053	1.834
12	6.304	5.226	4.404	3.571	2.214
13	7.042	5.892	5.009	4.107	2.617
14	7.79	6.571	5.629	4.66	3.041

续表

ν	超越临界值的概率				
	0.9	0.95	0.975	0.99	0.999
15	8.547	7.261	6.262	5.229	3.483
16	9.312	7.962	6.908	5.812	3.942
17	10.085	8.672	7.564	6.408	4.416
18	10.865	9.39	8.231	7.015	4.905
19	11.651	10.117	8.907	7.633	5.407
20	12.443	10.851	9.591	8.26	5.921
21	13.24	11.591	10.283	8.897	6.447
22	14.041	12.338	10.982	9.542	6.983
23	14.848	13.091	11.689	10.196	7.529
24	15.659	13.848	12.401	10.856	8.085
25	16.473	14.611	13.12	11.524	8.649
26	17.292	15.379	13.844	12.198	9.222
27	18.114	16.151	14.573	12.879	9.803
28	18.939	16.928	15.308	13.565	10.391
29	19.768	17.708	16.047	14.256	10.986
30	20.599	18.493	16.791	14.953	11.588
31	21.434	19.281	17.539	15.655	12.196
32	22.271	20.072	18.291	16.362	12.811
33	23.11	20.867	19.047	17.074	13.431
34	23.952	21.664	19.806	17.789	14.057
35	24.797	22.465	20.569	18.509	14.688
36	25.643	23.269	21.336	19.233	15.324
37	26.492	24.075	22.106	19.96	15.965
38	27.343	24.884	22.878	20.691	16.611
39	28.196	25.695	23.654	21.426	17.262
40	29.051	26.509	24.433	22.164	17.916
41	29.907	27.326	25.215	22.906	18.575
42	30.765	28.144	25.999	23.65	19.239
43	31.625	28.965	26.785	24.398	19.906
44	32.487	29.787	27.575	25.148	20.576
45	33.35	30.612	28.366	25.901	21.251

ν	超越临界值的概率				
	0.9	0.95	0.975	0.99	0.999
46	34.215	31.439	29.16	26.657	21.929
47	35.081	32.268	29.956	27.416	22.61
48	35.949	33.098	30.755	28.177	23.295
49	36.818	33.93	31.555	28.941	23.983
50	37.689	34.764	32.357	29.707	24.674
51	38.56	35.6	33.162	30.475	25.368
52	39.433	36.437	33.968	31.246	26.065
53	40.308	37.276	34.776	32.018	26.765
54	41.183	38.116	35.586	32.793	27.468
55	42.06	38.958	36.398	33.57	28.173
56	42.937	39.801	37.212	34.35	28.881
57	43.816	40.646	38.027	35.131	29.592
58	44.696	41.492	38.844	35.913	30.305
59	45.577	42.339	39.662	36.698	31.02
60	46.459	43.188	40.482	37.485	31.738
61	47.342	44.038	41.303	38.273	32.459
62	48.226	44.889	42.126	39.063	33.181
63	49.111	45.741	42.95	39.855	33.906
64	49.996	46.595	43.776	40.649	34.633
65	50.883	47.45	44.603	41.444	35.362
66	51.77	48.305	45.431	42.24	36.093
67	52.659	49.162	46.261	43.038	36.826
68	53.548	50.02	47.092	43.838	37.561
69	54.438	50.879	47.924	44.639	38.298
70	55.329	51.739	48.758	45.442	39.036
71	56.221	52.6	49.592	46.246	39.777
72	57.113	53.462	50.428	47.051	40.519
73	58.006	54.325	51.265	47.858	41.264
74	58.9	55.189	52.103	48.666	42.01
75	59.795	56.054	52.942	49.475	42.757
76	60.69	56.92	53.782	50.286	43.507

续表

ν	超越临界值的概率				
	0.9	0.95	0.975	0.99	0.999
77	61.586	57.786	54.623	51.097	44.258
78	62.483	58.654	55.466	51.91	45.01
79	63.38	59.522	56.309	52.725	45.764
80	64.278	60.391	57.153	53.54	46.52
81	65.176	61.261	57.998	54.357	47.277
82	66.076	62.132	58.845	55.174	48.036
83	66.976	63.004	59.692	55.993	48.796
84	67.876	63.876	60.54	56.813	49.557
85	68.777	64.749	61.389	57.634	50.32
86	69.679	65.623	62.239	58.456	51.085
87	70.581	66.498	63.089	59.279	51.85
88	71.484	67.373	63.941	60.103	52.617
89	72.387	68.249	64.793	60.928	53.386
90	73.291	69.126	65.647	61.754	54.155
91	74.196	70.003	66.501	62.581	54.926
92	75.1	70.882	67.356	63.409	55.698
93	76.006	71.76	68.211	64.238	56.472
94	76.912	72.64	69.068	65.068	57.246
95	77.818	73.52	69.925	65.898	58.022
96	78.725	74.401	70.783	66.73	58.799
97	79.633	75.282	71.642	67.562	59.577
98	80.541	76.164	72.501	68.396	60.356
99	81.449	77.046	73.361	69.23	61.137
100	82.358	77.929	74.222	70.065	61.918

参 考 文 献

[1] NIST/SEMATECH e-Handbook of Statistical Methods,http://www.itl.nist.gov/div898/handbook/,22/06/11.

附录 B 抛光液和条件

抛光条件引自文献[1]～[3]另作说明的除外。

附表 3 抛光液和条件

材料	抛光液	条件
Al	1%～10%的高氯酸甲醇溶液	5～10V AC,−10℃
Al 基合金	第一步:25%高氯酸+75%冰醋酸 第二步:2%高氯酸乙二醇单丁醚溶液	第一步:10～25V DC 第二步:10～25V DC
Al-Cu	80%HNO_3水溶液	3V DC,0℃
Al-Li	30%HNO_3甲醇溶液	5～7V DC,−30℃
Al-Mg-Sc[4]	第一步:30%HNO_3甲醇溶液 第二步:2%高氯酸丁氧基乙醇溶液	
Al-Sc-Zr[5] Al-Sc[5]	第一步:10%高氯酸醋酸溶液 第二步:2%高氯酸丁氧基乙醇溶液	第一步:～10V DC 第二步:3～8V DC
Al-Zn-Mg	30%HNO_3甲醇溶液	5～7V DC,−30℃
B	KOH 或 $NaNO_3$	10～20V AC,熔盐
C/石墨	1.25mol/L 的 NaOH 水溶液或在火焰中灼烧	4.5V DC
Co 基合金	第一步:25%铬酸水溶液 第二步:10%盐酸	第一步:6V AC 第二步:3.2V AC,不锈钢反电极
Cu	第一步:70%磷酸水溶液 第二步:100%磷酸	第一步:1～5V AC 或 16V DC,铜反电极 第二步:8～15V DC
Cu-Co Cu-Be Cu-Ti	100g $Na_2CrO_4 \cdot 4H_2O$+900ml 醋酸	8～15V DC
Cu-Fe	10%磷酸水溶液	4～10V DC,0℃
Cu-Ni-Fe	第一步:70%磷酸水溶液 第二步:10g $Na_2CrO_4 \cdot 4H_2O$+100ml 醋酸	第一步:4～7V DC 第二步:8～11V DC
GaAs	44%H_2SO_4+28%H_2O_2(单位体积的质量百分比为 30%)+28%H_2O	化学抛光,60℃

续表

材料	抛光液	条件
(GaIn)As	3%溴+97%甲醇	化学抛光
GaP	25%硝酸+75%盐酸	化学抛光,60℃
Ge	30%~50%HF,余为 HNO_3	AC
Au	20%(质量分数)KCN 水溶液	4~5V DC
Ir	30%铬酸水溶液	2~10V AC
Fe 基合金/钢	第一步:10%~25%高氯酸(70%),余为冰醋酸 第二步:2%高氯酸乙二醇单丁醚溶液	第一步:10~25V DC 第二步:10~25V DC
Mn 合金	第一步:25%高氯酸(70%),余为冰醋酸 第二步:2%高氯酸乙二醇单丁醚溶液	第一步:10~25V DC 第二步:10~25V DC
Mo	5mol/L 的 NaOH 水溶液或 12%硫酸水溶液	6V AC 6V DC
Mo-Si[6]	12%硫酸甲醇溶液	7V DC
Mo-Si-Zr[6]	12%硫酸甲醇溶液	7V DC
MgO/Cu[7]	10%$Na_2Cr_2O_7$溶于冰醋酸	2~20V DC
Nb	10%HF 溶于 HNO_3	1~3V DC
Nb_3Sn	10%HF 溶于 HNO_3	化学抛光
Nb 超导 RF 空穴材料[8]	10%HF(原始浓度 49%)+90%HNO_3(原始浓度 68%)	10~40V DC
Nb-Ta[9]	10%HF 溶于 HNO_3	2V DC
Ni 基高温合金 CMSX-4[10]	第一步:15%高氯酸醋酸溶液 第二步:2%高氯酸丁氧基乙醇溶液	第一步:16~20V DC 第二步:10V DC
Pt Pt-Rh Pt_3Co	80%$NaNO_3$+20%NaCl	3~5V DC,熔盐
Pt-Rh-Ir[11] Pt-Rh-Ru[11]	80%$NaNO_3$+20%NaCl	熔盐
Re	50%HPO_3溶于 H_2O_2(单位体积质量百分比为 30%)	3~9V DC
Ru	25%的 KCl 或 KOH 水溶液	1.5~30V AC
Si	30%~50%HF,余为 HNO_3	化学抛光
Ta	45%HF(48%),22%硫酸,22%磷酸,余为醋酸	15V DC,Pt 反电极

续表

材料	抛光液	条件
Ti	6%高氯酸,34%正丁醇,余为甲醇	50~60V DC,−50℃,循环电解液
TiC	5%硫酸甲醇溶液	电解抛光,−30℃
W	5%NaOH 水溶液	1~5V AC
钴中的碳化钨	8%硫酸甲醇溶液	12V DC,−16℃
V	15%硫酸甲醇溶液	6.5V DC
$YB_2Cu_3O_{7-x}$ 及相关氧化物	10%高氯酸乙二醇单丁醚溶液	10~20V DC,0℃
U 和 Zr 基合金	第一步:25%高氯酸(70%)+75%冰醋酸 第二步:2%高氯酸乙二醇单丁醚溶液	第一步:10~25V DC 第二步:10~25V DC
Zr 基合金(Zircaloy 系列)[12]	5%高氯酸,35%正丁醇,余为甲醇	7~12V DC

注:除非另有说明,电解抛光是在室温下进行的。列出的所有电解混合溶液以体积百分比表示。这些电解液和条件仅用作指南。不同的实验室采用的详细条件可能有变化,且也会随着合金成分变化。由于某些电解混合溶液的有毒、易燃、腐蚀性和易爆的本性,在这些化学品的使用前和使用中应采取适当的安全保护措施。

参 考 文 献

[1] Miller M K,Cerezo A,Hetherington M G,et al. Atom Probe Field Ion microscopy. Oxford: Oxford University Press,1996.

[2] Miller M K. Atom Probe Tomography:Analysis at the Atomic Level. New York:Kluwer Academic/Plenum,2000.

[3] Miller M K,Smith G D W. Atom Probe Microanalysis:Principles and Applications to Materials Problems. Pittsburg,PA:Materials Research Society,1989.

[4] Marquis E A,Seidman D N. Acta Mater. ,2005,53(15):4259-4268.

[5] Knipling K E,Karnesky R A,Lee C P,et al. Acta Mater. ,2010,58(15):5184-5195.

[6] Mousa M,Wanderka N,Timpel M,et al. Ultramicroscopy,2011,111(6):706-710.

[7] Sebastian J T,Rüsing J,Hellman O C,et al. Ultramicroscopy,2001,89(1/2/3):203-213.

[8] Sebastian J T,Seidman D N,Yoon K E,et al. Phys. C:Superconductivity,2006,441(1/2):70-74.

[9] Harzl M,Leisch M. Appl. Surf. Sci. ,1999,144/145:41-44.

[10] Wanderka N,Glatzel U. Mater. Sci. Eng. A,1995,203(1/2):69-74.

[11] Bagot P A J,Cerezo A,Smith G D W. Surf. Sci. ,2008,602(7):1381-1391.

[12] Andren H O,Mattsson L. Rolander U. J. Phys. ,1986,47(C-2):191-196.

附录 C APT 使用的文件格式

附表 4 APT 文件的格式信息

文件后缀	描述	格式（起源）
.pos	三维位置和质荷比的列表	二进制浮点，大端字节序，32 位，交叉存取
.epos	基于 ATO 文件的 POS 文件的扩展	二进制浮点和无符号整数，大端字节序，32 位，交叉存取（Imago/Cameca）
.rng	m/n 范围的列表	ASCII，字节（ORNL）
.rrng	m/n 范围的列表	ASCII，字节（Imago/Cameca）
.ato	原始和重构的数据	二进制，小端字节序，32 位，交叉存取（GPM Rouen/Cameca）
.env	m/n 范围的列表及重构参数	ASCII，字节（GPM Rouen/Cameca）
.dat/.posap	实验条件和每个脉冲的原始数据	ASCII，字节（ONS/Imago/Cameca）
.rraw	实验条件和每个脉冲的原始数据	二进制 CERN 根文件（Imago/Cameca）
.rhit	从 RRAW 导出的文件，实验条件和每个脉冲的原始数据	二进制 CERN 根文件（Imago/Cameca）
.root	来自 RHIT，校正和重构参数	二进制 CERN 根文件（Imago/Cameca）

1) POS

一个 POS 文件含有针对每个离子的 4 列有效数据：三维位置信息和质荷比。它是原子探针社区广泛使用的数据交换格式，就文件大小来说是原子探针数据集的最紧凑的表示方式，并允许快速简单地随机访问（例如，找到第 100 个离子涉及在有序文件中找出第 16×99 字节）。

附表 5 POS 文件 4 列数据的描述

列	描述
x	沿 x 轴的重构位置（nm）
y	沿 y 轴的重构位置（nm）
z	沿 z 轴的重构位置（nm）
m/n	重构的质荷比（amu）

每个数据单元以大端字节序形式表示,即 32 位(即 4 字节)浮点数据格式,因此离子数 N 按下式计算:

$$N＝以字节表示的文件大小/16 字节$$

在小端字节序机器上读取 POS 文件(如使用 Intel 处理器的机器)需要反向交换字节,因而初始字节次序是最终字节顺序的反转形式:

$$ABCD{\rightarrow}DCBA$$

记录是交叉存取的,因而文件中的信息次序为 $x_1 y_1 z_1 m_1, x_2 y_2 z_2 m_2, \cdots, x_N y_N z_N m_N$。

在每个浮点数之间没有任何空格、制表符、换行或任何其他符号。

可用数据分析程序如 Igor 或 MATLAB 打开文件,手工检查 POS 文件的内容。

2) EPOS

一个 EPOS 文件含有针对每个离子的 7 列有效数据,描述了某些实验条件和收集的原始数据。基于可从 ATO 文件(见后面)得到的信息。

附表 6　EPOS 文件 7 列数据的描述

列	描述(单位)
x	沿 x 轴的重构位置(nm)
y	沿 y 轴的重构位置(nm)
z	沿 z 轴的重构位置(nm)
m/n	重构的质荷比(Da)
TOF	原始飞行时间(ns)
V_{DC}	固定电压(V)
V_P	脉冲电压(V),对于激光模式,此值为零
X_{DET}	离子撞击探测器的 x 坐标(mm)
Y_{DET}	离子撞击探测器的 y 坐标(mm)
ΔP	截至最后一次检测到的离子时的脉冲数目(脉冲数)
N_M	多次撞击(离子数),对于多次撞击的记录,在第一次记录之后,此值为零

此文件含有 32 位大端字节序二进制数值。前九个数值为浮点格式,而后两个甚至为无符号整数格式。文件中的离子数 N 按下式计算:

$$N＝以字节表示的文件大小/44 字节$$

与 POS 文件格式一样,在小端字节序机器上读取 EPOS 文件需要反转字节,记录为交叉存取格式,在每个 32 位二进制数之间无其他符号。可用程序如 Igor 或 MATLAB 打开文件,手工检查 EPOS 文件的内容。

3）RNG

RNG 文件格式起源于美国橡树岭国家实验室,文件中含有识别位于三维空间的每个离子所需的所有信息。文件是 ASCII 单字节文本格式,因而是人工可读的。

附表 7　RNG 文件的格式示例

File									Description
8 9									N_species N_ranges
Solvent									NameA
A 0.0 0　1.00　0.00									SymbolA reaA greenA blueA
Solute									
B 1.00　0.00　0.00									
Solute									
C 1.00　0.00　0.00									
Solute									
D 1.00　0.00　0.00									
Solute									
E 1.00　0.00　0.00									
Solute									
F 1.00　0.00　0.00									
Solute									
G 1.00　0.00　0.00									
Solute									NameH
H 1.00　0.00　0.00									SymbolH redH greenH blueH
----------	A	B	C	D	E	F	G	H	comment
· 0.9　1.1	1	0	0	0	0	0	0	0	Symbol1 Start1 Endl MultVector1
· 1.9　2.1	1	0	0	0	0	0	0	0	
· 2.9　3.1	0	1	0	0	0	0	0	0	
· 3.9　4.1	0	0	1	0	0	0	0	0	
· 4.9　5.1	0	0	0	1	0	0	0	0	
· 5.9　6.1	0	0	0	0	1	0	0	0	
· 6.9　7.1	0	0	0	0	0	1	0	0	
· 7.9　8.1	0	0	0	0	0	0	1	0	
· 8.9　9.1	0	0	0	0	0	0	1	2	Symbo19 Start9 End9 MultVector9

此文件格式包括如下一些特征:

（1）能够详述使用原子探针数据可视化程序时的离子颜色;

（2）能够详述具体离子的范围值;

（3）当离子由多种原子组成时,能够详述每种离子的组成。

使用 RNG 文件的计算机程序必须将信息从文本格式转换成二进制格式以确定每个范围的最小和最大宽度,因而根据其质荷比的数值可确定每个离子的身份。

4) RRNG

RRNG 文件格式起源于 Imago 公司,现已为 Cameca 公司的一部分。与 RNG
文件格式一样,包含识别在三维空间重构的每个离子的必要信息,文件是 ASCII
单字节文本格式,因而必须转换成机器可读的格式。

附表 8　RRNG 文件的格式信息

♯ RRNG Greated: Jun 10,2011 2:33:27 PM	comment
[Ions]	start Ions section
Number=2	N_species
Ion1=Fe	
Ion2=Si	
[Ranges]	start Ranges section
Number=2	N_ranges
Range1=27.3　28.6　Vol:0.01 Name:Fe Fe:1	Start Eed Vol Name Mult
Range2=13.9　14.1　Vol:0.02 Name:Si Si:1	

此文件格式包括如下一些特征:

(1) 能够详述具体离子的范围值;

(2) 能够详述离子的体积。

5) ATO

ATO 文件格式起源于鲁昂大学和 Cameca 公司。它包含两个整数的头文件
和随后的每个离子 14 列的 32 位小端字节序格式的浮点数。

文件中的离子数 N 按下式计算:

$$N=(\text{以字节表示的文件大小}-8\text{字节})/44\text{字节每离子}$$

在大端字节序机器上读取 ATO 文件需要字节翻转,记录为交叉存取格式,在
每个 32 位二进制数之间无其他符号。可用程序如 Igor 或 MATLAB 打开文件,
手工检查 ATO 文件的内容。

附表 9　ATO 文件中的数据描述

列	描述(单位)
x	沿 x 轴的重构位置(Å)
y	沿 y 轴的重构位置(Å)
z	沿 z 轴的重构位置(Å)
m/n	重构的质荷比(Da)
Cluster ID	完成团簇识别后,此列赋予一个与单个团簇有关的独有的识别数
NbPulse	原子探针实验开始后的脉冲数
V_{DC}	固定电压(V)

列	描述(单位)
TOF	原始飞行时间(ns)
X_{DET}	离子撞击探测器的 x 坐标(mm)
Y_{DET}	离子撞击探测器的 y 坐标(mm)
Amplitude	MCP 上检测到的信号振幅(mA)
$V_{virtual}$	用于锥度角重构的虚拟电压
Fourier R	傅里叶矢量
Fourier I	傅里叶强度

ATO 文件不含有 (x,y,z) 信息,除非重构许可对文件做出修正以包含这些信息。2009 年之前生成的 ATO 文件格式和之后生成的也存在差别。

6) ENV

ENV 文件格式起源于鲁昂大学和 Cameca 公司。同时包含重构和识别在三维空间重构的每个离子的必要信息,文件是 ASCII 单字节文本格式,因而必须转换成机器可读的格式。

附表 10　ENV 文件的格式示例

```
# Copyright    (C)      GPM de Rouen
# Rev 0.0 : Environment file for 3D Atom Probe
# Alloy definition
# Number of elements and number of mass ranges
2       4
# List of the elements with the colors
AL      0.0         0.0          1.0
Cu      1.0         0.0          0.0

# List of the mass ranges with the atomic volumes and the increment for concentration
AL      8.750       9.360        16.387       1.000
AL      13.230      13.800       16.387       1.000
AL      26.500      29.500       16.387       1.000
Cu      62.200      68.400       16.387       1.000
# Specific Parameters for the instrument & detector
# Flight length
0.123
# Pulse fraction
0.123
# Coupling factor
```

```
80.123
# Time added to the tof for mass calculation
-530.123
# Cste used for time deconvolution
-6.123
# Space definition
# Coefficient for Ebeta
21.123
# Position of the projection point
1.23
# Surface of the detector
0.123
# Detection efficiency
0.123
# Angle used for the rotation of the tip
0.123
# Angle used for the tilt of the tip
0.123
```

此文件格式包括如下一些特征：

（1）能够详述使用原子探针数据可视化程序时的离子颜色；

（2）能够详述具体离子的范围值；

（3）能够重叠范围并详述重叠范围的成分；

（4）能够以人工可读的形式查看重构参数。

7）PoSAP

PoSAP 文件是 ASCII 单字节文本格式，是由先前的牛津纳米科学的位置敏感原子探针（PoSAP）生成的，包含实验条件和原始数据。虽然需要关于每栏数据含义的预备知识，但此文件是人工可读的。PoSAP 程序能够读取这些文件。

8）Cameca 根文件：RRA，RHIT，ROOT

Cameca 根具有另外的分支，其中包含 APT 专用的 C++类型并为 64 位系统编译的文件。因此，任何 Cameca 根程序生成的二进制文件可能不被原始 CERN 根程序完全读取（http://root.cern.ch）。此外，不同版本的文件可能不交叉兼容（例如：老文件对于新 Cameca 根程序，或新文件对于老 Cameca 根程序）。这包括 RRA、RHIT 和 ROOT 文件。

CERN 根文件的派生物可用 CERN 根来查看，即通过在 CERN 根的会话界面下使用下述命令：

```
TFile * r=new TFile("filename.root");
```

TBrowser b;

　　RRAW 文件含有全部的实验条件和贯穿整个原子探针实验的每个脉冲所抓取的原始数据,是由 LEAP® 型仪器生成的。此文件格式由属于 CERN 根程序变体的 Cameca 根程序读取。此文件对原子探针用户经常是隐藏的,相反地,产生一个派生文件组 RHIT 和 ROOT。

　　RHIT 文件含有实验条件和撞击探测器的每个离子的原始数据信息。此文件是根据 RRAW 文件计算出来的,其尺寸可大至几百兆比特。需要 Cameca 根程序才能读取 RHIT 文件中包含的所有信息;否则,CERN 根程序只能读取文件中的非 Cameca 对象。

　　ROOT 文件含有应用于单个 RHIT 文件的校正和重构的参数。在基于 ROOT 的文件中,校正和重构的信息与离子撞击的信息是分隔开的。需要 Cameca 根程序才能读取 RHIT 文件中包含的所有信息;否则,CERN 根程序只能读取文件中的非 Cameca 对象。

附录 D　Hump 模型预测的图像

附表 11　Hump 模型预测的部分元素的电离参数

元素	Λ	I_1	I_2/eV	I_3	Φ	F_1	$F_2/(\text{V}\cdot\text{nm}^{-1})$	F_3	F_{obs}
Li	1.650	5.392	76.368	122.451	2.50	<u>14</u>	520	1000	
Be	3.330	9.322	18.211	153.893	3.90	53	<u>46</u>	770	34
B	5.920	8.300	25.150	37.900	4.60	<u>64</u>	79	103	
C	7.400	11.260	24.380	47.890	4.34	142	<u>103</u>	155	
Na	1.130	5.139	47.286	71.640	2.30	<u>11</u>	210	360	
Mg	1.530	7.646	15.035	80.143	3.70	<u>21</u>	25	220	
Al	3.340	5.986	18.828	28.447	4.10	<u>19</u>	35	50	
Si	4.670	8.150	16.340	33.490	4.80	45	<u>33</u>	60	
K	0.941	4.340	31.630	45.720	2.20	<u>7</u>	87	150	
Ca	1.825	6.113	11.871	50.910	2.70	19	<u>18</u>	100	
Ti	4.855	6.820	13.580	27.490	4.00	41	<u>26</u>	43	
V	5.300	6.740	14.650	29.310	4.10	44	30	49	
Cr	4.100	6.766	16.500	30.960	4.60	27	29	51	
Mn	2.980	7.435	15.640	33.670	3.80	<u>30</u>	<u>30</u>	60	
Fe	4.290	7.900	16.160	30.650	4.40	42	<u>33</u>	54	35
Co	4.387	7.860	17.060	33.500	4.40	43	37	63	36
Ni	4.435	7.635	18.168	35.170	5.00	<u>35</u>	36	65	35
Cu	3.500	7.726	20.292	36.830	4.60	<u>30</u>	43	77	30
Zn	1.350	9.394	17.964	39.720	3.80	<u>33</u>	39	84	
Ga	2.780	5.999	20.510	30.710	4.10	<u>15</u>	39	56	
Ge	3.980	7.880	15.930	34.220	4.80	35	<u>29</u>	58	
As	3.000	9.810	18.633	28.351	4.70	46	<u>42</u>	54	
Rb	0.858	4.177	27.280	40.000	2.10	<u>6</u>	69	110	
Y	4.400	6.380	12.240	20.500	3.10	40	<u>24</u>		
Zr	6.316	6.840	13.130	22.990	4.20	56	<u>28</u>	35	
Nb	7.470	6.880	14.320	25.040	4.00	74	<u>37</u>	45	35
Mo	6.810	7.100	16.150	27.160	4.20	65	<u>41</u>	51	46

续表

元素	Λ	I_1	I_2/eV	I_3	Φ	F_1	F_2/(V·nm^{-1})	F_3	F_{obs}
Ru	6.615	7.370	16.760	28.470	4.50	62	<u>41</u>	54	
Rh	5.752	7.460	18.080	31.060	4.80	49	<u>41</u>	59	46
Pd	3.936	8.340	19.430	32.920	5.00	<u>37</u>	41	63	
Ag	2.960	7.576	21.490	34.830	4.60	<u>24</u>	45	72	
Cd	1.160	8.993	16.908	37.480	4.10	<u>25</u>	31	70	
In	2.600	5.786	18.869	28.030	4.10	<u>12</u>	31	46	
Sn	3.120	7.344	14.632	30.502	4.40	26	<u>23</u>	46	
Sb	2.700	8.641	16.530	25.300	4.60	32	<u>30</u>	40	
Cs	0.827	3.894	25.100	35.000	2.10	<u>5</u>	55	85	
Ba	1.860	5.212	10.004		2.50	15	<u>13</u>		
La	4.491	5.577	11.060	19.175	3.30	32	<u>18</u>	24	
Hf	6.350	7.000	14.900	23.300	3.50	67	<u>39</u>	43	
Ta	8.089	7.890	16.000	22.000	4.20	96	48	<u>44</u>	
W	8.660	7.980	18.000	24.000	4.50	102	57	<u>52</u>	57
Re	8.100	7.880	17.000	26.000	5.10	82	<u>45</u>	49	48
Os	7.000	8.700	17.000	25.000	4.60	86	<u>48</u>	5	
Ir	6.930	9.100	17.000	27.000	5.30	80	<u>44</u>	50	53
Pt	5.852	9.000	18.560	28.000	5.30	63	<u>45</u>	53	48
Au	3.780	9.225	20.500	30.000	4.30	<u>53</u>	54	66	35
Hg	0.694	10.437	18.756	34.200	4.50	31	38	66	
Tl	1.870	6.108	20.428	29.830	3.70	13	38	57	
Pb	2.040	7.416	15.032	31.937	4.10	20	23	52	
Bi	2.150	7.289	16.690	25.560	4.30	18	27	39	
U	4.000	6.000			3.30	31			

注:Λ 为升华能;I_1,I_2 和 I_3 为第一、第二、第三电离势;Φ 为功函数;F_1,F_2 和 F_3 为计算出的 +1,+2 和 +3 价离子的蒸发场,带有下划线的为预期状态;F_{obs} 为实验值。

附录 E APT 所需的晶体学基础

1. 布拉菲点阵

附表 12　7 种布拉菲点阵的特征

晶体	单胞长度和轴夹角	描述
立方(cubic)	$a=b=c$ $\alpha=\beta=\gamma=90°$	各轴长度相等,互成直角
六方(hexagonal)	$a=b\neq c$ $\alpha=\beta=90°,\gamma=120°$	基面内两轴成 120°角,第三周与前两轴垂直
三角或菱方(trigonal or rhombohedral)	$a=b=c$ $\alpha=\beta=\gamma\neq90°$	三轴相等,夹角相等(但不是直角)
四方(tetragonal)	$a=b\neq c$ $\alpha=\beta=\gamma=90°$	两轴相等但不等于第三轴,互成直角
正交(orthorhombic)	$a\neq b\neq c$ $\alpha=\beta=\gamma=90°$	三轴互不相等,互成直角
单斜(monoclinic)	$a\neq b\neq c$ $\alpha=\gamma=90°\neq\beta$	三轴互不相等,仅一对不正交
三斜(triclinic)	$a\neq b\neq c$ $\alpha\neq\beta\neq\gamma\neq90°$	三轴互不相等,夹角互不相等,且无一等于 90°

2. 符号

使用方括号表示一个具体的方向,如[100],而尖括号表示一族方向,例如⟨100⟩不加区别地代表[100]、[010]和[001]方向。

用圆括号来表示晶体中的一个或一套平面,如(100)。用卷括号来表示一族平面,如{100}对应着(100)、(100)和(100)三套平面。

值得注意的是,在立方晶体中[hkl]晶向垂直于(hkl)晶面,且⟨hkl⟩晶向族垂直于{hkl}晶面族。

此规则不适用于非立方体系。在 FIM 或 APT 中,是指实际观察到的平面。

3. bcc、fcc 和 hcp 晶体的结构因子(F)规则

场解吸图像中观察到的极直接对应着晶格中不同的平面组。所以每个极正常地指标化为一套平面而不是一个方向。然而,需要注意的是在衍射实验中某些平面出现系统消光,所以它们的面间距在晶体学工作中不予考虑。因此,在指标化场解吸图像时这些极也不予考虑。

结构因子是暗示应该怎样将极指标化的准则。非零结构因子暗示了在场解吸图像中可指标化的平面。下面给出了常见晶体的结构因子规则。

(1) 体心立方(bcc):$h+k+l$ 为偶数时,$F\neq 0$;$h+k+l$ 为奇数时,$F=0$。

(2) 面心立方(fcc):h,k,l 全为奇数或偶数时,$F\neq 0$;h,k,l 为奇偶数混合时,$F=0$。

(3) 密排六方(hcp):$h+2k=3m$ 且 l 为奇数时,$|F|^2=0$;$h+2k=3m$ 且 l 为偶数时,$|F|^2\neq 0$;$h+2k=3m\pm 1$ 且 l 为奇数时,$|F|^2\neq 0$;$h+2k=3m\pm 1$ 且 l 为偶数时,$|F|^2\neq 0$。

为辅助指标化,下表列出了常见晶体结构中可用于指标化场解吸图像中观察到的极的 Miller 指数(dc=金刚石立方)。

附表 13　常见晶体结构中极的晶体取向(hkl)

fcc	bcc	dc	hcp
111	011	111	100
002	002	220	002
022	112	311	101
113	013	400	102
133	222	331	110
024	123	422	103
224	114/033	511	112
135	024	531	201

4. 面间距(d_{hkl})

具有单胞长度 a,b,c 和夹角 α,β,γ 的晶体的晶面(hkl)间距可按照下表中的公式根据其晶格常数计算出来。

附表 14　　7 种晶体结构的面间距计算公式

晶体	$1/d^2$
立方	$\dfrac{h^2+k^2+l^2}{a^2}$
四方	$\dfrac{h^2+k^2}{a^2}+\dfrac{l^2}{c^2}$
六方	$\dfrac{4}{3}\dfrac{h^2+hk+k^2}{a^2}+\dfrac{l^2}{c^2}$
三角	$\dfrac{(h^2+k^2+l^2)\sin^2\alpha+2(hk+kl+hl)(\cos^2\alpha-\cos\alpha)}{a^2(1-3\cos^2\alpha+2\cos^3\alpha)}$
正交	$\dfrac{h^2}{a^2}+\dfrac{k^2}{b^2}+\dfrac{l^2}{c^2}$
单斜	$\dfrac{1}{\sin^2\beta}\left(\dfrac{h^2}{a^2}+\dfrac{k^2\sin^2\beta}{b^2}+\dfrac{l^2}{c^2}-\dfrac{2hl\cos\beta}{ac}\right)$
三斜	$\dfrac{S_{11}h^2+S_{22}k^2+S_{33}l^2+S_{12}hk+S_{21}kl+S_{13}hl}{V^2}$ $V=abc(1-\cos^2\alpha-\cos^2\beta-\cos^2\gamma+2\cos\alpha\cos\beta\cos\gamma)^{1/2}$ $S_{11}=b^2c^2\sin^2\alpha$ $S_{22}=a^2c^2\sin^2\beta$ $S_{11}=a^2b^2\sin^2\gamma$ $S_{12}=abc^2(\cos\alpha\cos\beta-\cos\gamma)$ $S_{23}=a^2bc(\cos\beta\cos\gamma-\cos\alpha)$ $S_{13}=ab^2c(\cos\alpha\cos\gamma-\cos\beta)$

下表提供了不同晶体结构(fcc、bcc、dc、hcp)常见单质物相的面间距。

附表 15　　常见物质的重要晶面的面间距

fcc(hkl)	Ni	γFe	Cu	Al	Au	Ag
a/nm	0.352	0.359	0.362	0.405	0.408	0.409
(111)	0.203	0.207	0.209	0.234	0.235	0.236
(002)	0.176	0.179	0.181	0.202	0.204	0.204
(022)	0.125	0.127	0.128	0.143	0.144	0.144
(113)	0.106	0.108	0.109	0.122	0.123	0.123
(133)	0.081	0.082	0.083	0.093	0.094	0.094
(024)	0.079	0.080	0.081	0.091	0.091	0.091
(224)	0.072	0.073	0.074	0.083	0.083	0.083
(135)	0.060	0.061	0.061	0.068	0.069	0.069

续表

bcc(hkl)	αFe	Cr	Mo	W	Nb	V
a/nm	0.287	0.289	0.315	0.317	0.330	0.304
(011)	0.203	0.204	0.222	0.224	0.233	0.215
(002)	0.143	0.144	0.157	0.158	0.165	0.152
(112)	0.117	0.118	0.128	0.129	0.135	0.124
(013)	0.091	0.091	0.099	0.100	0.104	0.096
(222)	0.083	0.083	0.091	0.091	0.095	0.088
(123)	0.077	0.077	0.084	0.085	0.088	0.081
(114)	0.068	0.068	0.074	0.075	0.078	0.072
(024)	0.064	0.065	0.070	0.071	0.074	0.068

dc(hkl)	C	Ge	Si	Sn
a/nm	0.357	0.565	0.543	0.649
(111)	0.206	0.326	0.314	0.375
(220)	0.126	0.200	0.192	0.229
(311)	0.108	0.170	0.164	0.196
(400)	0.089	0.141	0.136	0.162
(331)	0.082	0.130	0.125	0.149
(422)	0.073	0.115	0.111	0.132
(511)	0.069	0.109	0.105	0.125
(531)	0.060	0.095	0.092	0.110

hcp(hkl)	Co	Zn	Re	Ti	Mg	Zr
a/nm	0.251	0.266	0.276	0.295	0.321	0.323
c/nm	0.407	0.405	0.446	0.468	0.521	0.515
(100)	0.217	0.231	0.239	0.255	0.278	0.280
(002)	0.203	0.202	0.223	0.234	0.261	0.257
(101)	0.192	0.200	0.211	0.224	0.245	0.246
(102)	0.148	0.152	0.163	0.173	0.190	0.189
(110)	0.125	0.133	0.138	0.148	0.160	0.162
(103)	0.115	0.116	0.126	0.133	0.147	0.146
(112)	0.107	0.111	0.117	0.125	0.137	0.137
(201)	0.105	0.111	0.115	0.123	0.134	0.135

5. 晶面夹角(ϕ)

不同布拉菲点阵中面间距为 d_1 的晶面($h_1 k_1 l_1$)和面间距为 d_2 的晶面($h_2 k_2 l_2$)的夹角可按照下表中的公式根据其晶格参数计算出来。单胞体积为 V。

附表 16　7 种晶体结构的晶面夹角公式

晶体	$\cos\phi$
立方	$\dfrac{h_1 h_2 + k_1 k_2 + l_1 l_2}{\left[(h_1^2 + k_1^2 + l_1^2) + (h_2^2 + k_2^2 + l_2^2)\right]^{1/2}}$
四方	$\dfrac{\dfrac{h_1 h_2 + k_1 k_2}{a^2} + \dfrac{l_1 l_2}{c^2}}{\left[\left(\dfrac{h_1^2 + k_1^2}{a^2} + \dfrac{l_1^2}{c^2}\right)\left(\dfrac{h_2^2 + k_2^2}{a^2} + \dfrac{l_2^2}{c^2}\right)\right]^{1/2}}$
六方	$\dfrac{h_1 h_2 + k_1 k_2 \dfrac{1}{2}(h_1 k_2 + h_2 k_1) + \dfrac{3a^2}{4c^2} l_1 l_2}{\left[\left(h_1^2 + k_1^2 + h_1 k_1 \dfrac{3a^2}{4c^2} l_1^2\right)\left(h_2^2 + k_2^2 + h_2 k_2 \dfrac{3a^2}{4c^2} l_2^2\right)\right]^{1/2}}$
三角	$\dfrac{a^4 d^1 d^2}{V^2}\left[\sin^2\alpha(h_1 h_2 + k_1 k_2 + l_1 l_2) + (\cos^2\alpha - \cos\alpha) \cdot (k_1 l_2 + k_2 l_1 + l_1 h_2 + l_2 h_1 + h_1 k_2 + h_2 k_1)\right]$ $V = a^3(1 - 3\cos^2\alpha + 2\cos^3\alpha)^{1/2}$
正交	$\dfrac{\dfrac{h_1 h_2}{a^2} + \dfrac{k_1 k_2}{b^2} + \dfrac{l_1 l_2}{c^2}}{\left[\left(\dfrac{h_1^2}{a^2} + \dfrac{k_1^2}{b^2} + \dfrac{l_1^2}{c^2}\right)\left(\dfrac{h_2^2}{a^2} + \dfrac{k_2^2}{b^2} + \dfrac{l_2^2}{c^2}\right)\right]^{1/2}}$
单斜	$\dfrac{d_1 d_2}{\sin^2\beta}\left[\dfrac{h_1 h_2}{a^2} + \dfrac{k_1 k_2 \sin^2\beta}{b^2} + \dfrac{l_1 l_2}{c^2} - \dfrac{l_1 h_2 + l_2 h_1 \cos\beta}{ac}\right]$
三斜	$\dfrac{d_1 d_2}{V^2}\left[S_{11} h_1 h_2 + S_{22} k_1 k_2 + S_{33} l_1 l_2 + S_{23}(k_1 l_2 + k_2 l_1) + S_{13}(h_1 l_2 + h_2 l_1) + S_{12}(h_1 k_2 + h_2 k_1)\right]$

附表 17 提供了不同晶体结构(fcc、bcc、dc 和 hcp)普通单质物相的晶面(hkl)间的夹角(单位为度)。

附表 17　常见晶体结构的晶面夹角数据

fcc	(111)	(002)	(022)	(113)	(133)	(024)	(224)
(002)	54.74						
(022)	35.26	45.00					
(113)	29.50	25.24	31.48				
(133)	22.00	46.51	13.26	25.94			
(024)	39.23	26.57	18.43	19.29	22.57		
(224)	19.47	35.26	30.00	10.02	20.51	24.09	
(135)	28.56	32.31	17.02	14.46	14.20	10.67	14.96

续表

bcc	(011)	(002)	(112)	(013)	(222)	(123)	(114)
(002)	45.00						
(112)	30.00	35.26					
(013)	26.57	18.43	25.35				
(222)	35.26	54.74	19.47	43.09			
(123)	19.11	36.70	10.89	21.62	22.21		
(114)	33.56	19.47	15.79	14.31	35.26	19.11	
(024)	18.43	26.57	24.09	8.13	39.23	17.02	18.43

dc	(111)	(220)	(311)	(400)	(331)	(422)	(511)
(220)	35.26						
(311)	29.50	31.48					
(400)	54.74	45.00	25.24				
(331)	22.00	13.26	25.94	46.51			
(422)	19.47	30.00	10.02	35.26	20.51		
(511)	38.94	35.26	9.45	15.79	32.98	19.47	
(531)	28.56	17.02	14.46	32.31	14.20	14.96	19.37

hcp	(100)	(002)	(101)	(102)	(110)	(103)	(112)
(002)	90.00						
(101)	27.94	62.06					
(102)	46.69	43.31	18.75				
(110)	30.00	90.00	40.08	53.55			
(103)	57.85	32.15	29.91	11.16	62.56		
(112)	42.39	58.52	26.21	27.55	31.48	33.37	
(201)	14.85	75.15	13.09	31.84	33.17	43.00	32.03

附录 F 立体投影和常见的解吸图

此附录收录了为方便读者指标化原子探针实验数据的解吸图中观察到的极。于是可计算方向间的观察角并可用来确定图像压缩因子以校正重构(见 2.3.3 节和 7.3.1 节)。

提供了简单立方、bcc、fcc、金刚石立方和 hcp 晶体结构的立体投影(空间投影图)。它们是沿着特定晶格的较大面间距的晶向的投影。在立体投影中每种晶格中的对称元素是显而易见的(空间群),并在总结附表 18 中以简单的符号来表示。

解吸图像和并排的立体投影可用于选取材料中常见极进行指标化的指南。请牢记,这种图像中的花样受到实验条件(即基础温度、脉冲能量等)或材料成分的显著影响,此处仅给出了典型的解吸图示例。

关于晶体对称性和立体投影的更多信息请参阅以下内容:

U. F. Nye, Appendix B, in Physical Properties of Crystals, Their Representation by Tensors and Matrices (Oxford University Press, Oxford, 1957)

A. Kelly, G. E. Groves, P. Kidd, The Stereographic Projection and Point Groups, in Crystallography and Crystal Defects, Revised Edition (Wiley, West Sussex, 2000)

构建立体投影和对极进行指标化的有用软件列举如下:

©WinWulff, Stereographic Projection Software, ©JCrystalSoft, 08/07/2011 http://www.jcrystal.com/products/winwulff/index.htm

© CaRIne Crystallography 4.0, 08/07/2011 http://carine.crystallography. pagesproorange.fr

附表 18 代表与对称度有关的不同极的符号列表

对称元素	符号
一次旋转轴(monad)	●
二次旋转轴(diad)	⬮
三次旋转轴加对称中心(inverse triad)	△
四次旋转轴(tetrad)	■
六次旋转轴(hexad)	⬣

大部分常见结构和取向的立体投影见附图 1～附图 18。

面心立方：

解吸图像和相应的依据立体投影的多种材料的指标化见附图 9～附图 12。

体心立方：

解吸图像和相应的依据立体投影的多种材料的指标化见附图 13～附图 16。

金刚石立方：

解吸图像和相应的依据立体投影的 Si 的指标化见附图 17。

密排六方：

解吸图像和相应的依据立体投影的 Mg-Zn 合金的指标化见附图 18。

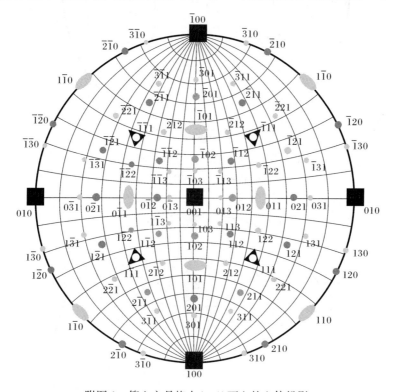

附图 1　简立方晶格在(001)面上的立体投影

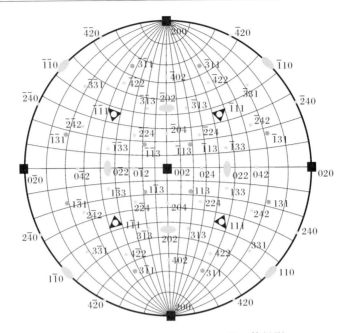

附图 2　立方晶格在(002)面上的立体投影

以 fcc 晶格允许的平面进行了指标化

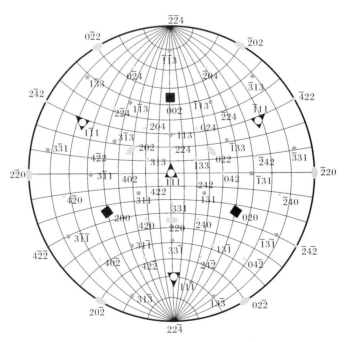

附图 3　立方晶格在(111)面上的立体投影

以 fcc 晶格允许的平面进行了指标化

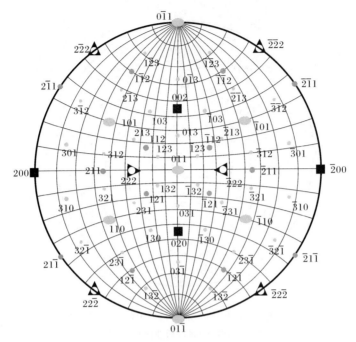

附图 4 立方晶格在(011)面上的立体投影

以 fcc 晶格允许的平面进行了指标化

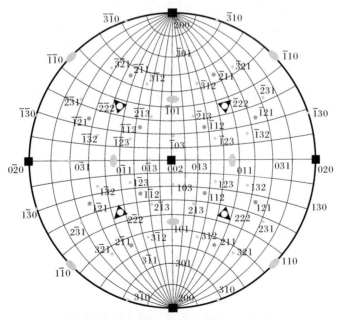

附图 5 立方晶格在(002)面上的立体投影

以 bcc 晶格允许的平面进行了指标化

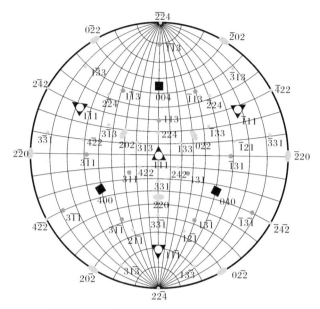

附图 6　立方晶格在(111)面上的立体投影

以 dc 晶格允许的平面进行了指标化

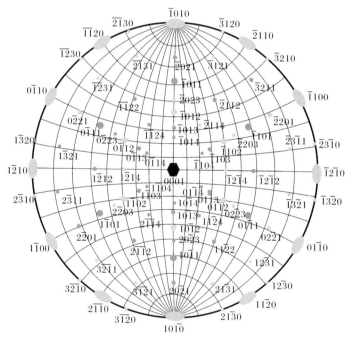

附图 7　六方晶格在(0001)面上的立体投影

以密排六方晶格允许的平面进行了指标化($c/a=1.633$)

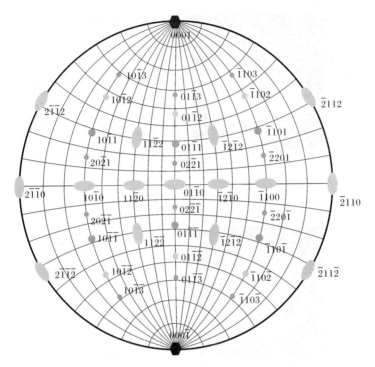

附图 8　六方晶格在(01$\bar{1}$0)面上的立体投影

以密排六方晶格允许的平面进行了指标化($c/a=1.633$)

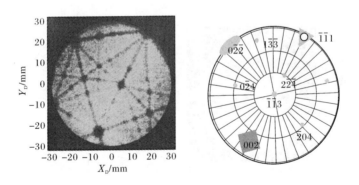

附图 9　超高纯 Al

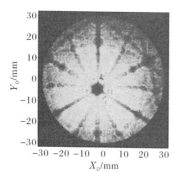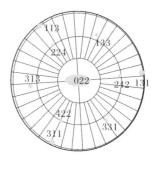

附图 10　超高纯 Al

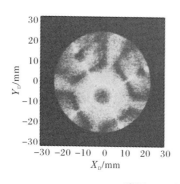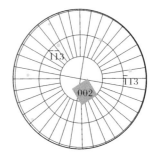

附图 11　超高纯 Ni

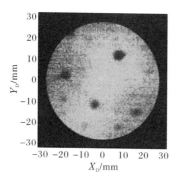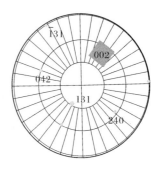

附图 12　含有 Pt 族金属的 Ni 基高温合金[1]

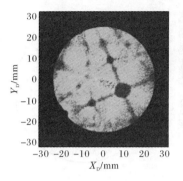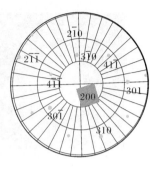

附图 13　HSLA 铁素体钢(一)

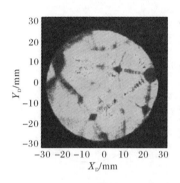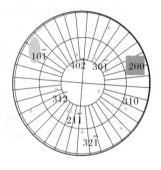

附图 14　HSLA 铁素体钢(二)

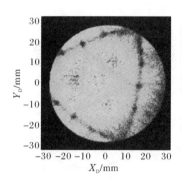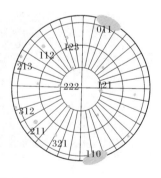

附图 15　HSLA 铁素体钢(三)

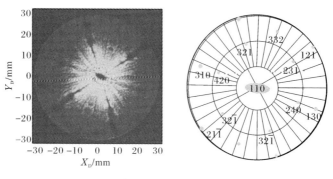

附图 16　超高纯 W

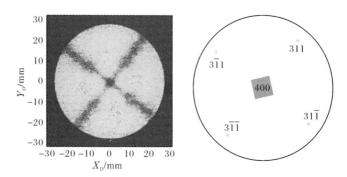

附图 17　得自商用预锐化的微针尖阵列的掺杂 Sb 的 Si

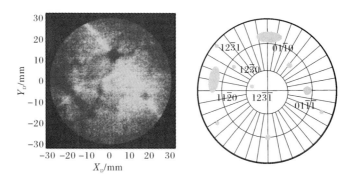

附图 18　Mg-Zn 合金

参 考 文 献

[1] Van Sluytman J S,La Fontaine A,Cairney J M,et al. Acta Mater. ,2010,58(6):1952-1962.

附录 G Kingham 曲　线

　　所谓的 Kingham 曲线是从 Haydock 和 Kingham 发展的后电离理论推导出来的[1-3]，目的在于解释价态比的演化是电场强度的函数。基于后电离的概率是电场的函数，计算出了大部分金属元素每种价态的相对数量。曲线是基于文献[3]中描述的模型和文献[4]、[5]中得到的电离能再次计算的。离子的价态标在了相应曲线的旁边。

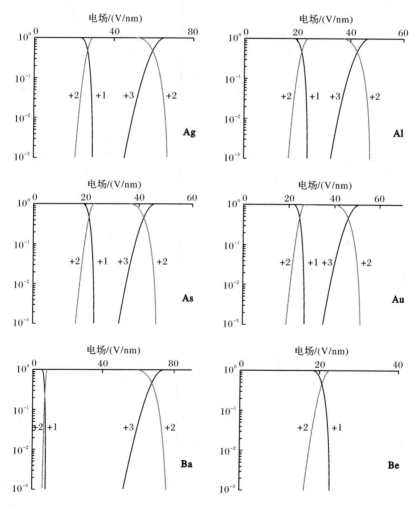

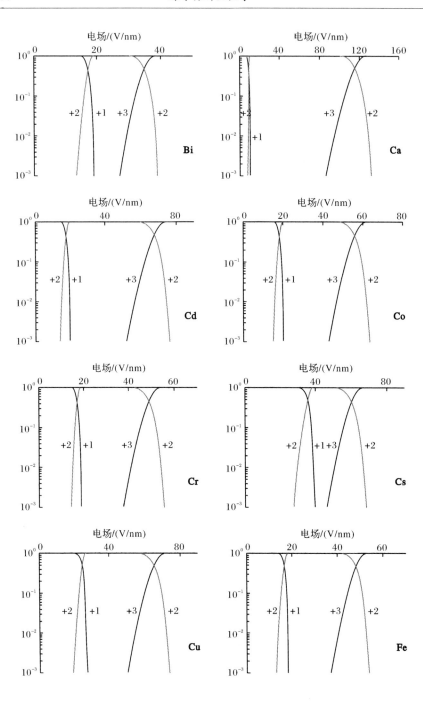

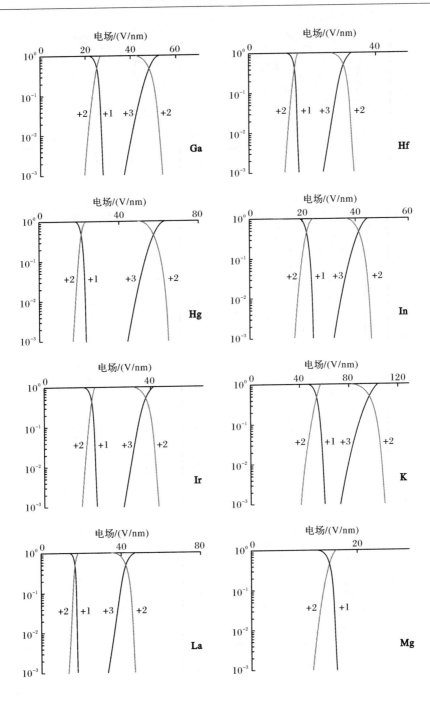

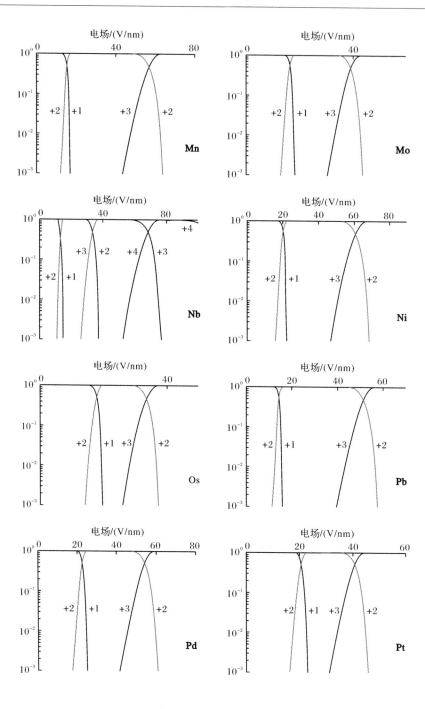

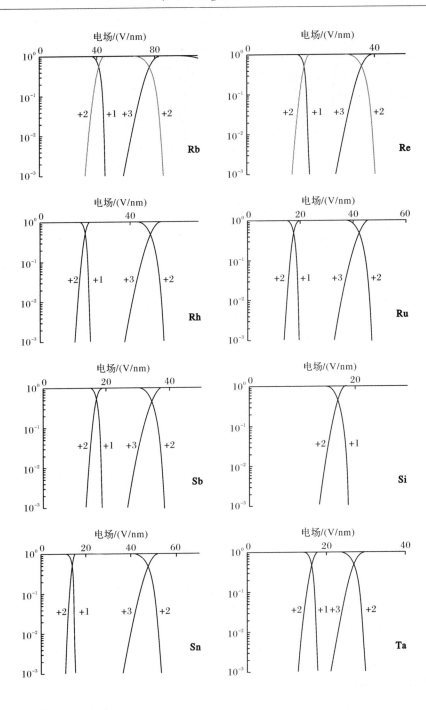

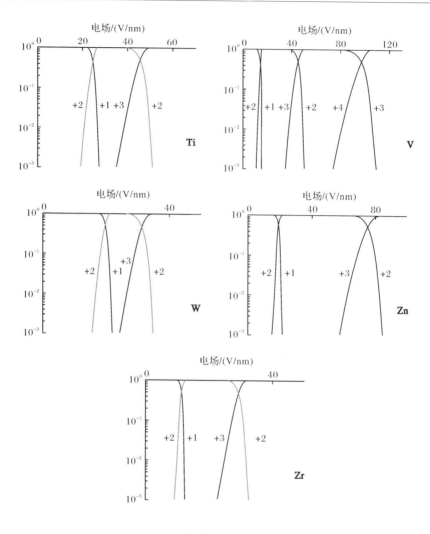

参 考 文 献

[1] Haydock R,Kingham D R. Phys. Rev. Lett. ,1980,44:1520-1523.

[2] Haydock R,Kingham D R. Surf. Sci. ,1981,104:L194-L198.

[3] Kingham D R. Surf. Sci. ,1982,116:273-301.

[4] Miller M K,Cerezo A,Hetherington M G,et al. Atom Probe Field Ion Microscopy. Oxford:
Oxford Science Publications-Clarendon Press,1996.

[5] Tsong T T. Surf. Sci. ,1978,70:211.

附录 H　元素及相关质荷比的列表

此附录列出了每个元素的同位素的相对丰度及其不同价态(+1～+4)的近似质荷比。质荷比的数值以 Da 为单位。

附表 19　各元素的同位素的质荷比

元素名称	元素符号	质荷比(+1 价)	丰度	+2 价	+3 价	+4 价
氢	H(1)	1.01	99.99			
	H(2)	2.01	0.02			
氦	He(3)	3.02	0.00	1.5		
	He(4)	4.00	100.00	2.0		
锂	Li(6)	6.02	7.42	3.0	2.0	
	Li(7)	7.02	92.58	3.5	2.3	
铍	Be(9)	9.01	100.00	4.5	3.0	2.3
硼	B(10)	10.01	19.80	5.0	3.3	2.5
	B(11)	11.01	80.20	5.5	3.7	2.8
碳	C(12)	12.00	98.90	6.0	4.0	3.0
	C(13)	13.00	1.10	6.5	4.3	3.3
氮	N(14)	14.00	99.63	7.0	4.7	3.5
	N(15)	15.00	0.37	7.5	5.0	3.8
氧	O(16)	15.99	99.76	8.0	5.3	4.0
	O(17)	17.00	0.04	8.5	5.7	4.2
	O(18)	18.00	0.20	9.0	6.0	4.5
氟	F(19)	19.00	100.00	9.5	6.3	4.7
氖	Ne(20)	19.99	90.60	10.0	6.7	5.0
	Ne(21)	20.99	0.26	10.5	7.0	5.2
	Ne(22)	21.99	9.20	11.0	7.3	5.5
钠	Na(23)	22.99	100.00	11.5	7.7	5.7
镁	Mg(24)	23.99	78.90	12.0	8.0	6.0
	Mg(25)	24.99	10.00	12.5	8.3	6.2
	Mg(26)	25.98	11.10	13.0	8.7	6.5
铝	Al(27)	26.98	100.00	13.5	9.0	6.7

续表

元素名称	元素符号	质荷比(+1价)	丰度	+2价	+3价	+4价
硅	Si(28)	27.98	92.23	14.0	9.3	7.0
	Si(29)	28.98	4.67	14.5	9.7	7.2
	Si(30)	29.97	3.10	15.0	10.0	7.5
磷	P(31)	30.97	100.00	15.5	10.3	7.7
硫	S(32)	31.97	95.02	16.0	10.7	8.0
	S(33)	32.97	0.75	16.5	11.0	8.2
	S(34)	33.97	4.21	17.0	11.3	8.5
	S(36)	35.97	0.02	18.0	12.0	9.0
氯	Cl(35)	34.97	75.77	17.5	11.7	8.7
	Cl(37)	36.97	24.23	18.5	12.3	9.2
氩	Ar(36)	35.97	0.34	18.0	12.0	9.0
	Ar(38)	37.96	0.06	19.0	12.7	9.5
	Ar(40)	39.96	99.60	20.0	13.3	10.0
钾	K(39)	38.96	93.20	19.5	13.0	9.7
	K(40)	39.96	0.01	20.0	13.3	10.0
	K(41)	40.96	6.73	20.5	13.7	10.2
钙	Ca(40)	39.96	96.95	20.0	13.3	10.0
	Ca(42)	41.96	0.65	21.0	14.0	10.5
	Ca(43)	42.96	0.14	21.5	14.3	10.7
	Ca(44)	43.96	20.86	22.0	14.7	11.0
	Ca(46)	45.95	0.00	23.0	15.3	11.5
	Ca(48)	47.95	0.19	24.0	16.0	12.0
钪	Sc(45)	44.96	100.00	22.5	15.0	11.2
钛	Ti(46)	45.95	8.00	23.0	15.3	11.5
	Ti(47)	46.95	7.30	23.5	15.7	11.7
	Ti(48)	47.95	73.80	24.0	16.0	12.0
	Ti(49)	48.95	5.50	24.5	16.3	12.2
	Ti(50)	49.94	5.40	25.0	16.6	12.5
钒	V(50)	49.95	0.25	25.0	16.6	12.5
	V(51)	50.94	99.75	25.5	17.0	12.7
铬	Cr(50)	49.95	4.35	25.0	16.6	12.5
	Cr(52)	51.94	83.79	26.0	17.3	13.0

续表

元素名称	元素符号	质荷比(+1价)	丰度	+2价	+3价	+4价
	Cr(53)	52.94	9.50	26.5	17.6	13.2
	Cr(54)	53.94	2.36	27.0	18.0	13.5
锰	Mn(55)	54.94	100.00	27.5	18.3	13.7
铁	Fe(54)	53.94	5.80	27.0	18.0	13.5
	Fe(56)	55.93	91.72	28.0	18.6	14.0
	Fe(57)	56.94	2.20	28.5	19.0	14.2
	Fe(58)	57.93	0.28	29.0	19.3	14.5
镍	Ni(58)	57.94	68.27	29.0	19.3	14.5
	Ni(60)	59.93	26.10	30.0	20.0	15.0
	Ni(61)	60.93	1.13	30.5	20.3	15.2
	Ni(62)	61.93	3.59	31.0	20.6	15.5
	Ni(64)	63.93	0.91	32.0	21.3	16.0
钴	Co(59)	58.93	100.00	29.5	19.6	14.7
铜	Cu(63)	62.93	69.17	31.5	21.0	15.7
	Cu(65)	64.93	30.83	32.5	21.6	16.2
锌	Zn(64)	63.93	48.60	32.0	21.3	16.0
	Zn(66)	65.93	27.90	33.0	22.0	16.5
	Zn(67)	66.93	4.10	33.5	22.3	16.7
	Zn(68)	67.92	18.80	34.0	22.6	17.0
	Zn(70)	69.93	0.60	35.0	23.3	17.5
镓	Ga(69)	68.93	60.10	34.5	23.0	17.2
	Ga(71)	70.92	39.90	35.5	23.6	17.7
锗	Ge(70)	69.92	20.50	35.0	23.3	17.5
	Ge(72)	71.92	27.40	36.0	24.0	18.0
	Ge(73)	72.92	7.80	36.5	24.3	18.2
	Ge(74)	73.92	36.50	37.0	24.6	18.5
	Ge(75)	75.92	7.80	38.0	25.3	19.0
砷	As(75)	74.92	100.00	37.5	25.0	18.7
硒	Se(74)	73.92	0.90	37.0	24.6	18.5
	Se(76)	75.92	9.00	38.0	25.3	19.0
	Se(77)	76.92	7.60	38.5	25.6	19.2
	Se(78)	77.92	23.50	39.0	26.0	19.5

元素名称	元素符号	质荷比(+1价)	丰度	+2价	+3价	+4价
	Se(80)	79.92	49.60	40.0	26.6	20.0
	Se(82)	81.92	9.40	41.0	27.3	20.5
溴	Br(79)	78.92	50.69	39.5	26.3	19.7
	Br(81)	80.92	49.31	40.5	27.0	20.2
氪	Kr(78)	77.92	0.35	39.0	26.0	19.5
	Kr(80)	79.92	2.25	40.0	26.6	20.0
	Kr(82)	81.91	11.60	41.0	27.3	20.5
	Kr(83)	82.91	11.50	41.5	27.6	20.7
	Kr(84)	83.91	57.00	42.0	28.0	21.0
	Kr(86)	85.91	17.30	43.0	28.6	21.5
铷	Rb(85)	84.91	72.17	42.5	28.3	21.2
	Rb(87)	86.91	27.84	43.5	29.0	21.7
锶	Sr(84)	83.91	0.56	42.0	28.0	21.0
	Sr(86)	85.91	9.86	43.0	28.6	21.5
	Sr(87)	86.91	7.00	43.5	29.0	21.7
	Sr(88)	87.91	82.58	44.0	29.3	22.0
钇	Y(89)	88.91	100.00	44.5	29.6	22.2
锆	Zr(90)	89.90	51.45	45.0	30.0	22.5
	Zr(91)	90.91	11.27	45.5	30.3	22.7
	Zr(92)	91.91	17.17	46.0	30.6	23.0
	Zr(94)	93.91	17.33	47.0	31.3	23.5
	Zr(96)	95.91	2.78	48.0	32.0	24.0
铌	Nb(93)	92.91	100.00	46.5	31.0	23.2
钼	Mo(92)	91.91	14.84	46.0	30.6	23.0
	Mo(94)	93.91	9.25	47.0	31.3	23.5
	Mo(95)	94.91	15.92	47.5	31.6	23.7
	Mo(96)	95.90	16.68	48.0	32.0	24.0
	Mo(97)	96.91	9.55	48.5	32.3	24.2
	Mo(98)	97.91	24.13	49.0	32.6	24.5
	Mo(100)	99.91	9.63	50.0	33.3	25.0
钌	Ru(96)	95.91	5.52	48.0	32.0	24.0
	Ru(98)	97.91	1.88	49.0	32.6	24.5

续表

元素名称	元素符号	质荷比(+1价)	丰度	+2价	+3价	+4价
	Ru(99)	98.91	12.70	49.5	33.0	24.7
	Ru(100)	99.90	12.60	50.0	33.3	25.0
	Ru(101)	100.91	17.00	50.5	33.6	25.2
	Ru(102)	101.90	31.60	51.0	34.0	25.5
	Ru(104)	103.91	18.70	52.0	34.6	26.0
铑	Rh(103)	102.91	100.00	51.5	34.3	25.7
钯	Pd(102)	101.91	1.02	51.0	34.0	25.5
	Pd(104)	103.90	11.14	52.0	34.6	26.0
	Pd(105)	104.91	22.33	52.5	35.0	26.2
	Pd(106)	105.90	27.33	53.0	35.3	26.5
	Pd(108)	107.90	26.46	54.0	36.0	27.0
	Pd(110)	109.91	11.72	55.0	36.6	27.5
银	Ag(17)	106.91	51.84	53.5	35.6	26.7
	Ag(109)	108.90	48.16	54.5	36.3	27.2
镉	Cd(106)	105.91	1.25	53.0	35.3	26.5
	Cd(108)	107.90	0.89	54.0	36.0	27.0
	Cd(110)	109.90	12.49	55.0	36.6	27.5
	Cd(111)	110.90	12.80	55.5	37.0	27.7
	Cd(112)	111.90	24.13	56.0	37.3	28.0
	Cd(113)	112.90	12.22	56.5	37.6	28.2
	Cd(114)	113.90	28.73	57.0	38.0	28.5
	Cd(116)	115.90	7.49	58.0	38.6	29.0
铟	In(113)	112.90	4.30	56.5	37.6	28.2
	In(115)	114.90	95.70	57.5	38.3	28.7
锡	Sn(112)	111.90	0.97	56.0	37.3	28.0
	Sn(114)	113.90	0.65	57.0	38.0	28.5
	Sn(115)	114.90	0.34	57.5	38.3	28.7
	Sn(116)	115.90	14.70	58.0	38.6	29.0
	Sn(117)	116.90	7.70	58.5	39.0	29.2
	Sn(118)	117.90	24.30	59.0	39.3	29.5
	Sn(119)	118.90	8.60	59.5	39.6	29.7
	Sn(120)	119.90	32.40	60.0	40.0	30.0

元素名称	元素符号	质荷比（+1 价）	丰度	+2 价	+3 价	+4 价
	Sn(122)	121.90	4.60	61.0	40.6	30.5
	Sn(124)	123.91	5.60	62.0	41.3	31.0
锑	Sb(121)	120.90	57.30	60.5	40.3	30.2
	Sb(123)	122.90	42.70	61.5	41.0	30.7
碲	Te(120)	119.90	0.10	60.0	40.0	30.0
	Te(122)	121.90	2.60	61.0	40.6	30.5
	Te(123)	122.90	0.91	61.5	41.0	30.7
	Te(124)	123.90	4.82	62.0	41.3	31.0
	Te(125)	124.90	7.14	62.5	41.6	31.2
	Te(126)	125.90	18.95	63.0	42.0	31.5
	Te(128)	127.90	31.69	64.0	42.6	32.0
	Te(130)	129.91	33.80	65.0	43.3	32.5
碘	I(127)	126.90	100.00	63.5	42.3	31.7
氙	Xe(128)	127.90	1.91	64.0	42.6	32.0
	Xe(129)	128.90	26.40	64.5	43.0	32.2
	Xe(130)	129.90	4.10	65.0	43.3	32.5
	Xe(131)	130.91	21.20	65.5	43.6	32.7
	Xe(132)	131.90	26.90	66.0	44.0	33.0
	Xe(134)	133.91	10.40	67.0	44.6	33.5
	Xe(136)	135.91	8.90	68.0	45.3	34.0
铯	Cs(133)	132.91	100.00	66.5	44.3	33.2
钡	Ba(130)	129.91	0.11	65.0	43.3	32.5
	Ba(132)	131.91	0.10	66.0	44.0	33.0
	Ba(134)	133.90	2.42	67.0	44.6	33.5
	Ba(135)	134.91	6.59	67.5	45.0	33.7
	Ba(136)	135.90	7.85	68.0	45.3	34.0
	Ba(137)	136.91	11.23	68.5	45.6	34.2
	Ba(138)	137.91	71.70	69.0	46.0	34.5
镧	La(138)	137.91	0.09	69.0	46.0	34.5
	La(139)	138.91	99.91	69.5	46.3	34.7
铈	Ce(136)	135.91	0.19	68.0	45.3	34.0
	Ce(138)	137.91	0.25	69.0	46.0	34.5

元素名称	元素符号	质荷比(+1价)	丰度	+2价	+3价	+4价
	Ce(140)	139.91	88.48	70.0	46.6	35.0
	Ce(142)	141.91	11.08	71.0	47.3	35.5
镨	Pr(141)	140.91	100.00	70.5	47.0	35.2
钕	Nd(142)	141.91	27.13	71.0	47.3	35.5
	Nd(143)	142.91	12.18	71.5	47.6	35.7
	Nd(144)	143.91	23.80	72.0	48.0	36.0
	Nd(145)	144.91	8.30	72.5	48.3	36.2
	Nd(146)	145.91	17.19	73.0	48.6	36.5
	Nd(148)	147.92	5.76	74.0	49.3	37.0
	Nd(150)	149.92	5.64	75.0	50.0	37.5
钐	Sm(144)	143.91	3.10	72.0	48.0	36.0
	Sm(147)	146.91	15.00	73.5	49.0	36.7
	Sm(148)	147.91	11.30	74.0	49.3	37.0
	Sm(149)	148.92	13.80	74.5	49.6	37.2
	Sm(150)	149.92	7.40	75.0	50.0	37.5
	Sm(152)	151.92	25.70	76.0	50.6	38.0
	Sm(154)	153.92	22.70	77.0	51.3	38.5
铕	Eu(151)	150.92	47.80	75.5	50.3	37.7
	Eu(153)	152.92	52.20	76.5	51.0	38.2
钆	Gd(152)	151.92	0.20	76.0	50.6	38.0
	Gd(154)	153.92	2.18	77.0	51.3	38.5
	Gd(155)	154.82	14.80	77.4	51.6	38.7
	Gd(156)	155.92	20.47	78.0	52.0	39.0
	Gd(157)	156.92	15.65	78.5	52.3	39.2
	Gd(158)	157.92	24.84	79.0	52.6	39.5
	Gd(160)	159.93	21.86	80.0	53.3	40.0
铽	Tb(159)	158.93	100.00	79.5	53.0	39.7
镝	Dy(156)	155.92	0.06	78.0	52.0	39.0
	Dy(158)	157.92	0.10	79.0	52.6	39.5
	Dy(160)	159.93	2.34	80.0	53.3	40.0
	Dy(161)	160.93	18.90	80.5	53.6	40.2
	Dy(162)	161.93	25.50	81.0	54.0	40.5

元素名称	元素符号	质荷比(+1 价)	丰度	+2 价	+3 价	+4 价
	Dy(163)	162.93	24.90	81.5	54.3	40.7
	Dy(164)	163.93	28.20	82.0	54.6	41.0
钬	Ho(165)	164.93	100.00	82.5	55.0	41.2
铒	Er(162)	161.93	0.14	81.0	54.0	40.5
	Er(164)	163.93	1.61	82.0	54.6	41.0
	Er(166)	165.93	33.60	83.0	55.3	41.5
	Er(167)	166.93	22.95	83.5	55.6	41.7
	Er(168)	167.93	26.80	84.0	56.0	42.0
	Er(170)	169.94	14.90	85.0	56.6	42.5
铥	Tm(169)	168.93	100.00	84.5	56.3	42.2
镱	Yb(168)	167.93	0.13	84.0	56.0	42.0
	Yb(170)	169.93	3.05	85.0	56.6	42.5
	Yb(171)	170.94	14.30	85.5	57.0	42.7
	Yb(172)	171.94	21.90	86.0	57.3	43.0
	Yb(173)	172.94	16.12	86.5	57.6	43.2
	Yb(174)	173.94	31.80	87.0	58.0	43.5
	Yb(176)	175.94	12.70	88.0	58.6	44.0
镥	Lu(175)	174.94	97.40	87.5	58.3	43.7
	Lu(176)	175.94	2.60	88.0	58.6	44.0
铪	Hf(174)	173.94	0.16	87.0	58.0	43.5
	Hf(176)	175.94	5.20	88.0	58.6	44.0
	Hf(177)	176.94	18.60	88.5	59.0	44.2
	Hf(178)	177.94	27.10	89.0	59.3	44.5
	Hf(179)	178.95	13.74	89.5	59.6	44.7
	Hf(180)	179.95	35.20	90.0	60.0	45.0
钽	Ta(180)	179.95	0.01	90.0	60.0	45.0
	Ta(181)	180.95	99.99	90.5	60.3	45.2
钨	W(180)	179.95	0.13	90.0	60.0	45.0
	W(182)	181.95	26.30	91.0	60.6	45.5
	W(183)	182.95	14.30	91.5	61.0	45.7
	W(184)	183.95	30.67	92.0	61.3	46.0
	W(186)	185.95	23.60	93.0	62.0	46.5

元素名称	元素符号	质荷比(+1价)	丰度	+2价	+3价	+4价
铼	Re(185)	184.95	37.40	92.5	61.7	46.2
	Re(187)	186.96	62.60	93.5	62.3	46.7
锇	Os(184)	183.95	0.02	92.0	61.3	46.0
	Os(186)	185.95	1.58	93.0	62.0	46.5
	Os(187)	186.96	1.60	93.5	62.3	46.7
	Os(188)	187.96	13.30	94.0	62.7	47.0
	Os(189)	188.96	16.10	94.5	63.0	47.2
	Os(190)	189.96	26.40	95.0	63.3	47.5
	Os(192)	191.96	41.00	96.0	64.0	48.0
铱	Ir(191)	190.96	37.30	95.5	63.7	47.7
	Ir(193)	192.96	62.70	96.5	64.3	48.2
铂	Pt(190)	189.96	0.01	95.0	63.3	47.5
	Pt(192)	191.96	0.79	96.0	64.0	48.0
	Pt(194)	193.96	32.90	97.0	64.7	48.5
	Pt(195)	194.96	33.80	97.5	65.0	48.7
	Pt(196)	195.96	25.30	98.0	65.3	49.0
	Pt(198)	197.97	7.20	99.0	66.0	49.5
金	Au(197)	196.97	100.00	98.5	65.7	49.2
汞	Hg(196)	195.97	0.15	98.0	65.3	49.0
	Hg(198)	197.97	10.10	99.0	66.0	49.5
	Hg(199)	198.97	17.00	99.5	66.3	49.7
	Hg(200)	199.97	23.10	100.0	66.7	50.0
	Hg(201)	200.97	13.20	100.5	67.0	50.2
	Hg(202)	201.97	29.65	101.0	67.3	50.5
	Hg(204)	203.97	6.80	102.0	68.0	51.0
铊	Tl(203)	202.97	29.52	101.5	67.7	50.7
	Tl(205)	204.97	70.48	102.5	68.3	51.2
铅	Pb(204)	203.97	1.40	102.0	68.0	51.0
	Pb(206)	205.97	24.10	103.0	68.7	51.5
	Pb(207)	206.98	22.10	103.5	69.0	51.7
	Pb(208)	207.98	52.40	104.0	69.3	52.0
铋	Bi(209)	208.98	100.00	104.5	69.7	52.2

元素名称	元素符号	质荷比(+1价)	丰度	+2价	+3价	+4价
钍	Th(233)	232.04	100.00	116.0	77.3	58.0
铀	U(234)	234.04	0.01	117.0	78.0	58.5
	U(235)	235.04	0.72	117.5	78.3	58.8
	U(238)	238.05	99.27	119.0	79.4	59.5

附录 I   作为质谱上位置函数的质峰的可能元素身份

附表 20   质荷比与各元素的同位素的对应关系

质荷比/Da	元素	同位素	相对丰度	价态		
1.01	H	1	100.0	+1		
2.00	He	4	100.0		+2	
2.01	Li	6	7.4			+3
2.02	H	1	100.0	+1		
2.34	Li	7	92.6			+3
3.00	Be	9	100.0			+3
3.01	Li	6	7.4		+2	
3.02	H	1	100.0	+1		
3.34	B	10	19.8			+3
3.51	Li	7	92.6		+2	
3.67	B	11	80.2			+3
4.00	C	12	98.9			+3
4.00	He	4	100.0	+1		
4.51	Be	9	100.0		+2	
4.67	N	14	99.6			+3
5.01	B	10	19.8		+2	
5.33	O	16	99.8			+3
5.50	B	11	80.2		+2	
6.00	C	12	98.9		+2	
6.02	Li	6	7.4	+1		
6.33	F	19	100.0			+3
6.66	Ne	20	90.6			+3
7.00	N	14	99.6		+2	
7.02	Li	7	92.6	+1		
7.33	Ne	22	9.2			+3
7.66	Na	23	100.0			+3
8.00	Mg	24	78.9			+3

质荷比/Da	元素	同位素	相对丰度	价态	
8.00	O	16	99.8	+2	
8.33	Mg	25	10.0		+3
8.66	Mg	26	11.1		+3
8.99	Al	27	100.0		+3
9.01	Be	9	100.0	+1	
9.33	Si	28	92.2		+3
9.50	F	19	100.0	+2	
9.66	Si	29	4.7		+3
9.99	Si	30	3.1		+3
10.00	Ne	20	90.6	+2	
10.01	B	10	19.8	+1	
10.32	P	31	100.0		+3
10.66	S	32	95.0		+3
11.00	Ne	22	9.2	+2	
11.01	B	11	80.2	+1	
11.32	S	34	4.2		+3
11.49	Na	23	100.0	+2	
11.66	Cl	35	75.8		+3
11.99	Mg	24	78.9	+2	
12.00	C	12	98.9	+1	
12.32	Cl	37	24.2		+3
12.49	Mg	25	10.0	+2	
12.99	K	39	93.2		+3
12.99	Mg	26	11.1	+2	
13.00	C	13	1.1	+1	
13.32	Ar	40	99.6		+3
13.32	Ca	40	97.0		+3
13.49	Al	27	100.0	+2	
13.65	K	41	6.7		+3
13.99	Si	28	92.2	+2	
14.00	N	14	99.6	+1	
14.49	Si	29	4.7	+2	

续表

质荷比/Da	元素	同位素	相对丰度		价态	
14.65	Ca	44	20.9			+3
14.99	Sc	45	100.0			+3
14.99	Si	30	3.1		+2	
15.32	Ti	46	8.0			+3
15.49	P	31	100.0		+2	
15.65	Ti	47	7.3			+3
15.98	Ti	48	73.8			+3
15.99	S	32	95.0		+2	
15.99	O	16	99.8	+1		
16.32	Ti	49	5.5			+3
16.65	Ti	50	5.4			+3
16.65	Cr	50	4.4			+3
16.98	V	51	99.8			+3
16.98	S	34	4.2		+2	
17.31	Cr	52	83.8			+3
17.48	Cl	35	75.8		+2	
17.65	Cr	53	9.5			+3
17.98	Cr	54	2.4			+3
17.98	Fe	54	5.8			+3
18.31	Mn	55	100.0			+3
18.48	Cl	37	24.2		+2	
18.64	Fe	56	91.7			+3
18.98	Fe	57	2.2			+3
19.00	F	19	100.0	+1		
19.31	Ni	58	68.3			+3
19.48	K	39	93.2		+2	
19.64	Co	59	100.0			+3
19.98	Ni	60	26.1			+3
19.98	Ar	40	99.6		+2	
19.98	Ca	40	97.0		+2	
19.99	Ne	20	90.6	+1		
20.48	K	41	6.7		+2	

质荷比/Da	元素	同位素	相对丰度	价态		
20.64	Ni	62	3.6			+3
20.98	Cu	63	69.2			+3
21.31	Zn	64	48.6			+3
21.64	Cu	65	30.8			+3
21.98	Zn	66	27.9			+3
21.98	Ca	44	20.9		+2	
21.99	Ne	22	9.2	+1		
22.31	Zn	67	4.1			+3
22.48	Sc	45	100.0		+2	
22.64	Zn	68	18.8			+3
22.98	Ga	69	60.1			+3
22.98	Ti	46	8.0		+2	
22.99	Na	23	100.0	+1		
23.31	Ge	70	20.5			+3
23.48	Ti	47	7.3		+2	
23.64	Ga	71	39.9			+3
23.97	Ti	48	73.8		+2	
23.97	Ge	72	27.4			+3
23.99	Mg	24	78.9	+1		
24.31	Ge	73	7.8			+3
24.47	Ti	49	5.5		+2	
24.64	Ge	74	36.5			+3
24.97	Ti	50	5.4		+2	
24.97	Cr	50	4.4		+2	
24.97	As	75	100.0			+3
24.99	Mg	25	10.0	+1		
25.31	Se	76	9.0			+3
25.31	Ge	75	7.8			+3
25.47	V	51	99.8		+2	
25.64	Se	77	7.6			+3
25.97	Cr	52	83.8		+2	
25.97	Se	78	23.5			+3

续表

质荷比/Da	元素	同位素	相对丰度		价态	
25.98	Mg	26	11.1	+1		
26.31	Br	81	50.7			+3
26.47	Cr	53	9.5		+2	
26.64	Kr	80	2.3			+3
26.64	Se	80	49.6			+3
26.97	Cr	54	2.4		+2	
26.97	Fe	54	5.8		+2	
26.97	Br	81	49.3			+3
26.98	Al	27	100.0	+1		
27.30	Kr	82	11.6			+3
27.31	Se	82	9.4			+3
27.47	Mn	55	100.0		+2	
27.64	Kr	83	11.5			+3
27.97	Fe	56	91.7		+2	
27.97	Kr	84	57.0			+3
27.98	Si	28	92.2	+1		
28.01	N	14	99.6	+1		
28.30	Rb	85	72.2			+3
28.47	Fe	57	2.2		+2	
28.64	Sr	86	9.9			+3
28.64	Kr	86	17.3			+3
28.97	Ni	58	68.3		+2	
28.97	Sr	87	7.0			+3
28.97	Rb	87	27.8			+3
28.98	Si	29	4.7	+1		
29.30	Sr	88	82.6			+3
29.47	Co	59	100.0		+2	
29.64	Y	89	100.0			+3
29.97	Ni	60	26.1		+2	
29.97	Zr	90	51.5			+3
29.97	Si	30	3.1	+1		
30.30	Zr	91	11.3			+3

续表

质荷比/Da	元素	同位素	相对丰度	价态	
30.64	Zr	92	17.2		+3
30.64	Mo	92	14.8		+3
30.96	Ni	62	3.6	+2	
30.97	Nb	93	100.0		+3
30.97	P	31	100.0	+1	
31.30	Mo	94	9.3		+3
31.30	Zr	94	17.3		+3
31.46	Cu	63	69.2	+2	
31.64	Mo	95	15.9		+3
31.96	Zn	64	48.6	+2	
31.97	Mo	96	16.7		+3
31.97	Ru	96	5.5		+3
31.97	Zr	96	2.8		+3
31.97	S	32	95.0	+1	
31.99	O	16	99.8	+1	
32.30	Mo	97	9.6		+3
32.46	Cu	65	30.8	+2	
32.64	Mo	98	24.1		+3
32.96	Zn	66	27.9	+2	
32.97	Ru	99	12.7		+3
33.30	Ru	100	12.6		+3
33.30	Mo	100	9.6		+3
33.46	Zn	67	4.1	+2	
33.64	Ru	101	17.0		+3
33.96	Zn	68	18.8	+2	
33.97	S	34	4.2	+1	
33.97	Ru	102	31.6		+3
34.30	Rh	103	100.0		+3
34.46	Ga	69	60.1	+2	
34.63	Pd	104	11.1		+3
34.64	Ru	104	18.7		+3
34.96	Ge	70	20.5	+2	

续表

质荷比/Da	元素	同位素	相对丰度	价态	
34.97	Pd	105	22.3		+3
34.97	Cl	35	75.8	+1	
35.30	Pd	106	27.3		+3
35.46	Ga	71	39.9	+2	
35.64	Ag	107	51.8		+3
35.96	Ge	72	27.4	+2	
35.97	Pd	108	26.5		+3
36.30	Ag	109	48.2		+3
36.46	Ge	73	7.8	+2	
36.63	Cd	110	12.5		+3
36.64	Pd	110	11.7		+3
36.96	Ge	74	36.5	+2	
36.97	Cl	37	24.2	+1	
36.97	Cd	111	12.8		+3
37.30	Cd	112	24.1		+3
37.46	As	75	100.0	+2	
37.63	In	113	4.3		+3
37.63	Cd	113	12.2		+3
37.96	Se	76	9.0	+2	
37.96	Ge	75	7.8	+2	
37.97	Cd	114	28.7		+3
38.30	In	115	95.7		+3
38.46	Se	77	7.6	+2	
38.63	Sn	116	14.7		+3
38.63	Cd	116	7.5		+3
38.96	Se	78	23.5	+2	
38.96	K	39	93.2	+1	
38.97	Sn	117	7.7		+3
39.30	Sn	118	24.3		+3
39.46	Br	81	50.7	+2	
39.63	Sn	119	8.6		+3
39.96	Kr	80	2.3	+2	

质荷比/Da	元素	同位素	相对丰度	价态	
39.96	Se	80	49.6		+2
39.96	Ar	40	99.6	+1	
39.96	Ca	40	97.0	+1	
39.97	Sn	120	32.4		+3
40.30	Sb	121	57.3		+3
40.46	Br	81	49.3		+2
40.63	Te	122	2.6		+3
40.63	Sn	122	4.6		+3
40.96	Kr	82	11.6		+2
40.96	Se	82	9.4		+2
40.96	K	41	6.7	+1	
40.97	Sb	123	42.7		+3
41.30	Te	124	4.8		+3
41.30	Sn	124	5.6		+3
41.46	Kr	83	11.5		+2
41.63	Te	125	7.1		+3
41.96	Kr	84	57.0		+2
41.97	Te	126	19.0		+3
42.30	I	127	100.0		+3
42.46	Rb	85	72.2		+2
42.63	Te	128	31.7		+3
42.95	Sr	86	9.9		+2
42.96	Kr	86	17.3		+2
42.97	Xe	129	26.4		+3
43.30	Xe	130	4.1		+3
43.30	Te	130	33.8		+3
43.45	Sr	87	7.0		+2
43.45	Rb	87	27.8		+2
43.64	Xe	131	21.2		+3
43.95	Sr	88	82.6		+2
43.96	Ca	44	20.9	+1	
43.97	Xe	132	26.9		+3

质荷比/Da	元素	同位素	相对丰度	价态	
44.30	Cs	133	100.0		+3
44.45	Y	89	100.0	+2	
44.63	Ba	134	2.4		+3
44.64	Xe	134	10.4		+3
44.95	Zr	90	51.5	+2	
44.96	Sc	45	100.0	+1	
44.97	Ba	135	6.6		+3
45.30	Ba	136	7.9		+3
45.30	Xe	136	8.9		+3
45.45	Zr	91	11.3	+2	
45.64	Ba	137	11.2		+3
45.95	Zr	92	17.2	+2	
45.95	Ti	46	8.0	+1	
45.95	Mo	92	14.8	+2	
45.97	Ba	138	71.7		+3
46.30	La	139	99.9		+3
46.45	Nb	93	100.0	+2	
46.64	Ce	140	88.5		+3
46.95	Ti	47	7.3	+1	
46.95	Mo	94	9.3	+2	
46.95	Zr	94	17.3	+2	
46.97	Pr	141	100.0		+3
47.30	Nd	142	27.1		+3
47.30	Ce	142	11.1		+3
47.45	Mo	95	15.9	+2	
47.64	Nd	143	12.2		+3
47.95	Ti	48	73.8	+1	
47.95	Mo	96	16.7	+2	
47.95	Ru	96	5.5	+2	
47.95	Zr	96	2.8	+2	
47.97	Nd	144	23.8		+3
47.97	Sm	144	3.1		+3

质荷比/Da	元素	同位素	相对丰度	价态	
48.30	Nd	145	8.3		+3
48.45	Mo	97	9.6	+2	
48.64	Nd	146	17.2		+3
48.95	Ti	49	5.5	+1	
48.95	Mo	98	24.1	+2	
48.97	Sm	147	15.0		+3
49.30	Sm	148	11.3		+3
49.31	Nd	148	5.8		+3
49.45	Ru	99	12.7	+2	
49.64	Sm	149	13.8		+3
49.94	Ti	50	5.4	+1	
49.95	Cr	50	4.4	+1	
49.95	Ru	100	12.6	+2	
49.95	Mo	100	9.6	+2	
49.97	Sm	150	7.4		+3
49.97	Nd	150	5.6		+3
50.31	Eu	151	47.8		+3
50.45	Ru	101	17.0	+2	
50.64	Sm	152	25.7		+3
50.94	V	51	99.8	+1	
50.95	Ru	102	31.6	+2	
50.97	Eu	153	52.2		+3
51.31	Gd	154	2.2		+3
51.31	Sm	154	22.7		+3
51.45	Rh	103	100.0	+2	
51.61	Gd	155	14.8		+3
51.94	Cr	52	83.8	+1	
51.95	Pd	104	11.1	+2	
51.95	Ru	104	18.7	+2	
51.97	Gd	156	20.5		+3
52.31	Gd	157	15.7		+3
52.45	Pd	105	22.3	+2	

续表

质荷比/Da	元素	同位素	相对丰度		价态
52.64	Gd	158	24.8		+3
52.94	Cr	53	9.5	+1	
52.95	Pd	106	27.3		+2
52.98	Tb	159	100.0		+3
53.31	Dy	160	2.3		+3
53.31	Gd	160	21.9		+3
53.45	Ag	107	51.8		+2
53.64	Dy	161	18.9		+3
53.94	Cr	54	2.4	+1	
53.94	Fe	54	5.8	+1	
53.95	Pd	108	26.5		+2
53.98	Dy	162	25.5		+3
54.31	Dy	163	24.9		+3
54.45	Ag	109	48.2		+2
54.64	Dy	164	28.2		+3
54.94	Mn	55	100.0	+1	
54.95	Cd	110	12.5		+2
54.95	Pd	110	11.7		+2
54.98	Ho	165	100.0		+3
55.31	Er	166	33.6		+3
55.45	Cd	111	12.8		+2
55.64	Er	167	23.0		+3
55.93	Fe	56	91.7	+1	
55.95	Cd	112	24.1		+2
55.98	Er	168	26.8		+3
56.31	Tm	169	100.0		+3
56.45	In	113	4.3		+2
56.45	Cd	113	12.2		+2
56.64	Yb	170	3.1		+3
56.65	Er	170	14.9		+3
56.94	Fe	57	2.2	+1	
56.95	Cd	114	28.7		+2

质荷比/Da	元素	同位素	相对丰度	价态	
56.98	Yb	171	14.3		+3
57.31	Yb	172	21.9		+3
57.45	In	115	95.7	+2	
57.65	Yb	173	16.1		+3
57.94	Ni	58	68.3	+1	
57.95	Sn	116	14.7	+2	
57.95	Cd	116	7.5	+2	
57.98	Yb	174	31.8		+3
58.31	Lu	175	97.4		+3
58.45	Sn	117	7.7	+2	
58.65	Hf	176	5.2		+3
58.65	Yb	176	12.7		+3
58.65	Lu	176	2.6		+3
58.93	Co	59	100.0	+1	
58.95	Sn	118	24.3	+2	
58.98	Hf	177	18.6		+3
59.31	Hf	178	27.1		+3
59.45	Sn	119	8.6	+2	
59.65	Hf	179	13.7		+3
59.93	Ni	60	26.1	+1	
59.95	Sn	120	32.4	+2	
59.98	Hf	180	35.2		+3
60.32	Ta	181	100.0		+3
60.45	Sb	121	57.3	+2	
60.65	W	182	26.3		+3
60.95	Te	122	2.6	+2	
60.95	Sn	122	4.6	+2	
60.98	W	183	14.3		+3
61.32	W	184	30.7		+3
61.45	Sb	123	42.7	+2	
61.65	Re	185	37.4		+3
61.93	Ni	62	3.6	+1	

续表

质荷比/Da	元素	同位素	相对丰度	价态	
61.95	Te	124	4.8		+2
61.95	Sn	124	5.6		+2
61.98	W	186	23.6		+3
62.32	Re	187	62.6		+3
62.45	Te	125	7.1		+2
62.65	Os	188	13.3		+3
62.93	Cu	63	69.2	+1	
62.95	Te	126	19.0		+2
62.99	Os	189	16.1		+3
63.32	Os	190	26.4		+3
63.45	I	127	100.0		+2
63.65	Ir	191	37.3		+3
63.93	Zn	64	48.6	+1	
63.95	Te	128	31.7		+2
63.99	Os	192	41.0		+3
64.32	Ir	193	62.7		+3
64.45	Xe	129	26.4		+2
64.65	Pt	194	32.9		+3
64.93	Cu	65	30.8	+1	
64.95	Xe	130	4.1		+2
64.95	Te	130	33.8		+2
64.99	Pt	195	33.8		+3
65.32	Pt	196	25.3		+3
65.45	Xe	131	21.2		+2
65.66	Au	197	100.0		+3
65.93	Zn	66	27.9	+1	
65.95	Xe	132	26.9		+2
65.99	Hg	198	10.1		+3
65.99	Pt	198	7.2		+3
66.32	Hg	199	17.0		+3
66.45	Cs	133	100.0		+2
66.66	Hg	200	23.1		+3

质荷比/Da	元素	同位素	相对丰度	价态	
66.93	Zn	67	4.1	+1	
66.95	Ba	134	2.4	+2	
66.95	Xe	134	10.4	+2	
66.99	Hg	201	13.2		+3
67.32	Hg	202	29.7		+3
67.45	Ba	135	6.6	+2	
67.66	Tl	203	29.5		+3
67.92	Zn	68	18.8	+1	
67.95	Ba	136	7.9	+2	
67.95	Xe	136	8.9	+2	
67.99	Hg	204	6.8		+3
68.32	Ti	205	70.5		+3
68.45	Ba	137	11.2	+2	
68.66	Pb	206	24.1		+3
68.93	Ga	69	60.1	+1	
68.95	Ba	138	71.7	+2	
68.99	Pb	207	22.1		+3
69.33	Pb	208	52.4		+3
69.45	La	139	99.9	+2	
69.66	Bi	209	100.0		+3
69.92	Ge	70	20.5	+1	
69.94	Cl	35	75.8		+3
69.95	Ce	140	88.5	+2	
70.45	Pr	141	100.0	+2	
70.92	Ga	71	39.9	+1	
70.95	Nd	142	27.1	+2	
70.95	Ce	142	11.1	+2	
71.45	Nd	143	12.2	+2	
71.92	Ge	72	27.4	+1	
71.96	Nd	144	23.8	+2	
71.96	Sm	144	3.1	+2	
72.46	Nd	145	8.3	+2	

续表

质荷比/Da	元素	同位素	相对丰度		价态	
72.92	Ge	73	7.8	+1		
72.96	Nd	146	17.2		+2	
73.46	Sm	147	15.0		+2	
73.92	Ge	74	36.5	+1		
73.93	Cl	37	24.2			+3
73.96	Sm	148	11.3		+2	
73.96	Nd	148	5.8		+2	
74.46	Sm	149	13.8		+2	
74.92	As	75	100.0	+1		
74.96	Sm	150	7.4		+2	
74.96	Nd	150	5.6		+2	
75.46	Eu	151	47.8		+2	
75.92	Se	76	9.0	+1		
75.92	Ge	75	7.8	+1		
75.96	Sm	152	25.7		+2	
76.46	Eu	153	52.2		+2	
76.92	Se	77	7.6	+1		
76.96	Gd	154	2.2		+2	
76.96	Sm	154	22.7		+2	
77.35	Th	233	100.0			+3
77.41	Gd	155	14.8		+2	
77.92	Se	78	23.5	+1		
77.96	Gd	156	20.5		+2	
78.46	Gd	157	15.7		+2	
78.92	Br	81	50.7	+1		
78.96	Gd	158	24.8		+2	
79.35	U	238	99.3			+3
79.46	Tb	159	100.0		+2	
79.92	Kr	80	2.3	+1		
79.92	Se	80	49.6	+1		
79.96	Dy	160	2.3		+2	
79.96	Gd	160	21.9		+2	

质荷比/Da	元素	同位素	相对丰度		价态
80.46	Dy	161	18.9		+2
80.92	Br	81	49.3	+1	
80.96	Dy	162	25.5		+2
81.46	Dy	163	24.9		+2
81.91	Kr	82	11.6	+1	
81.92	Se	82	9.4	+1	
81.96	Dy	164	28.2		+2
82.47	Ho	165	100.0		+2
82.91	Kr	83	11.5	+1	
82.97	Er	166	33.6		+2
83.47	Er	167	23.0		+2
83.91	Kr	84	57.0	+1	
83.97	Er	168	26.8		+2
84.47	Tm	169	100.0		+2
84.91	Rb	85	72.2	+1	
84.97	Yb	170	3.1		+2
84.97	Er	170	14.9		+2
85.47	Yb	171	14.3		+2
85.91	Sr	86	9.9	+1	
85.91	Kr	86	17.3	+1	
85.97	Yb	172	21.9		+2
86.47	Yb	173	16.1		+2
86.91	Sr	87	7.0	+1	
86.91	Rb	87	27.8	+1	
86.97	Yb	174	31.8		+2
87.47	Lu	175	97.4		+2
87.91	Sr	88	82.6	+1	
87.97	Hf	176	5.2		+2
87.97	Yb	176	12.7		+2
87.97	Lu	176	2.6		+2
88.47	Hf	177	18.6		+2
88.91	Y	89	100.0	+1	

续表

质荷比/Da	元素	同位素	相对丰度		价态
88.97	Hf	178	27.1		+2
89.47	Hf	179	13.7		+2
89.90	Zr	90	51.5	+1	
89.97	Hf	180	35.2		+2
90.47	Ta	181	100.0		+2
90.91	Zr	91	11.3	+1	
90.97	W	182	26.3		+2
91.48	W	183	14.3		+2
91.91	Zr	92	17.2	+1	
91.91	Mo	92	14.8	+1	
91.98	W	184	30.7		+2
92.48	Re	185	37.4		+2
92.91	Nb	93	100.0	+1	
92.98	W	186	23.6		+2
93.48	Re	187	62.6		+2
93.91	Mo	94	9.3	+1	
93.91	Zr	94	17.3	+1	
93.98	Os	188	13.3		+2
94.48	Os	189	16.1		+2
94.91	Mo	95	15.9	+1	
94.98	Os	190	26.4		+2
95.48	Ir	191	37.3		+2
95.90	Mo	96	16.7	+1	
95.91	Ru	96	5.5	+1	
95.91	Zr	96	2.8	+1	
95.98	Os	192	41.0		+2
96.48	Ir	193	62.7		+2
96.91	Mo	97	9.6	+1	
96.98	Pt	194	32.9		+2
97.48	Pt	195	33.8		+2
97.91	Mo	98	24.1	+1	
97.98	Pt	196	25.3		+2

质荷比/Da	元素	同位素	相对丰度		价态
98.48	Au	197	100.0		+2
98.91	Ru	99	12.7	+1	
98.98	Hg	198	10.1		+2
98.98	Pt	198	7.2		+2
99.48	Hg	199	17.0		+2
99.90	Ru	100	12.6	+1	
99.91	Mo	100	9.6	+1	
99.98	Hg	200	23.1		+2
100.49	Hg	201	13.2		+2
100.91	Ru	101	17.0	+1	
100.99	Hg	202	29.7		+2
101.49	Tl	203	29.5		+2
101.90	Ru	102	31.6	+1	
101.99	Hg	204	6.8		+2
102.49	Ti	205	70.5		+2
102.91	Rh	103	100.0	+1	
102.99	Pb	206	24.1		+2
103.49	Pb	207	22.1		+2
103.90	Pd	104	11.1	+1	
103.91	Ru	104	18.7	+1	
103.99	Pb	208	52.4		+2
104.49	Bi	209	100.0		+2
104.91	Pd	105	22.3	+1	
105.90	Pd	106	27.3	+1	
106.91	Ag	107	51.8	+1	
107.90	Pd	108	26.5	+1	
108.90	Ag	109	48.2	+1	
109.90	Cd	110	12.5	+1	
109.91	Pd	110	11.7	+1	
110.90	Cd	111	12.8	+1	
111.90	Cd	112	24.1	+1	
112.90	In	113	4.3	+1	

续表

质荷比/Da	元素	同位素	相对丰度		价态
112.90	Cd	113	12.2	+1	
113.90	Cd	114	28.7	+1	
114.90	In	115	95.7	+1	
115.90	Sn	116	14.7	+1	
115.90	Cd	116	7.5	+1	
116.02	Th	233	100.0		+2
116.90	Sn	117	7.7	+1	
117.90	Sn	118	24.3	+1	
118.90	Sn	119	8.6	+1	
119.03	U	238	99.3		+2
119.90	Sn	120	32.4	+1	
120.90	Sb	121	57.3	+1	
121.90	Te	122	2.6	+1	
121.90	Sn	122	4.6	+1	
122.90	Sb	123	42.7	+1	
123.90	Te	124	4.8	+1	
123.91	Sn	124	5.6	+1	
124.90	Te	125	7.1	+1	
125.90	Te	126	19.0	+1	
126.90	I	127	100.0	+1	
127.90	Te	128	31.7	+1	
128.90	Xe	129	26.4	+1	
129.90	Xe	130	4.1	+1	
129.91	Te	130	33.8	+1	
130.91	Xe	131	21.2	+1	
131.90	Xe	132	26.9	+1	
132.91	Cs	133	100.0	+1	
133.90	Ba	134	2.4	+1	
133.91	Xe	134	10.4	+1	
134.91	Ba	135	6.6	+1	
135.90	Ba	136	7.9	+1	
135.91	Xe	136	8.9	+1	

质荷比/Da	元素	同位素	相对丰度		价态
136.91	Ba	137	11.2	+1	
137.91	Ba	138	71.7	+1	
138.91	La	139	99.9	+1	
139.91	Ce	140	88.5	+1	
140.91	Pr	141	100.0	+1	
141.91	Nd	142	27.1	+1	
141.91	Ce	142	11.1	+1	
142.91	Nd	143	12.2	+1	
143.91	Nd	144	23.8	+1	
143.91	Sm	144	3.1	+1	
144.91	Nd	145	8.3	+1	
145.91	Nd	146	17.2	+1	
146.91	Sm	147	15.0	+1	
147.91	Sm	148	11.3	+1	
147.92	Nd	148	5.8	+1	
148.92	Sm	149	13.8	+1	
149.92	Sm	150	7.4	+1	
149.92	Nd	150	5.6	+1	
150.92	Eu	151	47.8	+1	
151.92	Sm	152	25.7	+1	
152.92	Eu	153	52.2	+1	
153.92	Gd	154	2.2	+1	
153.92	Sm	154	22.7	+1	
154.82	Gd	155	14.8	+1	
155.92	Gd	156	20.5	+1	
156.92	Gd	157	15.7	+1	
157.92	Gd	158	24.8	+1	
158.93	Tb	159	100.0	+1	
159.93	Dy	160	2.3	+1	
159.93	Gd	160	21.9	+1	
160.93	Dy	161	18.9	+1	
161.93	Dy	162	25.5	+1	

续表

质荷比/Da	元素	同位素	相对丰度	价态
162.93	Dy	163	24.9	+1
163.93	Dy	164	28.2	+1
164.93	Ho	165	100.0	+1
165.93	Er	166	33.6	+1
166.93	Er	167	23.0	+1
167.93	Er	168	26.8	+1
168.93	Tm	169	100.0	+1
169.93	Yb	170	3.1	+1
169.94	Er	170	14.9	+1
170.94	Yb	171	14.3	+1
171.94	Yb	172	21.9	+1
172.94	Yb	173	16.1	+1
173.94	Yb	174	31.8	+1
174.94	Lu	175	97.4	+1
175.94	Hf	176	5.2	+1
175.94	Yb	176	12.7	+1
175.94	Lu	176	2.6	+1
176.94	Hf	177	18.6	+1
177.94	Hf	178	27.1	+1
178.95	Hf	179	13.7	+1
179.95	Hf	180	35.2	+1
180.95	Ta	181	100.0	+1
181.95	W	182	26.3	+1
182.95	W	183	14.3	+1
183.95	W	184	30.7	+1
184.95	Re	185	37.4	+1
185.95	W	186	23.6	+1
186.96	Re	187	62.6	+1
187.96	Os	188	13.3	+1
188.96	Os	189	16.1	+1
189.96	Os	190	26.4	+1
190.96	Ir	191	37.3	+1

续表

质荷比/Da	元素	同位素	相对丰度	价态
191.96	Os	192	41.0	+1
192.96	Ir	193	62.7	+1
193.96	Pt	194	32.9	+1
194.96	Pt	195	33.8	+1
195.96	Pt	196	25.3	+1
196.97	Au	197	100.0	+1
197.97	Hg	198	10.1	+1
197.97	Pt	198	7.2	+1
198.97	Hg	199	17.0	+1
199.97	Hg	200	23.1	+1
200.97	Hg	201	13.2	+1
201.97	Hg	202	29.7	+1
202.97	Tl	203	29.5	+1
203.97	Hg	204	6.8	+1
204.97	Ti	205	70.5	+1
205.97	Pb	206	24.1	+1
206.98	Pb	207	22.1	+1
207.98	Pb	208	52.4	+1
208.98	Bi	209	100.0	+1
232.04	Th	233	100.0	+1
238.05	U	238	99.3	+1